冷冲压工艺与模具设计

（第 2 版）

◎主编 康俊远

北京理工大学出版社
BEIJING INSTITUTE OF TECHNOLOGY PRESS

内 容 简 介

本书是为满足应用型高等教育的需要而编写的,它是应用型高等教育"模具设计与制造"专业教学的基本内容。该教材以社会需求为目标,以技术应用为主线。基础部分以应用为目的,以够用为度;工艺部分尽可能简明扼要,加强模具设计的内容。内容力求具有针对性、应用性;叙述方法上力求通俗易懂,深入浅出,增加图示和典型实例的比重;部分章后附有思考题和习题。

本书主要介绍各种冲压工艺的工艺性、工艺计算、工艺制订,各类模具的结构及其特点以及各种冲模零件的设计要点。除了介绍几大冲压工艺的工艺性和工艺计算方法外,按照模具的类型,以大量的实例和插图介绍了模具的结构及特点;按照模具零件的功能类型,介绍了冲模零件的形式及设计要点;对汽车覆盖件成形的工艺特点、模具结构及设计做了介绍。

版权专有　侵权必究

图书在版编目（CIP）数据

冷冲压工艺与模具设计 / 康俊远主编. —2 版. —北京：北京理工大学出版社，2023.8 重印
　ISBN 978-7-5640-6634-5

Ⅰ．①冷…　Ⅱ．①康…　Ⅲ．①冷冲压-生产工艺②冲模-设计
Ⅳ．①TG38

中国版本图书馆 CIP 数据核字（2012）第 192704 号

出版发行 /	北京理工大学出版社
社　　址 /	北京市海淀区中关村南大街 5 号
邮　　编 /	100081
电　　话 /	（010）68914775（总编室）
	（010）82562903（教材售后服务热线）
	（010）68944723（其他图书服务热线）
网　　址 /	http：// www.bitpress.com.cn
经　　销 /	全国各地新华书店
印　　刷 /	北京虎彩文化传播有限公司
开　　本 /	787 毫米×1092 毫米　1/16
印　　张 /	19.5
字　　数 /	445 千字
版　　次 /	2023 年 8 月第 2 版第 6 次印刷　责任校对 / 周瑞红
定　　价 /	56.00 元　　　　　　　　　　　　责任印制 / 王美丽

图书出现印装质量问题，请拨打售后服务热线，本社负责调换

出版说明 >>>>>>

北京理工大学出版社为了顺应国家对机电专业技术人才的培养要求，满足企业对毕业生的技能需求，以服务教学、立足岗位、面向就业为方向，经过多年的大力发展，开发了30多个系列500多个品种的高等教育机电类产品，覆盖了机械设计与制造、材料成型与控制技术、数控技术、模具设计与制造、机电一体化技术、焊接技术及自动化等30多个制造类专业。

为了进一步服务全国机电类高等教育的发展，北京理工大学出版社特邀请一批国内知名行业专业、高等院校骨干教师、企业专家和相关作者，根据高等教育教材改革的发展趋势，从业已出版的机电类教材中，精心挑选一批质量高、销量好、院校覆盖面广的作品，集中研讨、分别针对每本书提出修改意见，修订出版了该高等院校"十二五"特色精品课程建设成果系列教材。

本系列教材立足于完整的专业课程体系，结构严整，同时又不失灵活性，配有大量的插图、表格和案例资料。作者结合已出版教材在各个院校的实际使用情况，本着"实用、适用、先进"的修订原则和"通俗、精炼、可操作"的编写风格，力求提高学生的实际操作能力，使学生更好地适应社会需求。

本系列教材在开发过程中，为了更适宜于教学，特开发配套立体资源包，包括如下内容：

➢ 教材使用说明；

➢ 电子教案，并附有课程说明、教学大纲、教学重难点及课时安排等；

➢ 教学课件，包括：PPT课件及教学实训演示视频等；

➢ 教学拓展资源，包括：教学素材、教学案例及网络资源等；

- 教学题库及答案，包括：同步测试题及答案、阶段测试题及答案等；
- 教材交流支持平台。

北京理工大学出版社

前 言 >>>>>>

冷冲压在机械制造、电子电器及日常生活中占有十分重要的地位，为了获得良好的冲压制品，必须考察工件的工艺性，进行工艺计算及制订工艺路线，最后设计出合理的模具。

冲压加工在汽车、电子、电器、仪表、航空和航天产品及日用品生产中得到了广泛的应用。20多年来，我国工业发展迅速，产品更新换代很快。因此，许多工业部门对冲压技术人员的需求在逐年增加，全国高等院校模具专业的招生人数也在逐年增加。但各校普遍感到缺乏一本理论联系实际、便于教学的教材。

本书具有理论联系实际、实用性较强的特点，主要冲压件的工艺设计方法均以例题形式给出，特别是第三章冲裁模设计，对初学者是很有参考价值的。本书的模具图例不仅数量较多，而且具有一定的先进性和实用性。

本书是为满足应用型高等教育的需要而编写的，它是应用型高等学校"模具设计与制造"专业教学的基本内容。该教材以社会需求为目标，以技术应用为主线。基础部分以应用为目的，以够用为度；工艺部分尽可能简明扼要，加强模具设计的内容。内容力求具有针对性、应用性；叙述方法上力求通俗易懂，深入浅出，增加图示和典型实例的比重；部分章后附有思考题和习题。

本教材的参考学时为90学时。其主要特色是在阐明冲压工艺的基础上，详细叙述了正确设计冲压工艺与冲压模具结构的基本方法；客观地分析了冲压工艺、冲模结构、冲压设备、冲压材料、冲压件质量和冲压件经济性的关系；主要介绍了冲裁工艺及冲裁模具设计、弯曲工艺及弯曲模具设计、拉深工艺及拉深模具设计，并根据冲压技术的发展，在传统内容的基础上又增加了多工位精密级进模的设计与制造，同时引入了汽车覆盖零件的成形方法。全书在内容上各章相互独立又相互联系；语言上简明精练通俗易懂；技术上既有理论分析又结合生产实际选编了各种典型结构，加强了实用性。

本书在编写时，以技术应用为出发点，做到理论少而精，重点突出应用能力的培养，实用性较强；内容讲述通俗易懂，由浅入深，便于自学。本书适于应用型高等学校模具专业、机械专业使用，亦可供从事模具设计和制造的工程技术人员和自学者参考使用。

本教材由康俊远编写第1、2、3、4、6、8章；姬裕江编写第7、9章，徐勇军编写第5章，另外其他人也做了许多工作，在此表示诚挚的感谢。由于编者水平有限，书中难免还存在一些缺点和错误，殷切希望广大读者批评指正。

编者

目 录

第1章 冲压加工基本知识 …………… 1
  1.1 冲压加工及分类 …………… 1
  1.2 冲压材料 …………………… 5
  1.3 冷冲压设备的选择 ………… 6
  1.4 模具材料选用 ……………… 8

第2章 冲压加工的理论基础 ………… 10
  2.1 冲压应力应变状态 ………… 10
  2.2 材料的塑性、变形抗力及
      影响因素 …………………… 13
  2.3 常用材料的力学性能 ……… 14

第3章 冲裁工艺及模具设计 ………… 17
  3.1 冲裁变形和质量分析 ……… 17
  3.2 冲裁模具的间隙 …………… 22
  3.3 凸模与凹模刃口尺寸的
      计算 ………………………… 27
  3.4 冲裁力和压力中心的计算 … 34
  3.5 冲裁件的排样设计 ………… 43
  3.6 冲裁件的工艺性 …………… 49
  3.7 冲裁模设计 ………………… 52
  3.8 精冲工艺及精冲模结构 …… 60
  3.9 冲裁模主要零部件结构
      设计 ………………………… 70
  思考题与习题 …………………… 95

第4章 弯曲及弯曲模具设计 ………… 97
  4.1 弯曲变形过程及特点 ……… 97
  4.2 弯曲件的回弹 ……………… 99
  4.3 弯曲件成形的工艺性设计 … 104

  4.4 弯曲工艺方案的确定 ……… 113
  思考题与习题 …………………… 122

第5章 拉伸工艺与模具设计 ………… 123
  5.1 拉深过程变形与应力分析 … 123
  5.2 筒形件的拉深 ……………… 128
  5.3 筒形件在以后各次拉深时的
      特点及其方法 ……………… 137
  5.4 压边力与拉深力的计算 …… 138
  5.5 拉深模工作部分结构参数的
      确定 ………………………… 143
  5.6 拉深模具的典型结构 ……… 150
  5.7 其他形状零件的拉深特点 … 154
  5.8 拉深工艺设计 ……………… 168
  5.9 拉深工艺的辅助工序 ……… 170
  5.10 拉深模设计与制造实例 …… 173
  5.11 其他拉深方法 ……………… 177
  思考题与习题 …………………… 182

第6章 成形工艺及模具设计 ………… 183
  6.1 起伏成形 …………………… 183
  6.2 翻边与翻孔 ………………… 184
  6.3 胀形 ………………………… 189
  6.4 缩口 ………………………… 191
  6.5 校平与整形 ………………… 193
  6.6 成形模具的典型结构 ……… 196

第7章 多工位级进模 ………………… 200
  7.1 采用多工位级进模的条件 … 200
  7.2 多工位级进模的排样设计 … 201

7.3 多工位级进模零部件设计……210
7.4 多工位级进模的安全保护……224
7.5 多工位级进模的典型结构……227

第8章 汽车覆盖件成形及模具……237
8.1 汽车覆盖件……237
8.2 覆盖件冲压成形的冲压工艺设计……239
8.3 拉延件设计……245
8.4 拉延模设计……252
8.5 修边模设计……263
8.6 翻边模设计……273
思考题与习题……276

第9章 冲压工艺规程制订及模具设计步骤……277
9.1 制订冲压工艺规程的程序……277
9.2 冲压工艺规程制订实例……285
9.3 冷冲压模具设计步骤……289

附录……293

参考文献……299

第1章 冲压加工基本知识

冲压：是利用安装在压力机上的模具，对模具里的板料施加变形力，使板料在模具里产生变形，从而获得一定形状、尺寸和性能的产品零件的生产技术。由于冲压加工经常在材料的冷状态（室温）下进行，因此也称冷冲压。

冲压模具：是指将板料加工成冲压零件的专用工艺装备，是为工艺中某一特定工序服务的；工艺依附于模具，没有先进的模具技术，先进的冲压工艺无法实现。

冲压工艺及冲模设计与制造就是根据冲压零件的形状、尺寸精度及技术要求，制定冲压加工方案，设计冲压模具，并对模具零件进行加工、装配、试模和检验的全部过程。

1.1 冲压加工及分类

1.1.1 冲压加工的特点与应用

冲压生产靠模具和压力机完成加工过程，与其他加工方法相比，在技术和经济方面有如下特点：

1. 优点

① 互换性好。

② 可以获得其他加工方法所不能或难以制造的壁薄、质量轻、刚性好、表面质量高、形状复杂的零件。

③ 既节能又省料。

④ 效率高。

⑤ 操作方便，要求的工人技术等级不高。

2. 缺点

① 噪声和振动大。

② 模具要求高、制造复杂、周期长、制造费用昂贵，因而小批量生产受到限制。

③ 零件精度要求过高，冲压生产难以达到要求。

由于冲压工艺具有上述突出的特点，因此在国民经济各个领域得到了广泛应用。例如，航空航天、机械、电子信息、交通、兵器、日用电器及轻工等产业都应用冲压加工。

冲压可制造钟表及仪器的小零件，也可制造汽车、拖拉机的大型覆盖件。冲压材料可使用黑色金属、有色金属以及某些非金属材料。

1.1.2 冲压工艺的分类

生产中为满足冲压零件形状、尺寸、精度、批量、原材料性能等方面的要求，采用多种多样的冲压加工方法。概括起来冲压加工可以分为分离工序与成形工序两大类。

1. 分离工序

分离工序是在冲压过程中使冲压件与板料沿一定的轮廓线相互分离的工序，如表1-1所示。

表1-1 分离工序

工序名称	简图	工序特征	应用范围
落料	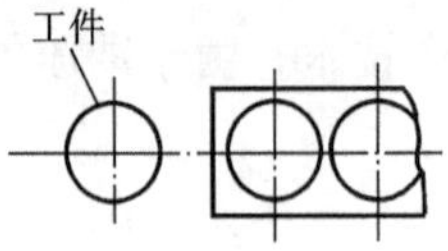	用模具沿封闭轮廓冲切板料，冲下的部分为工件	用于制造各种形状的平板零件
冲孔	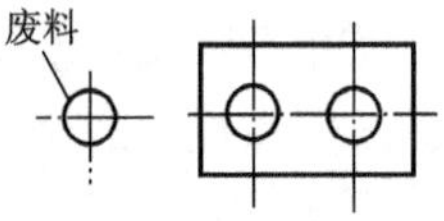	用模具沿封闭轮廓冲切板料，冲下的部分为废料	用于冲平板件或成形件上的孔
切断	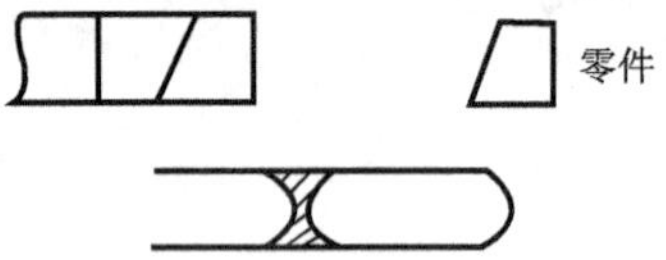	用剪刀或模具切断板料，切断线不是封闭的	多用于加工形状简单的平板零件
切边		用模具将工件边缘多余的材料冲切下来	主要用于立体成形件
冲槽	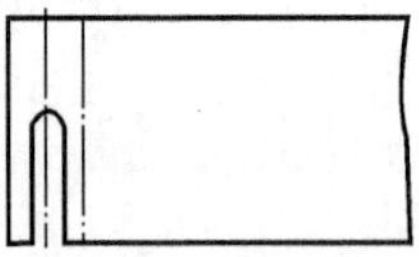	在板料上或成形件上冲切出窄而长的槽	用于制造平面零件
剖切	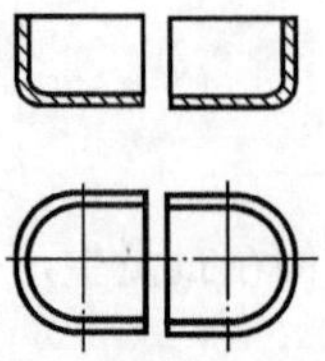	把冲压加工成的半成品切开成为两个或数个零件	多用于不对称的成双或成组冲压之后

2. 成形工序

成形工序是毛坯在不被破坏的条件下产生塑性变形，形成所要求的形状和尺寸精度的制件，如表1-2所示。

表 1-2 成形工序

工序名称	简图	工序特征
弯曲	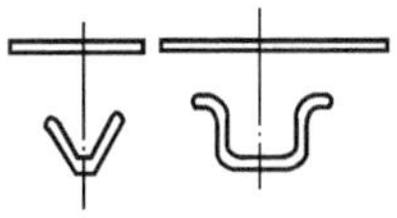	用模具将板料弯曲成一定角度的零件，或将已弯件再弯
拉深	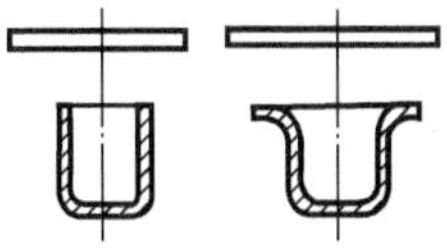	用模具将板料压成任意形状的空心件，或将空心件作进一步变形
翻边	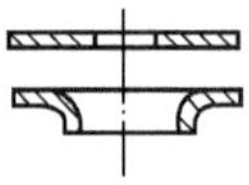	用模具将板料上的孔或外缘翻成直壁
胀形	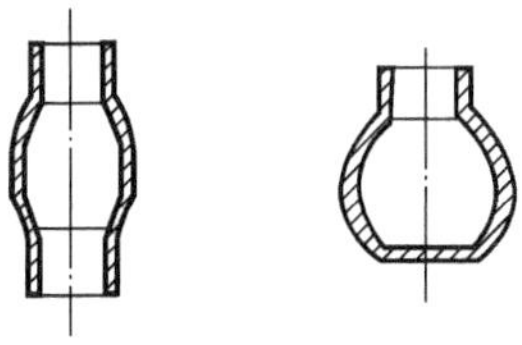	用模具对空心件施加向外的径向力，使局部直径扩张
缩口	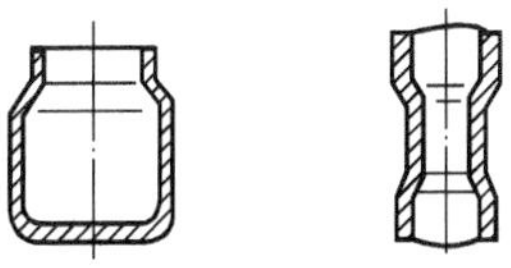	用模具对空心件口部施加由外向内的径向压力，使局部直径缩小
挤压	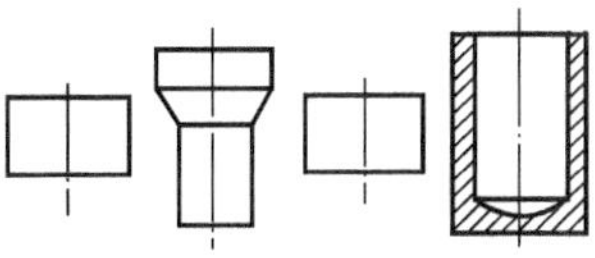	把毛坯放在模腔内，加压使其从模具空隙中挤出，以成形空心或实心零件
卷圆		把板料端部卷成接近封闭的圆头，用以加工类似铰链的零件
扩口		在空心毛坯或管状毛坯的某个部位上使其径向尺寸扩大的变形方法
校形		将工件不平的表面压平；将已弯曲或拉深的工件压成正确的形状

1.1.3　冷冲压加工工序的特点

1. 冷冲压加工的特点

冷冲压生产靠压力机和模具完成加工过程，与其他加工方法相比，在技术与经济方面具有下列特点：

① 冷冲压是少、无切屑加工方法之一，所得的冲压件一般无需再加工。

② 对于普通压力机每分钟可生产几十件，而高速压力机每分钟可生产千件以上，因此是一种高效率的加工方法。

③ 冲压件的尺寸精度由模具保证，所以质量稳定，互换性好。

④ 冷冲压可以加工壁薄、重量轻、刚性好、形状复杂的零件，是其他加工方法所不能代替的。

2. 冷冲压加工在生产中的地位

（1）用途

由于冷冲压工艺具有上述突出的特点，因此在生产中得到了广泛的应用。

据统计，全世界钢材品种中带材占50%、板材占17%、棒材占15%、型材占9%、线材占7%、管材占2%。由此看出，大部分材料用于冷冲压加工。

在汽车、农机产品中，冲压件约占75%~80%；在电子产品中冲压件约占80%~85%，在轻工产品中，冲压件约占90%以上，在航空、航天工业中，冲压件也占有较大的比例。因此，当前在机械、电子、轻工、国防等工业部门的产品零件，其成形方式已转向优先选用压力加工工艺，使得制件质优、低耗、低本成，在市场竞争中反应能力强、速度快。

（2）加工范围

可加工各种类型的冲压件，尺寸小到钟表的秒针，大到汽车的纵梁、覆盖件，冲切厚度已达20 mm以上，所以加工尺寸幅度大，适应性强。

（3）精度

对于一般冲裁件可达IT 10~IT 11级，精冲件可达IT 6~IT 9级。一般弯曲、拉深件精度可达到IT 13~IT 14级。

（4）粗糙度

普通冲裁其粗糙度能够达到Ra12.5~3.2 μm，精冲工艺其产品粗糙度可达到Ra2.5~3.2 μm。

1.1.4　冲压及其模具技术发展

① 工艺分析计算现代化。

② 模具计算机辅助设计、制造与分析（CAD/CAM/CAE）一体化的研究和应用。

③ 冲压生产自动化。

④ 为适应市场经济的需求，大批量与多品种小批量生产共存，开发了适宜于小批量生产的各种简易模具、经济模具、标准化且容易变换的模具系统等。

⑤ 推广和发展冲压新工艺和新技术。

⑥ 与材料科学结合，不断改进板料性能，以提高冲压件的成形能力和使用效果。

⑦ 开发新的模具材料。

1.2 冲压材料

1.2.1 冲压工艺对板料的基本要求

1. 机械性能的要求

机械性能的指标很多，其中尤以延伸率（δ）、屈强比（σ_s/σ_b）、弹性模数（E）、硬化指数（n）和厚向异性系数（r）影响较大。一般来说，延伸率大、屈强比小、弹性模数大、硬化指数高和厚向异性系数大有利于各种冲压成形工序。

2. 化学成分的要求

为了消除滑移线，可在拉深之前增加一道辊压工序，或采用加入铝和钒等脱氧的镇静钢，拉深时就不会出现时效现象。铝镇静钢 08Al 按其拉深质量分为 3 级：ZF（最复杂）用于拉深最复杂的零件，HF（很复杂）用于拉深很复杂的零件，F（复杂）用于拉深复杂零件。其他深拉深薄钢板按冲压性能分 Z（最深拉深）、S（深拉深）和 P（普通拉深）3 级。

3. 金相组织的要求

由于对产品的强度要求与对材料成形性能的要求，材料可处于退火状态（或软状态）（M），也可处以淬火状态（C）或硬态（Y）。

4. 表面质量的要求

材料表面应光滑，无氧化皮、裂纹、划伤等缺陷。优质钢板表面质量分3组：Ⅰ组（高质量表面）、Ⅱ组（较高质量表面）和Ⅲ组（一般质量表面）。

5. 材料厚度公差的要求

厚度公差分：A（高级）、B（较高级）和 C（普通级）3 种。

1.2.2 板料的冲压成形性能及其与板料的力学性能的关系

1. 板料的冲压成形性能

板料对冲压成形工艺的适应能力称为板料的冲压成形性能。

板料的冲压成形性能，包括抗破裂性、贴模性和定形性等几个方面。

2. 板料力学性能与板料冲压性能的关系

① 屈服极限 σ_s。屈服极限 σ_s 小，材料容易屈服，则变形抗力小。

② 屈强比 σ_s/σ_b。屈强比小，即 σ_s 值小而 σ_b 值大，容易产生塑性变形而不易产生拉裂。

③ 伸长率 δ。一般地说，伸长率或均匀伸长率是影响翻孔或扩孔成形性能的主要原因。

④ 硬化指数 n。单向拉伸硬化曲线可写成 $\sigma = K\varepsilon^n$，其中指数 n 即为硬化指数，表示在塑性变形中材料的硬化程度。n 大时，说明在变形中材料加工硬化严重。

1.2.3 常用冲压材料与力学性能

冲压最常用的材料是金属板料，有时也用非金属板料。金属板料分黑色金属和有色金属两种。

1. 黑色金属板料按性质分类

① 普通碳素钢钢板；

② 优质碳素结构钢板；

③ 低合金结构钢板；
④ 电工硅钢板；
⑤ 不锈钢板。

2. 有色金属

铜及铜合金（如黄铜），铝及铝合金。

3. 冲压用非金属材料

胶木板、橡胶、塑料板等。

1.2.4 常用冲压材料的规格

板料：常见规格有 710×1 420 和 1 000×2 000 等。

纹向平行于长度方向。用剪板机剪成各种不同纹向和宽度的条料使用。

带料（卷料）。

纹向平行于长度方向。可以用滚剪机剪成要求的宽度使用，也可以用剪板机剪成各种不同纹向和宽度的条料使用。

1.3 冷冲压设备的选择

冲压设备的选择包括类型和规格选择两项内容。

1.3.1 冲压设备类型的选择

冲压设备类型的选择主要是根据冲压工艺特点和生产率、安全操作等因素来确定的。

① 在中小型冲压件生产中，主要选用开式压力机；
② 在需要变形力大的冲压工序（如冷挤压等），应选择刚性好的闭式压力机；
③ 对于校平、整形和温、热挤压工序，最好选用摩擦压力机；
④ 对于薄材料的冲裁工序，最好选用导向准确的精密压力机；
⑤ 对于大型拉深的冲压工序，最好选用双动拉深压力机；
⑥ 在大量生产中应选用高速压力机或多工位自动压力机；
⑦ 对于不允许冲模导套离开导柱的冲压工作，最好选择行程可调的曲拐轴式压力机。

1.3.2 冲压设备规格的选择

1. 公称压力（吨位）的确定

公称压力（额定压力）是指滑块离下死点前某一特定距离 S_p 或特定角度 α_p 时，滑块上所允许承受的最大作用力。

在选择压力机吨位时，对于施力行程小于压力机的公称压力行程的冲压工序（如冲裁、浅拉深等），只要使冲压所需工艺力的总和不超过公称压力即可。

但是，目前生产中使用的国产压力机，由于种种原因，其公称压力行程数值不符合国家标准，甚至没有给出这一重要技术参数，因此，在选择压力机时，必须使冲压工艺力曲线不超过压力机的许用压力曲线。

在使用中，为了简便起见，对于施力行程很小的（如冲孔、落料等）冲压工序，可直接选用公称压力大于冲压所需工艺力总和的压力机。对于施力行程较大的（如深拉深、深弯曲等）冲压工序，应按照冲压所需工艺力总和小于或等于压力机公称压力的50%~60%的条件来选择压力机。

2. 滑块行程的选择

滑块行程是指曲柄旋转一周，下死点至上死点的距离，其值为曲柄半径 R 的两倍，即 $S=2R$，如图1-1所示。滑块行程大小应保证方便毛坯的放入和零件的取出。对于上出件的拉深等冲压工序，滑块行程大于零件高度的两倍。

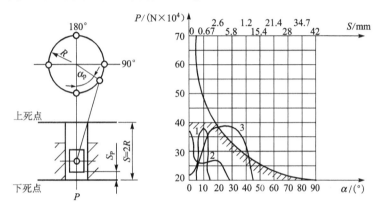

图1-1　J23-40型开式压力机压力曲线图

3. 行程次数的选择

行程次数是指滑块每分钟往复运动的次数，它主要根据所需生产率、操作的可能性和允许的变形速度等来确定。

4. 工作台面尺寸的选择

工作台面（或工作垫板）尺寸一般应大于模具底座各边50~70 mm。

其孔眼尺寸应大于工件或废料尺寸，以便漏料；对于有弹顶装置的模具，工作台孔眼尺寸还应大于下弹顶器的外形尺寸。

5. 闭合高度的选择

压力机的闭合高度是指滑块在下死点位置时，滑块下端面到工作台上表面的距离。闭合高度减去垫板厚度的差值，称压力机的装模高度。没有垫板的压力机，其装模高度与闭合高度相等。

模具的闭合高度是指工作行程终了时，模具上模座顶面到下模座底面之间的距离。

选择压力机时，最好使模具的闭合高度介于压力机的最大装模高度与最小装模高度之间如图1-2所示，一般应满足：

$$(H_{\max} - H_1) - 5 \geqslant H \geqslant (H_{\min} - H_1) + 10$$

式中　$H_{\max}$——最大闭合高度，连杆调到最短（曲拐轴式压力机的行程还应调到最小）时；

$H_{\min}$——最小闭合高度，连杆调到最长（曲拐轴式压力机行程调到最大）时，压力机的闭合高度，$H_{\min} = H_{\max} - l$；

H_1——压力机工作垫板厚度；

$(H_{\max} - H_1)$——压力机最大装模高度；

（$H_{min}-H_1$）——压力机最小装模高度；
H——模具的闭合高度；
l——连杆调节长度。

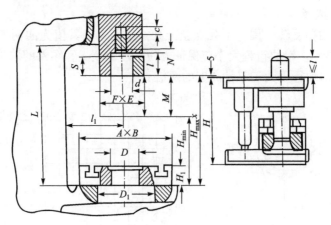

图1-2 模具与压力机的相关尺寸

6. 电动机功率的选择

在某些情况下（如大型件的斜刃冲裁、深度很大的变薄拉深等），必须对压力机的电机功率进行校核，并选择电机的功率大于冲压所需功率的压力机。

1.4 模具材料选用

1.4.1 冲压对模具材料的要求

不同冲压方法，其模具类型不同，模具工作条件有差异，对模具材料的要求也有所不同，表1-3是不同模具工作条件及对模具零件材料的性能要求。

表1-3 模具工作条件及对模具工作零件材料的性能要求

模具类型	工作条件	模具工作零件材料的性能要求
冲裁模	主要用于各种板料的冲切成形，其刃口在工作过程中受到强烈的摩擦和冲击	具有高的耐磨性、冲击韧性以及耐疲劳断裂性能
弯曲模	主要用于板料的弯曲成形，工作负荷不大，但有一定的摩擦	具有高的耐磨性和断裂抗力
拉深模	主要用于板料的拉深成形，工作应力不大，但凹模入口处承受强烈的摩擦	具有高的硬度及耐磨性，凹模工作表面粗糙度值比较低

1.4.2 冲模材料的选用原则

模具材料的选用，不仅关系到模具的使用寿命，也直接影响到模具的制造成本。选择模具材料应遵循如下原则：
① 满足使用要求，应具有较高的强度、硬度、耐磨性、耐冲击性、耐疲劳性等；
② 根据冲压材料和冲压件生产批量选用材料；
③ 模具材料应具有良好的加工工艺性能，便于切削加工，淬透性好、热处理变形小；
④ 满足经济性要求。

1.4.3 冲模常用材料及热处理要求

模具材料的种类很多，应用也极为广泛。冲压模具所用材料主要有碳钢、合金钢、铸铁、铸钢、硬质合金钢、钢基硬质合金以及锌基合金、低熔点合金、环氧树脂、聚氨酯橡胶等。冲压模具中凸、凹模等工作零件所用的材料主要是模具钢，常用的模具钢包括碳素钢、合金工具钢、轴承钢、高速工具钢、基体钢、硬质合金和钢基硬质合金等；模具材料的选用见表1-4。

表1-4 模具材料的选用

零件名称		材料	热处理硬度 HRC	
			凸模	凹模
冲裁模的凸模、凹模、凸凹模及其镶块	$t \leq 3$ mm，形状简单	T10A、9Mn2V	58~60	60~62
	$t \leq 3$ mm，形状复杂	CrWMn、Cr12、Cr12MoV、Cr6WV	58~60	60~62
	$t > 3$ mm，高强度材料冲裁	Cr6WV、CrWMn、9CrSi、65Cr4W3Mo2VNb（65Nb）	54~56 56~58	56~58 58~60
	硅钢板冲裁	Cr12MoV、Cr4W2MoV CT35、CT33、TLMW50 YG15、YG20	60~62 66~68	61~63 66~68
	特大批量（$t \leq 2$ mm）	GT35、GT33、TLMW50 YG15、YG20	66~68	66~68
	细长凸模	T10A、CrWV 9Mn2V、Cr12、Cr12MoV	56~60，尾部回火 40~50 59~62，尾部回火 40~50	
	精密冲裁	Cr12MoV、W18Cr4V	58~60	62~64
	大型模镶块	T10A、9Mn2V Cr12MoV	58~60 60~62	
	加热冲裁	3Cr2W8、5CrNiMo6Cr4Mo 3Ni2WV（GG-2）	48~52 51~53	
	棒料高速剪切	6CrW2Si	55~58	
上、下模座		HT400、ZG310-570、Q235、45	(45) 调质 28~32	
模柄	（普通模柄）	Q235	43~48	
	（浮动模柄）	45		
导柱、导套	滑动	20	（渗碳）56~62	
	滚动	GCr15	62~66	
固定板、卸料板、推件板、顶板、侧压板、始用挡块		45	43~48	

第 2 章　冲压加工的理论基础

2.1　冲压应力应变状态

2.1.1　应力状态

冲压变形是由冲压设备提供变形载荷，然后通过模具对毛坯施加外力，进而转化为毛坯的内力、使之产生塑性变形。因此，研究和分析金属的塑性变形过程，应首先了解毛坯内力作用和塑性变形之间的关系。

在一般情况下，变形毛坯内各质点的变形和受力状态是不相同的。一点的应力状态可用一个平行六面体（单元体）来表示，将各应力分量均表示在前 3 个可视面（即 x 面、y 面、z 面）上，每个面上有一个正应力、两个剪应力，共 9 个应力分量，再考虑剪应力的互等性（$\tau_{xy}=\tau_{yx}$，$\tau_{yz}=\tau_{zy}$，$\tau_{zx}=\tau_{xz}$），则仅有 6 个独立的应力分量，如图 2-1（a）所示；正应力分量方向的含义是，箭头指向平行六面体之外，符号为正，为拉应力；反之，符号为负，为压应力。对同一点应力状态，6 个应力分量的大小与所选坐标有关，不同坐标系所表现的 6 个应力分量的数值是不同的。存在这样一个（仅有一个）坐标系，按该坐标系做平行六面体，则应力分量只有 3 个正应力分量，而无剪应力分量，那么称这 3 个正应力为主应力，称该坐标系为主坐标系，3 个坐标轴为主应力轴，如图 2-1（b）所示。

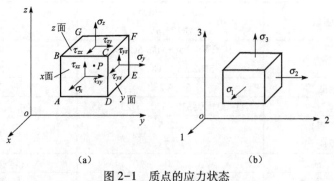

图 2-1　质点的应力状态
（a）任意坐标系；（b）主坐标系

如果用主坐标系表示质点的应力状态，单元体上仅承受拉应力或压应力，则可将主应力状态分为如图 2-2 所示的 9 种类型。图中，第一行为单向应力状态：单向拉和单向压；第二行为两向应力状态，或称作平面应力状态：两向拉、两向压或一拉一压；第三行为三向应力状态，或称作复杂应力状态：三向拉、三向压、一压两拉或一拉两压。对于板料冲压工艺，第二行应力状态居多。

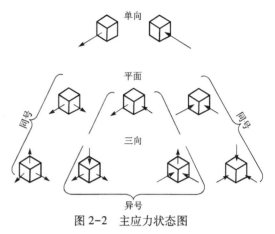

图 2-2 主应力状态图

2.1.2 应变状态

将质点的变形状态称为点的应变状态。一点的应变状态可用一个平行六面体来表示，有 6 个独立的应变分量。正应变分量方向的含义是，箭头指向平行六面体之外，符号为正，则表示伸长，反之，符号为负，则为压缩（收缩）。对同一点的应变状态，6 个应变分量的大小与所选坐标有关，不同的坐标系所表现的 6 个应变分量数值不同。存在这样一个（仅有一个）坐标系，按该坐标系做平行六面体，则应变分量只有 3 个正应变分量，而无剪应变分量，那么称这 3 个正应变为主应变。

如果用主坐标系表示质点的应变状态，即单元体上仅有正应变，而无剪应变。由于塑性变形中要满足体积不变条件，即 3 个正应变（当然，主应变也是正应变）之和为零，因此，绝对值最大的主应变值应等于另两个主应变绝对值之和，但符号相反；也就是说，绝对值最大的主应变，永远与另外两个主应变符号相反。故可将应变状态大致分为三类：一向伸长一向收缩、一向伸长两向收缩和一向收缩两向伸长，如图 2-3 所示。图中，最上面的应变状态是：一个主应变为零，另两个绝对值相等，符号相反，称为平面应变状态；第二行左边的应变状态是一向伸长两向收缩，即拉伸类；第二行右边的应变状态是一向收缩两向伸长，即收缩类。第三行仅为第二行的特例，左边的应变状态是一向伸长和两向相等的收缩，称之为简单拉伸；右边的应变状态是一向收缩和两向相等的伸长，称为简单压缩。

2.1.3 应力与应变关系

由上述的叙述可知，应力状态与应变状态具有相似性。对于应力与应变关系，我们从方向和大小两方面进行叙述。首先讨论应力方向与应变方向之间的关系。

对剪应力和剪应变，可用图 2-4 来表示。图 2-4（a）的剪应力方向对应于图 2-4（b）的剪应变方向，这很容易理解。

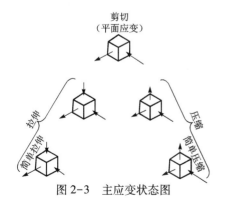

图 2-3 主应变状态图

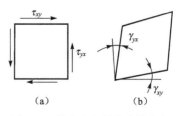

图 2-4 剪应力和剪应变的方向
（a）剪应力方向；（b）剪应变方向

而对于正应力和正应变的方向，就不是这样简单了。正应力为正值（受拉）时，正应变未必是正值（未必伸长）；正应力为负值（受压）时，正应变未必是负值（未必收缩）；正应力为零时，正应变未必为零（可能有伸长或收缩）。

为说明正应力和正应变方向的对应关系，也为说明应力分量与应变分量数值大小之间的关系，需要了解小变形时的应力应变关系，它可叙述为：小变形时的应变分量正比于应力偏量。即

$$\frac{\varepsilon_1}{\sigma_1'} = \frac{\varepsilon_2}{\sigma_2'} = \frac{\varepsilon_3}{\sigma_3'} = \lambda \tag{2-1}$$

式中　　λ——常数；
　　　　ε_1，ε_2，ε_3——三个主应变值；
　　　　σ_1'，σ_2'，σ_3'——三个主应力偏量值。

主应力偏量定义为：

设 σ_1，σ_2，σ_3 为三个主应力值，则平均应力 $\sigma_m = (\sigma_1+\sigma_2+\sigma_3)/3$，那么，三个主应力偏量分别为 $\sigma_1' = \sigma_1 - \sigma_m$，$\sigma_2' = \sigma_2 - \sigma_m$，$\sigma_3' = \sigma_3 - \sigma_m$。

由式（2-1），依照比例定律，又可导出以下公式：

$$\varepsilon_1 : \varepsilon_2 : \varepsilon_3 = \sigma_1' : \sigma_2' : \sigma_3' \tag{2-1a}$$

$$\frac{\varepsilon_1 - \varepsilon_2}{\sigma_1 - \sigma_2} = \frac{\varepsilon_2 - \varepsilon_3}{\sigma_2 - \sigma_3} = \frac{\varepsilon_3 - \varepsilon_1}{\sigma_3 - \sigma_1} = \lambda \tag{2-1b}$$

式（2-1）、式（2-1a）、式（2-1b）也适用于全量应变理论的应力应变关系。

2.1.4　引例

利用上述应力应变关系，可以很方便地研究冲压过程中毛坯内应力的作用特点及分布规律。

在筒形件拉深过程中，压料板对凸缘部位的毛坯有摩擦力，但与内应力相比，可略去不计，其应力状态如图 2-5 所示。图中的平行六面体采用圆柱坐标（r，θ，z）截取，属于一拉一压的应力状态（平面应力状态）。若 $\sigma_1 = \sigma_r = 80$ MPa，$\sigma_3 = \sigma_\theta = -140$ MPa，而 $\sigma_2 = 2 = \sigma_z = 0$，$\sigma_m = \dfrac{80+0-140}{3} = -20$ MPa，则 $\sigma_1' = 80-(-20) = 100$ MPa，$\sigma_2' = 0-(-20) = 20$ MPa，$\sigma_3' = -140-(-20) = -120$ MPa，依照（2-1a）式，$\varepsilon_1 : \varepsilon_2 : \varepsilon_3 = \sigma_1' : \sigma_2' : \sigma_3' = 100 : 20 : (-120) = 10 : 2 : (-12) = 5 : 1 : (-6)$。这里，虽然没有求出 3 个主应变值，但揭示了 3 个主应变值之间的比例关系及变形状态。该点的应变属于两向伸长，一向收缩，即径向和厚度方向出现伸长变形，而切向出现收缩。将应变状态表示在图 2-5 的左上角，可以看出，厚度方向虽然无应力作用，但有伸长变形，即厚度增加了。由拉深凸缘部位的应力应变状态可以发现，绝对值最大的主应力如果是负值

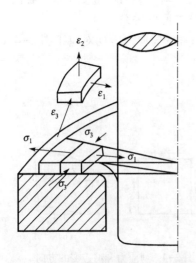

图 2-5　拉深凸缘部位的应力应变状态

（压应力），则该方向的应变一定是负值（收缩变形），称之为压缩类变形；同理，绝对值最大的主应力如果是正值（拉应力），则该方向的应变一定是正值（伸长变形），称之为伸长类变形。因此，可由绝对值最大的主应力符号来判断其变形的类型，故拉深凸缘部位属于压缩类变形。

2.2 材料的塑性、变形抗力及影响因素

2.2.1 塑性与变形抗力的概念

1. 材料的塑性

金属材料在外力作用下产生永久变形而不被破坏的能力称为材料的塑性。

影响金属塑性的因素包括两方面：

① 金属本身内部的晶格类型、化学成分和金相组织等。

② 变形时的外部条件，如变形温度、变形速度以及变形方式等。

2. 变形抗力

金属材料在外力作用下抵抗塑性变形的能力就叫做材料的变形抗力。

塑性和变形抗力是两个不同的概念。通常说某种材料的塑性好坏是指受力以后临近破坏时的变形程度的大小，而不是指变形抗力的大小。如奥氏体不锈钢允许的变形程度大，称为塑性好，但其变形抗力也大，需要较大的外力才能产生塑性变形。由此可见，变形抗力是从力的角度反映塑性变形的难易程度。

2.2.2 变形速度对塑性变形的影响

所谓变形速度是指单位时间内应变的变化量，塑性成形设备的加载速度在一定程度上反映了金属的变形速度。变形速度对塑性变形的影响是多方面的。变形速度对于金属塑性变形的影响是相当复杂的。

一方面，速度增高（特别是高速冲压），金属变形时易产生双晶，滑移层变细，滑移线分布更密集，这就增加了滑移和双晶的临界剪应力以及晶内和晶间破坏的极限应力，使金属的变形抗力增加，并有可能出现晶间脆裂。这些现象与金属晶格类型、晶粒的成分和结构以及其他因素有关。

另一方面，由于热效应的原因，引起金属温度升高，金属的塑性又得到改善。

目前，常规冲压使用的压力机工作速度较低，对金属塑性变形性能的影响不大，而考虑速度因素，主要基于零件的尺寸和形状。对于小零件的冲压工序，例如冲裁、弯曲、拉深、翻边等，就可不必考虑速度因素；对于大型复杂零件的成形，宜用低速。因为大尺寸复杂零件成形时，各部分的变形极不均匀，易于局部拉裂和起皱，为了便于塑性变形的扩展，有利于金属的流动，以采用低速压力机或液压机为宜。

另外，对于不锈钢、耐热合金、钛合金等对变形速度比较敏感的材料，也宜低速成形，加载速度可控制在 0.25 m/s 以下。

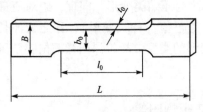

图 2-6　板料拉伸试样

2.3　常用材料的力学性能

对板料进行拉伸试验是测试板材力学性能的最常用、最简单的方法。由力学性能的指标值可间接地反映材质的冲压性能。

板料的拉伸试验可在冲压板材上制取如图 2-6 所示的试样，在万能材料试验机上进行。在试样上装卡两个引伸仪，长度和宽度方向各一个。根据试验结果或自动记录装置，可以得到如图 2-7（a）所示的条件应力与伸长率之间的关系。经过对试验数据的处理可将其转变为真实应力应变曲线，如图 2-7（b）所示。

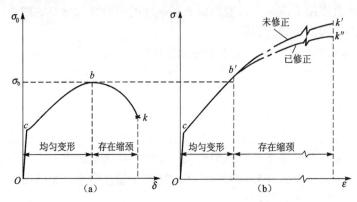

图 2-7　条件应力应变曲线与真实应力应变曲线
（a）条件应力伸长率曲线；（b）真实应力应变曲线

现在介绍板料机械性能的几个指标。

（1）屈服极限 σ_s（$\sigma_{0.2}$）

通常将屈服极限 σ_s 定义为"屈服平台"最低点处所对应的条件应力。但对于有些材料没有明显的屈服点，如退火铝合金、优质冷轧钢板等，其典型应力应变曲线如图 2-8 所示，这时的屈服极限规定用残留伸长率 $\delta=0.2\%$ 时的条件应力来表示，记为 $\sigma_{0.2}$。关于屈服点，试验表明，屈服点 σ_s 数值小，材料易屈服，成形后回弹小，贴模性和定形性较好。另外，

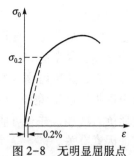

图 2-8　无明显屈服点

屈服点对零件表面质量也有影响，如果拉伸曲线出现屈服平台，它的长度——屈服伸长 S_u 较大，板料在屈服伸长之后，表面会出现明显的滑移线痕迹，导致零件表面粗糙。

（2）强度极限 σ_b

强度极限 σ_b 是拉伸过程中条件应力应变曲线最高点的条件应力。但要注意，它不是拉伸过程中作用于实际截面的最大应力，即不是真实应力应变曲线最高点的应力。

（3）硬化指数 n

硬化指数 n 表示板料在冷塑性变形中的硬化强度。n 值大，硬化效应就大，抗缩颈能力就强，抗破裂性通常也就越强，尤其对胀形来说，有明显的减少毛坯局部变薄，增大成形极限的作用。

由真实应力应变曲线可以看出,该曲线可近似用如下公式表示(不考虑弹性变形部分):

$$\sigma = B\varepsilon^n \tag{2-2}$$

式中　B——与材料有关的常数;
　　　n——定义为硬化指数。

常见材料的 n 值和 σ 值见表 2-1。

表 2-1　部分板材的 n 值和 σ 值

材料	n 值	σ/MPa	材料	n 值	σ/MPa
08F	0.185	708.76	T2	0.455	538.37
08Al（2F）	0.252	553.47	H62	0.513	773.38
08Al（HF）	0.247	521.27	H68	0.435	759.12
08Al（Z）	0.233	507.73	QSn6.5-0.1	0.492	864.49
08Al（P）	0.25	613.13	Q235	0.236	630.27
10	0.215	583.84	SPCC（日本）	0.212	569.76
20	0.166	709.06	SPCD（日本）	0.249	497.63
LF2	0.164	165.64	1Cr18Ni9Ti	0.347	1 093.61
2Al2M	0.192	366.29	1 035M	0.286	112.43

（4）塑性应变比 r

塑性应变比也称为"板厚方向性系数",它是板料试样在拉伸过程中(在最大载荷 P_{max} 之前,通常伸长率 $\delta = 15\% \sim 20\%$)宽度真实应变 ε_b,与厚度真实应变 ε_t 之比,即

$$r = \frac{\varepsilon_b}{\varepsilon_t} = \frac{\ln \frac{b}{b_0}}{\ln \frac{t}{t_0}} \tag{2-3}$$

式中　b_0, b——分别为试样的初始宽度和瞬时宽度;
　　　t_0, t——分别为试样的初始厚度和瞬时厚度。

当 $r=1$ 时,板宽与板厚间属各向同性。而 $r \neq 1$ 时,则为各向异性。$r>1$ 说明该板材的宽度方向比厚度方向更易变形。即 r 值大时,能使筒形件的拉深极限变形程度增大。用软钢、不锈钢、铝、黄铜等所做的试验也证明了拉深比与 r 值之间的关系(见表 2-2)。

表 2-2　拉深比与 r 值间的关系

r 值	0.5	1	1.5	2
拉深比 $K = \dfrac{D}{d}$	2.12	2.18	2.25	2.5

由上式可知,要想求得 r 值,需测量出变形过程中试样的瞬时宽度和瞬时厚度。对变形过程的瞬时宽度,由宽度引伸仪可准确记录出来;对厚度的测量,就不易准确测出来。

冲压生产所用的板材都是经过轧制的，其纵向（即轧制纤维方向）、横向及其他方向的性能不同，在不同方向上的 r 值也不一样，这种现象称为平面方向上的"各向异性"，见图 2-9。

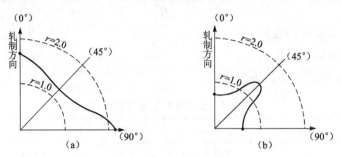

图 2-9 不同方向上的塑性应变比
(a) 体心立方晶格金属；(b) 面心立方晶格金属

为了统一试验方法，常用下式计算塑性应变比的平均值

$$\bar{r} = \frac{1}{4}(r_0 + 2r_{45} + r_{90}) \tag{2-4}$$

式中　r_0，r_{90}，r_{45}——分别是板材纵向、横向和 45°方向上的塑性应变比。

(5) 凸耳系数 Δ_r

凸耳系数 Δ_r 也叫板平面方向性。为了表示板材纵向、横向及其他方向上的性能差异，描述板平面上的方向性，特提出凸耳系数的概念，它定义为：

$$\Delta_r = \frac{r_0 - 2r_{45} + r_{90}}{2} \tag{2-5}$$

Δ_r 越大，方向性越明显，对冲压成形的影响也越大。例如弯曲，当弯曲件的折弯线与纤维方向垂直时，允许的极限变形程度就大；而折弯线平行于纤维方向时，允许的变形程度就小。方向性越强，降低量越大。如筒形件拉深中，由于板平面方向性使拉深件出现口部不齐的凸耳现象，方向性越明显，凸耳也越高。板平面方向性大时，在拉深、翻边、胀形等冲压过程中能够引起毛坯变形的不均匀，其结果不但可以因为局部变形程度过大，而使总体的极限变形程度减小，而且还可能引起壁厚不等而降低冲压件的质量。由此可见，生产上应尽量设法降低板料的 Δ_r 值。

(6) 总伸长率 δ 和均匀变形的伸长率 δ_u

δ_u 叫均匀伸长率，板材在拉力作用下开始产生局部集中变形（缩颈时）的伸长率。δ 称为总伸长率，是在拉伸中试样破坏时的伸长率。一般情况下，冲压成形都在板材均匀变形范围内进行。所以 δ_u 表示板材产生均匀的或稳定的塑性变形的能力，它直接决定板材在伸长类变形中的成形性能。可以用 δ_u 间接表示伸长类变形的极限变形程度，如翻边系数、扩口系数、最小弯曲半径、胀形系数等。实验结果表明，大多数材料的翻边变形程度都与 δ_u 成正比例关系，具有很大胀形成分的复杂曲面拉深件用的钢板，要求具有很高的 δ_u 值。

第3章 冲裁工艺及模具设计

3.1 冲裁变形和质量分析

冲裁,是利用安装在压力机上的冲裁模,使材料产生分离的冲压工序。从广义上讲,冲裁是分离工序的总称。它包括落料、冲孔、切断、切口、冲缺、剖切等工序。其中又以落料和冲孔应用最为广泛。制取所需零件的外形及尺寸的工序称之为落料,如图 3-1 (a) 中尺寸 D 所示;而制取所需零件的内形及尺寸的工序称之为冲孔,如图 3-1 (b) 中尺寸 d 所示。

冲裁工艺是冲压生产的主要工艺方法之一。按照分离变形机理不同,冲裁可分为普通冲裁、精密冲裁、整修和半精密冲裁。

冲裁模为冲裁所使用的模具,其作用是:

① 直接制造机器零件。

② 为弯曲、拉深等成形工序准备毛坯。

冲裁工艺及冲裁模具设计就是分析冲裁件的工艺性、确定冲裁工艺方案、设计相应的冲裁模具。

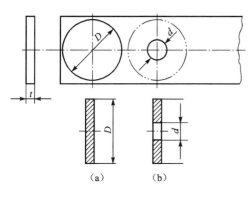

图 3-1 垫圈冲裁中的落料与冲孔
(a) 落料;(b) 冲孔

对于塑性加工方法之一的冲裁,其变形力学范围既包含剪切又包含断裂。为了研究冲裁件的质量、模具的寿命以及冲裁力较精确的计算等,应该从塑性力学理论、方法及冲裁变形的实际条件等方面对冲裁变形机理进行分析,以便认识冲裁变形的本质。

3.1.1 冲裁变形过程

1. 弹性变形阶段

如图 3-2 (a) 所示,当凸模下压接触板料时,材料产生短暂的、轻微的弹性变形。板料略有挤入凹模洞口的现象。此时,凸模下的材料略有弯曲,凹模上的材料则向上翘。间隙越大,弯曲和上翘越严重。随着凸模继续压下,直到材料内的应力达到弹性极限。在板料的冲裁过程中,变形区主要集中在凸、凹模刃口连线附近。

2. 塑性变形阶段

如图 3-2 (b) 所示,凸模继续压下,板料变形区的应力将继续增大。当应力状态满足屈服准则时,材料便进入塑性变形阶段。这一阶段突出的特点是材料只发生塑性流动,而不

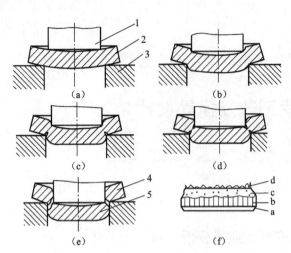

图 3-2 冲裁变形过程分析
(a) 弹性变形；(b) 塑性变形；(c) 出现裂纹；
(d) 裂纹贯通；(e) 断裂分离；(f) 剪切断面
1—凸模；2—毛坯；3—凹模；4—废料；5—工件

产生任何裂纹。由于凸模切入板料，板料挤入凹模洞口。在板料剪切面的边缘产生弯曲、拉伸等作用形成塌角，同时由于塑性剪切变形，在切断面上形成一小段光亮且与板面垂直的断面。纤维组织产生更大的弯曲和拉伸变形。随着凸模的压下，应力不断加大，直到分离变形区的应力达到抗剪强度，塑性变形阶段结束。

3. 断裂分离阶段

图 3-2 (c)、(d)、(e) 表示了断裂分离的全过程，其中图 (c) 表示当凸模切入板料达到一定深度时，在凹模侧壁靠近刃口处的材料首先出现裂纹。这表明塑性剪切变形的终止和断裂分离的开始。图 (d) 表示裂纹发展与贯通的情形。在一般情况下，在凹模附近产生的裂纹向凸模刃口方向发展的过程中，处在凸模侧面靠近刃口附近的材料也将产生裂纹，并且上下裂纹将贯通。图 (e) 表示冲裁结束时板料被完全分裂分离的情形。被冲入孔的一块料在落料时为工件，冲孔时为废料。留在凹模面上的材料在冲孔时为工件，落料时为废料。普通冲裁件的剪切断面状况如图 3-2 (f) 所示，其精度一般在 IT10 级以下，表面粗糙度为 3.2~50 μm。

如图 3-2 (f) 所示，断面明显分为四个区域：a 为圆角区，即塌角；b 为光亮带，表面光滑，表面质量最好；c 为剪裂带，表面粗糙并略带斜度，不与板面垂直；d 为毛刺。

3.1.2 变形区的应力分析

1. 变形区受力状况

冲裁时凸、凹模刃口作用于材料的力如图3-3 所示。主要包括：

P_p、P_d——凸模和凹模作用于材料上的垂直压力；

F_p、F_d——凸模和凹模作用于材料上的水平压力；

μP_p、μP_d——凸模端面和凹模端面作用于材料的摩擦力；

μF_p、μF_d——凸模侧面和凹模侧面作用于材料的摩擦力；

M——F_p、F_d 不在一直线上而产生的弯矩，它使材料产生弯曲；

M'——F_p 和 F_d 所形成的抗弯矩，保持冲裁过程每一瞬间的平衡。

垂直压力使材料分离，摩擦力使模具刃口部

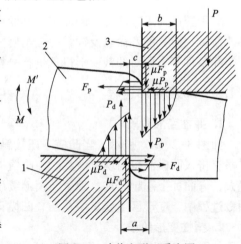

图 3-3 冲裁变形区受力图
1—凹模刃口；2—材料；3—凸模刃口

分产生磨损。

2. 变形区应力状态

冲裁时的变形区是以凸模和凹模刃口连线为中心的纺锤形区，由于受冲裁时板材弯曲的影响，变形区应力状态很复杂，由冲裁力所引起的应力状态示意图如图 3-4 所示，而塑性变形阶段的各点的应力状态如图 3-5 所示。

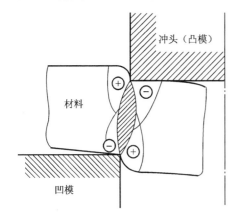
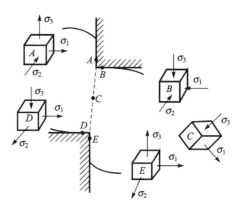

图 3-4　冲裁力引起的应力示意图　　　　图 3-5　变形区内各点应力状态

A 点——三向应力状态。σ_1 为凸模侧压及材料弯曲引起的压应力；σ_2 为弯曲引起的压应力与侧压引起的拉应力的合成应力；σ_3 为凸模下压引起的拉应力。

B 点——由凸模下压和材料弯曲引起的三向压应力状态。

C 点——沿材料纤维方向为拉应力 σ_1，垂直于纤维方向为压应力 σ_3。

D 点——材料弯曲引起径向拉应力 σ_1 和切向拉应力 σ_2，凹模上平面材料受到压挤产生轴向压应力 σ_3。

E 点——材料弯曲引起的拉应力和凹模侧压引起的压应力的合成应力 σ_1 和 σ_2，应力符号一般为正；凸模下压引起轴向拉应力 σ_3。

3.1.3　断面质量

对冲裁件断面质量起决定作用的是冲裁间隙及模具刃口状态。从冲裁变形过程分析可知，冲裁时，裂纹不一定从凸、凹模刃口处同时发生，上、下裂纹是否重合与凸、凹模刃口间隙的大小有关。间隙过小时，最初从凹模刃口附近发生的裂纹就指向凸模下面的高压应力区。因此，这个裂纹的成长受到抑制，不能达到凸模刃口处，而成为滞裂纹，如图 3-6 所示，当裂纹口开得相当大的时候，两裂纹中间的一部分材料随着冲裁的进行将被第二次剪切，继而被凸模挤入凹模腔内。由于凹模刃口的挤压作用，在断面上形成第二光亮带，在两光亮带间形成撕裂的毛刺和夹层，如图 3-6（a）所示。

间隙过大时，由于在光亮带形成之前，板料已形成较大的圆角带，所以实际的间隙就显得更大。在这种情况下，如图 3-6（c）所示，因为上、下裂纹错开一段距离，且圆角带大，所以断面的垂直度差。又由于加工条件的不同，裂纹也不一定在上、下两刃口处同时发生，所以有时可能由一个刃口发生的裂纹使材料分离。当这个裂纹从一个刃口的尖端出发，扩展到另一个刃口的侧面时，在断面上留下很大的毛刺。因此间隙过大时，断面上的光亮带减

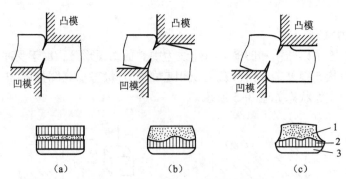

图 3-6 间隙对冲裁间断面质量的影响
(a) 间隙过小；(b) 间隙合适；(c) 间隙过大
1—断裂带；2—光亮带；3—圆角带

小，圆角、毛刺及斜度变大。

间隙合理时，上、下刃口处产生的裂纹，在冲裁切断过程中汇合成一条线，如图 3-6 (b) 所示。在这种情况下所得冲裁件的断面光亮带较大，而圆角带及毛刺和斜度均较小，表面也比较平整，断面与平面质量均可达到理想的效果。由上述分析可知，间隙过大或过小时，冲裁件的断面质量都较差，只有在合理间隙时，才能使冲裁件的断面质量符合标准。

间隙分布的均匀性对冲裁件的断面质量同样具有很大的影响。当刃口沿圆周间隙分布不均匀时，将使制件产生局部毛刺。在间隙大的地方产生拉长毛刺，在间隙小的地方产生挤毛，并加快模具刃口磨损变钝，使模具寿命缩短，所以不仅要选择合理的间隙，而且在制造、安装调整冲模时，应保证间隙均匀。

当模具刃口磨钝时，在冲裁件的边缘会产生很大的毛刺。凹模刃口磨钝时，在落料件边缘产生毛刺，凸模刃口磨钝时，在冲孔边缘产生毛刺，凸、凹模刃口都磨钝时，则在落料件及冲孔件边缘均产生毛刺。

毛刺是冲裁件的常见缺陷。若冲裁件的技术要求规定不允许毛刺存在时，则在冲裁后要设法清除。清除毛刺的方法很多，对较厚的中小零件可用滚筒滚光或振动法去毛刺，对于较薄或较大的零件可用双轴轧辊碾平，也可用砂带磨床磨去毛刺。一般冲裁件允许的毛刺高度见表 3-1。

表 3-1 一般冲裁件允许的毛刺高度　　　　　　　　　　　　mm

板料厚度	生产时允许毛刺高度	试模时允许毛刺高度
≤0.3	≤0.05	≤0.015
>0.3~0.5	≤0.08	≤0.02
>0.5~1.0	≤0.10	≤0.03
>1.0~1.5	≤0.13	≤0.04
>1.5~2.0	≤0.15	≤0.05

在冲裁过程中凸模要压入材料，材料要被挤进凹模洞口，材料对模具产生侧压力，间隙越小，侧压力越大，由此而产生的摩擦力（板料与凸模侧壁和凹模洞壁之间的摩擦力）也

越大,从而使凸、凹模侧壁的磨损加剧,甚至因摩擦发热严重而使材料黏结在上面,致使摩擦力进一步增加,使模具刃口很快磨损,模具寿命大大降低。间隙较大时,凸模侧面与材料的摩擦力小,减少了磨损。但间隙取得太大时,因弯矩与拉应力增大而导致刃口损坏,因此不能无限制地取大间隙。

3.1.4 尺寸精度

冲裁件的尺寸精度是指冲裁件的实际尺寸与设计尺寸的差值,差值越小,精度越高。在理想情况下,落料件的尺寸与凹模刃口尺寸相同,而冲孔件的尺寸与凸模刃口尺寸相同。实际上,由于冲裁时工件受力而产生一定的弹性变形,冲裁结束后,工件就会发生弹性恢复现象,从而引起落料件尺寸与凹模刃口尺寸、冲孔件与凸模刃口尺寸不相符,影响了冲裁件的尺寸精度。

影响冲裁件尺寸精度的因素很多,如冲裁间隙、冲模制造精度、材料性质与厚度、冲裁件的形状和尺寸等,其中主要因素是冲裁间隙。

当凸、凹模间隙过大时,冲裁过程中材料所受的拉延作用较大,因而拉延变形大。冲裁结束后,因材料的弹性恢复使落料件尺寸缩小,而冲孔件尺寸增大。当间隙过小时,由于材料受凸、凹模挤压而产生压缩变形。冲裁后因材料的弹性恢复使落料件尺寸增大,而冲孔件的尺寸缩小。图3-7所示为间隙对冲裁件精度的影响关系图($\dfrac{Z}{t}$为冲裁间隙与材料厚度的比值)。图中曲线与$\delta=0$的交点为最合理的间隙值。在合理间隙时,制件尺寸与模具刃口尺寸完全一样,交点右边表示制件与模具间是松动的。

若采用交点右边较大的间隙值,则制件与模具之间摩擦力小,所需冲裁力也小,但冲裁件拱弯大,使制件的弹性恢复也大。因此,间隙过大或过小都会使冲裁件尺寸有较大的偏差,尺寸精度降低。只有在合理间隙时,冲裁件尺寸最接近模具刃口尺寸。

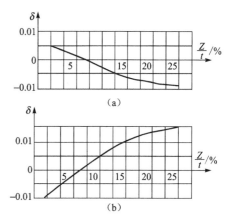

图3-7 间隙对冲裁件精度的影响
(a)落料;(b)冲孔

冲裁件的尺寸精度还与材料的性质和厚度有关。因材料的性质直接决定了板料在冲裁过程中的弹性变形量,较软的材料,弹性变形量较小,冲裁后的弹性恢复量也较小,使制件精度较高;较硬的材料,弹性变形量较大,冲裁后的弹性恢复也较大,使制件精度低;薄料冲裁时,弹性拱弯大,弹性恢复也大,使制件精度低。此外,尺寸精度还与零件形状和尺寸大小有关。零件尺寸越大,形状越复杂,模具制造调整就越困难,模具间隙不易保证均匀,故尺寸偏离就越大。

上述因素对冲裁件尺寸精度的影响是在模具制造精度一定的前提下讨论的。若模具刃口制造精度低,则冲制出的零件精度也无法保证。所以,凸、凹模刃口尺寸的制造公差要按工件的尺寸精度要求来决定。冲模制造精度与冲裁件精度之间的关系见表3-2。

表 3-2 冲模制造精度与冲裁件精度之间的关系

冲模制造精度	板料厚度 t/mm											
	0.5	0.8	1.0	1.5	2	3	4	5	6	7	8	10	12
IT6~IT7	IT8	IT8	IT9	IT10	IT10								
IT7~IT8			IT9	IT10	IT10	IT12	IT12	IT12					
IT9				IT12	IT12	IT12	IT12	IT12	IT14	IT14	IT14	IT14	IT14

3.2 冲裁模具的间隙

3.2.1 冲裁间隙的定义

冲裁间隙是影响冲裁工序的最重要的工艺参数，其定义为冲裁凸模与凹模之间的空隙尺寸 Z。在工程实际中，少用绝对值而多用相对于材料厚度 t 之比值 $\frac{b}{t}$ 来表示。单面冲裁间隙 $Z/2$ 的取值范围为（2%~5%）t~30%t，但通常在（2%~20%）t 的范围内选用。双面冲裁间隙 Z、冲裁间隙的定义见图 3-8。

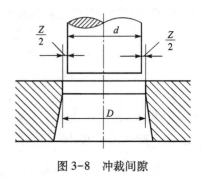

图 3-8 冲裁间隙

3.2.2 间隙对冲裁力的影响

随着间隙的增大，材料所受的拉应力增大，材料容易断裂分离。因此冲裁力减小。通常冲裁力的降低并不显著，当单边间隙为材料厚度的 5%~20% 时，冲裁力的降低不超过 5%~10%。但是随着冲裁力的增加，会因为在凸、凹模刃口处产生的裂纹不相重合的影响，冲裁力下降缓慢，其试验曲线见图 3-9。由于间隙的增大，使冲裁件的光亮面变窄，落料尺寸小于凹模尺寸，冲孔尺寸大于凸模尺寸，因而使卸料力、推件力或顶件力也随之减小。间隙对卸料力的影响可见图 3-10。但是，当间隙继续增大时，因为毛刺增大，引起卸料力、顶件力迅速增大。因而间隙的增加和减小是在一定范围内进行调节的。

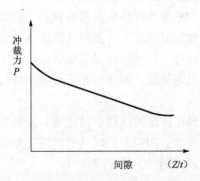

图 3-9 间隙大小对冲裁力的影响

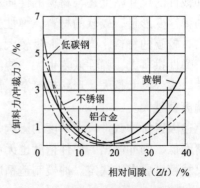

图 3-10 间隙大小对卸料力的影响

3.2.3 间隙对模具寿命的影响

冲裁模具的寿命通常以保证获得合格产品时的冲裁次数来表示。

冲裁过程中模具的失效形式一般有磨损、变形，崩刃和凹模刃口胀裂四种。间隙大小主要对模具磨损及凹模胀裂产生影响。凸、凹模侧面与端面的磨损关系如图 3-11 所示。间隙增大时可以使冲裁力、卸料力等减小，因而模具的磨损也减小。但当间隙继续增大时，卸料力增加，又影响模具磨损。一般在间隙为 $(10\% \sim 15\%)t$ 时磨损最小，模具寿命较高。间隙小时，落料件梗塞在凹模洞口的胀裂力也大。

由以上分析可见，凸、凹模间隙对冲裁件质量、冲裁力、模具寿命等都有很大的影响。

因此，在设计和制造模具时要求有一个合理的间隙值，以保证冲裁件的断面质量好，尺寸精度高，所需冲裁力小，模具寿命高。但是分别从这些方面确定的合理间隙并不是同一数值，只是彼此接近。考虑到模具制造中的偏差及使用中的磨损，生产中通常是选择一个合适的范围作为合理间隙。在此范围内的间隙可以获得合格的产品。这个范围的最小值称为最小合理间隙 $Z_{\min}$，最大值则为最大合理间隙 $Z_{\max}$。

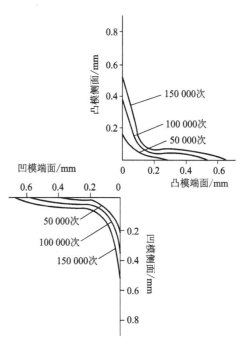

图 3-11 凸、凹模侧面与端面的磨损关系

3.2.4 间隙确定的理论依据

由冲裁变形过程的分析可知，决定合理间隙值的理论依据是应保证在塑性剪切变形结束后，由凸模和凹模刃口处所产生的上、下剪切裂纹重合，如图 3-12 所示。

由图上的几何关系可得

$$Z = 2(t-b)\tan\beta = 2t\left(1 - \frac{b}{t}\right)\tan\beta \quad (3-1)$$

式中 t——板料厚度；

b/t——产生裂纹时，凸模压入板料的相对深度（即光亮带的相对宽度）；

β——最大切应力方向与垂线间的夹角，软钢 $\beta = 5° \sim 6°$，中硬钢 $\beta = 4° \sim 5°$，硬钢 $\beta = 4°$。

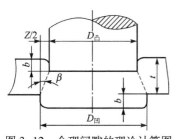

图 3-12 合理间隙的理论计算图

由上式可以看出，合理间隙值取决于 t、b/t、β 等三个因素。由于 β 值的变化不大，所以，影响合理间隙值的大小主要取决于前两个因素，即影响间隙值的主要因素是板料厚度和材料性质。

板料厚度增大，间隙数值应正比地增大。反之板料越薄则间隙越小。

材料塑性好，光亮带所占的相对宽度 b/t 大，间隙数值就小。而塑性差的硬材料，间隙数值就大一些。另外，b/t 还与板料的厚度有关。对同一种材料来说，薄料冲裁的 b/t 比厚料冲裁的 b/t 大，因此，薄料冲裁的间隙值更要小一些。

综合上述两个因素的影响可以看出，材料厚度对间隙的综合影响并不是简单的正比关系。概括地说，板料越厚，塑性越差，则间隙越大；材料越薄，塑性越好，则间隙越小。

3.2.5 间隙值的确定

由于冲裁间隙对断面质量、工件的尺寸精度、模具寿命、冲裁力等的影响规律并非一致，所以，并不存在一个绝对的合理间隙数值，能同时满足断面质量最佳、尺寸精度最高、模具寿命最长、冲裁力最小等各方面的要求。所以，国内、外各厂所用的间隙值不太一致，有的出入很大。在确定间隙值大小的具体数值时，应结合冲裁件的具体要求和实际的生产条件来考虑。其总的原则应该是在保证满足冲裁件剪切断面质量和尺寸精度的前提下，使模具寿命最长。在实际生产中，合理间隙的数值是由实验方法所制定的表格来确定的。

间隙的理论值，仅用来说明上述几个因素与间隙的关系，在生产中应用很不方便。目前在生产中，广泛采用经验法和查表法来确定合理间隙值。

1. 经验确定法

经验确定法也是根据材料的性质与厚度，关系式为

$$Z_{\min} = Kt \tag{3-2}$$

式中 $Z_{\min}$——最小双边间隙值（mm）；

t——材料厚度（mm）；

K——与材料性质有关的系数。

系数 K 的数值，随行业不同而有所差异。例如，对于汽车、拖拉机行业，K 值的选取原则如下。软材料（如08和10钢，黄铜、紫铜等）：$K=0.08\sim0.10$；中硬材料（如Q235，Q255，20，25钢等）：$K=0.10\sim0.12$；硬材料（如Q275，Q295，45钢等）：$K=0.12\sim0.14$。又如，对于电器仪表行业，K 值的选取原则如下。纸、布、皮革、石棉、橡胶、塑料：$K=0.02$；硬纸板、胶纸板、胶布板、云母片：$K=0.03$；铝、紫铜、纯铁：$K=0.04$。硬铝、黄铜、08和10钢及其他低碳钢：$K=0.05$；锡磷青铜、铍合金、铬钢和中碳钢：$K=0.06$；硅钢片、弹簧钢、高碳钢：$K=0.07$。

2. 查表确定法

生产中使用的经验数值在一般的冲压资料中均可查到。但各技术资料中推荐的间隙值并不相同，有的甚至出入很大，这是由于各种冲压件对其断面质量和尺寸精度的要求不同及生产条件的差异所致。所以在选用时除考虑材料性质与厚度外，还应根据零件的具体要求选用不同的间隙表。选用原则与方法如下：

① 对冲裁件断面要求较高时，在间隙允许范围内，应考虑采用较小的间隙。这时尽管模具的寿命有所降低，但制件的光亮带较宽，断面与板料面垂直，毛刺与圆角及弯曲变形都很小。例如，电子、仪表、精密机械等产品中的冲裁件可选用表3-3中的间隙值。

表 3-3 冲裁模初始双边间隙值   mm

材料厚度	软钢		紫钢、黄铜、含碳 0.08%~0.2%的软钢		杜拉铝、含碳 0.3%~0.4%的中等硬钢		硬钢含碳 0.5%~0.6%	
	Z_{min}	Z_{max}	Z_{min}	Z_{max}	Z_{min}	Z_{max}	Z_{min}	Z_{max}
0.4	0.016	0.024	0.020	0.028	0.025	0.032	0.028	0.036
0.5	0.020	0.030	0.025	0.035	0.030	0.040	0.035	0.045
0.6	0.024	0.036	0.030	0.042	0.036	0.048	0.042	0.054
0.7	0.028	0.042	0.035	0.049	0.042	0.056	0.049	0.063
0.8	0.032	0.048	0.040	0.056	0.048	0.064	0.056	0.072
0.9	0.036	0.054	0.045	0.063	0.054	0.072	0.063	0.081
1.0	0.040	0.060	0.050	0.070	0.060	0.080	0.070	0.090
1.2	0.050	0.084	0.072	0.096	0.084	0.108	0.096	0.120
1.5	0.075	0.105	0.090	0.120	0.105	0.135	0.120	0.150
1.8	0.090	0.126	0.108	0.144	0.126	0.162	0.114	0.180
2.0	0.100	0.140	0.120	0.160	0.140	0.180	0.160	0.200
2.2	0.132	0.176	0.154	0.198	0.176	0.220	0.198	0.242
2.5	0.150	0.200	0.175	0.225	0.200	0.250	0.225	0.275
2.8	0.168	0.224	0.196	0.252	0.224	0.280	0.252	0.308
3.0	0.180	0.240	0.210	0.270	0.240	0.300	0.270	0.330

② 当冲裁件的断面质量在没有特殊要求时，在间隙允许范围内，取较大的间隙值是有利的。这样不但可以延长冲模寿命，而且冲裁力、推料力和卸料力都显著降低。但过大的间隙会使冲裁件产生弯曲变形，此时要采用弹性卸料装置。例如，汽车、拖拉机行业选用时可查表 3-4。

表 3-4 冲裁模初始双边间隙值   mm

材料厚度	08, 10, 35, 09Mn, A3, B3		16Mn		40, 50		65Mn	
	Z_{min}	Z_{max}	Z_{min}	Z_{max}	Z_{min}	Z_{max}	Z_{min}	Z_{max}
小于 0.5	极小间隙（或者无间隙）							
0.5	0.040	0.060	0.040	0.060	0.040	0.060	0.040	0.060
0.6	0.048	0.072	0.048	0.072	0.048	0.072	0.048	0.072
0.7	0.064	0.092	0.064	0.092	0.064	0.092	0.064	0.092
0.8	0.072	0.104	0.072	0.104	0.072	0.104	0.072	0.104
0.9	0.090	0.126	0.090	0.126	0.090	0.126	0.090	0.126
1.0	0.100	0.140	0.100	0.140	0.100	0.140	0.100	0.140
1.2	0.126	0.180	0.132	0.180	0.132	0.180		
1.5	0.132	0.240	0.170	0.240	0.170	0.230		

续表

材料厚度	08, 10, 35, 09Mn, A3, B3		16Mn		40, 50		65Mn	
	Z_{min}	Z_{max}	Z_{min}	Z_{max}	Z_{min}	Z_{max}	Z_{min}	Z_{max}
小于0.5	极小间隙（或者无间隙）							
1.75	0.220	0.320	0.220	0.320	0.220	0.320		
2.0	0.246	0.360	0.260	0.380	0.260	0.380		
2.1	0.260	0.380	0.280	0.400	0.280	0.400		
2.5	0.360	0.500	0.380	0.540	0.360	0.540		
2.75	0.400	0.560	0.420	0.600	0.420	0.600		
3.0	0.460	0.640	0.480	0.660	0.480	0.660		
3.5	0.540	0.740	0.580	0.780	0.540	0.780		
4.0	0.640	0.880	0.680	0.920	0.680	0.920		
4.5	0.720	1.000	0.680	0.960	0.780	0.1040		
5.5	0.940	1.280	0.780	1.100	0.980	1.320		
6.0	1.080	1.440	0.840	1.200	1.140	1.150		
6.5			0.940	1.300				
8.0			1.200	1.680				

③ 冲裁间隙的选取还有一种方法，那就是根据剪切断面的光亮带或断面质量要求按照表3-5求得。不同的是表中的数字是板料厚度的百分数。

美国《工具与制造工程师手册》介绍的间隙值是根据使用要求分类选用的，可供参考，见表3-5。

表3-5 各种材料不同的切断面类型的间隙值

冲裁材料	单边间隙（材料厚度的%）				
	Ⅰ	Ⅱ	Ⅲ	Ⅳ	Ⅴ
高碳钢和合金钢	26	18	15	12	
低碳钢	21	12	9	6.5	2
不锈钢	23	13	10	4	1.5
硬钢	25	11	8	3.5	1.25
软钢	26	8	6	3	0.75
磷青铜	25	13	11	4.5	2.5
硬黄铜	24	10	7	4	0.8

续表

冲裁材料	单边间隙（材料厚度的%）				
	Ⅰ	Ⅱ	Ⅲ	Ⅳ	Ⅴ
软黄铜	21	9	6	2.5	1.0
硬铝	20	15	10	6	1.0
软铝	17	9	7	3	1.0
镁	16	6	4	2	0.75
铅	22	9	7	5	2.5
断面状态及适用场合	圆角半径、拉延毛刺和断面斜度等都大，光亮带小，撕裂带占料厚的3/4，适用于冲裁件质量要求不高的场合	圆角半径大，毛刺和断面斜度中等，光亮带占料厚的3/4，模具寿命高，适用于一般冲裁件	圆角半径小，毛刺和断面斜度小，残余应力小，光亮带占料厚的1/3～1/2，适用于冲裁件要求质量高，特别是易加工硬化	圆角半径很小，毛刺中等和断面斜度很小，光亮带占料厚的2/3，断面上有光亮点，适用于要再加工的冲裁件	圆角半径极小，有较大的挤压毛刺，有二次光亮带或全光亮带，适用于断面要求垂直的冲裁件，冲硬料时模具寿命很短

3.3 凸模与凹模刃口尺寸的计算

3.3.1 刃口尺寸的计算依据与原则

在确定冲模凸模和凹模刃口尺寸时，必须遵循以下原则：

① 根据落料和冲孔的特点，落料件的尺寸取决于凹模尺寸，因此落料模应先决定凹模尺寸，用减小凸模尺寸来保证合理间隙；冲孔件的尺寸取决于凸模尺寸，故冲孔以凸模为基准件，用增大凹模尺寸来保证合理间隙。

② 根据凸、凹模刃口的磨损规律，凹模刃口磨损后使落料件尺寸变大，其刃口的基本尺寸应取接近或等于工件的最小尺寸；凸模刃口磨损后使冲孔件孔径减小，故应使刃口尺寸接近或等于工件的最大尺寸。

③ 凸模和凹模之间应保证有合理间隙。对于落料件，凹模是设计基准，间隙应由减小凸模尺寸来取得；对于冲孔件，凸模是设计基准，间隙应由增大凹模尺寸来取得。由于间隙在模具磨损后会增大，所以在设计凸模和凹模时取初始间隙的最小值 Z_{min}。

④ 凸模和凹模的制造公差应与冲裁件的尺寸精度相适应。而偏差值应按入体方向标注。确定冲模刃口制造公差时，应考虑制件的公差要求。如果对刃口尺寸精度要求过高（即制造公差过小），会使模具制造困难，增加成本，延长生产周期；如果对刃口尺寸精度要求过低（即制造公差过大），则生产出来的制件可能不合格，会使模具的寿命降低。制件精度与模具制造精度的关系如表3-2所示。若制件没有标注公差，则对于非圆形件按国家标准"非配合尺寸的公差数值"IT14级处理，冲模则可按IT11级制造；对于圆形件，一般可按

IT7~IT6级制造模具。冲压件的尺寸公差应按"入体"原则标注为单向公差，落料件上偏差为零，下偏差为负；冲孔件上偏差为正，下偏差为零。

制造模具时常用以下两种方法来保证合理间隙：

① 分别加工法。分别规定凸模和凹模的尺寸和公差的尺寸及制造公差来保证间隙要求。凸模与凹模分别加工，成批制造，可以互换。这种加工方法必须把模具的制造公差控制在间隙的变动范围之内，使模具制造难度增加。这种方法主要用于冲裁件形状简单、间隙较大的模具或用精密设备加工凸模和凹模的模具。

② 单配加工法，用凸模和凹模相互单配的方法来保证合理间隙。先加工基准件，然后非基准件按基准件配做，加工后的凸模和凹模不能互换。通常，落料件选择凹模为基准模，冲孔件选择凸模为基准模。这种方法多用于冲裁件的形状复杂、间隙较小的模具。

3.3.2　凸、凹模分开加工时的尺寸计算

根据上述尺寸计算原则，冲裁件的凸模和凹模的尺寸及公差分布状态如图3-13所示。

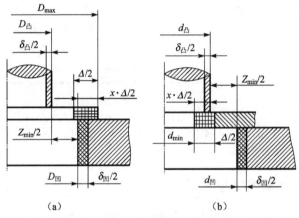

图3-13　冲裁模工作部分的尺寸关系
（a）落料时；（b）冲孔时

由图可以得出下列计算公式

当落料时
$$D_{凹} = (D_{max} - x\Delta)^{+\delta_{凹}}_{0} \tag{3-3}$$
$$D_{凸} = (D_{凹} - Z_{min}) = (D_{max} - x\Delta - Z_{min})^{0}_{-\delta_{凸}}$$

当时冲孔
$$d_{凸} = (d_{min} + x\Delta)^{0}_{-\delta_{凸}} \tag{3-4}$$
$$d_{凹} = (d_{凸} + Z_{min}) = (d_{min} + x\Delta + Z_{min})^{+\delta_{凹}}_{0}$$

式中　$D_{凹}$、$D_{凸}$——分别为落料凹模和凸模的基本尺寸。

$d_{凸}$、$d_{凹}$——分别为冲孔凸模和凹模的基本尺寸。

D_{max}——落料件的最大极限尺寸。

d_{min}——冲孔件的最小极限尺寸。

Δ——冲裁件的公差。

x——磨损系数，其值应在0.5~1，与冲裁件精度有关。可直接按冲裁件的公差值由表3-6查取或按冲裁件的公差等级选取：当工件公差为IT10以

上时，取 $x=1$；当工件公差为 IT13~IT11 时，取 $x=0.75$；当工件公差为 IT14 以下时，取 $x=0.5$。

$\delta_{凹}$、$\delta_{凸}$——分别为凹模和凸模的制造偏差，凸模偏差取负向（相当于基准轴的公差带位置），凹模偏差取正向（相当于基准孔的公差带位置）。一般可按零件公差 Δ 的 $1/3$~$1/4$ 来选取；对于简单形状（如圆形件、方形件等），由于制造简单，精度容易保证，制造公差可按 IT8~IT6 级选取，或可查表 3-7（汽车行业），表 3-8（电器仪表行业）。

对于采用分别加工的凸模和凹模，应保证下述关系：

$$|\delta_{凸}| + |\delta_{凹}| \leq Z_{max} - Z_{min} \qquad (3-5)$$

表 3-6 磨损系数   mm

材料厚度	工件公差 Δ				
1	≤0.16	0.17~0.35	≥0.36	<0.16	≥0.16
1~2	≤0.20	0.21~0.41	≥0.42	<0.20	≥0.20
2~4	≤0.24	0.25~0.49	≥0.50	<0.24	≥0.24
>4	≤0.30	0.31~0.59	≥0.60	<0.30	≥0.30
磨损系数	非圆形 x 值			圆形 x 值	
	1	0.75	0.5	0.75	0.5

表 3-7 （汽车拖拉机行业）简单形状（方形、圆形）冲裁时凸、凹模的制造偏差   mm

公称尺寸	凸模偏差 $\delta_{凸}$	凹模偏差 $\delta_{凹}$	公称尺寸	凸模偏差 $\delta_{凸}$	凹模偏差 $\delta_{凹}$
≤18	-0.020	+0.020	>180~260	-0.030	+0.045
>18~30	-0.020	+0.025	>260~360	-0.035	+0.050
>30~80	-0.020	+0.030	>360~500	-0.040	+0.060
>80~120	-0.025	+0.035	>500	-0.050	+0.070
>120~180	-0.030	+0.040			

表 3-8 圆形凸凹模制造偏差（电器仪表行业）   mm

材料厚度 t	基本尺寸									
	~10		>10~50		>50~100		>100~150		>150~200	
	$\delta_{凹}$	$\delta_{凸}$	$\delta_{凹}$	$\delta_{凸}$	$\delta_{凹}$	$\delta_{凸}$	$\delta_{凹}$	$\delta_{凸}$	$\delta_{凹}$	$\delta_{凸}$
0.4	+0.006	+0.004	+0.006	+0.004	—	—	—	—	—	—
0.5	+0.006	-0.004	+0.006	-0.004	+0.008	-0.005	—	—	—	—
0.6	+0.006	-0.004	+0.008	-0.005	+0.008	-0.005	+0.010	-0.007	—	—
0.8	+0.007	-0.005	+0.008	-0.006	+0.010	-0.007	+0.012	-0.008	—	—
1.0	+0.008	-0.006	+0.010	-0.007	+0.012	-0.008	+0.015	-0.010	+0.017	-0.012

续表

材料厚度 t	基本尺寸										
	~10		>10~50		>50~100		>100~150		>150~200	
	$\delta_{凹}$	$\delta_{凸}$	$\delta_{凹}$	$\delta_{凸}$	$\delta_{凹}$	$\delta_{凸}$	$\delta_{凹}$	$\delta_{凸}$	$\delta_{凹}$	$\delta_{凸}$
1.2	+0.010	−0.007	+0.012	−0.008	+0.015	−0.010	+0.017	−0.012	+0.022	−0.014
1.5	+0.012	−0.008	+0.015	−0.010	+0.017	−0.012	+0.020	−0.014	+0.025	−0.017
1.8	+0.015	−0.010	+0.017	−0.012	+0.020	−0.014	+0.025	−0.017	+0.029	−0.019
2.0	+0.017	−0.012	+0.020	−0.014	+0.025	−0.017	+0.029	−0.019	+0.032	−0.031
2.5	+0.023	−0.014	+0.027	−0.017	+0.030	−0.020	+0.035	−0.023	+0.040	−0.037
3.0	+0.027	−0.017	+0.030	−0.020	+0.035	−0.023	+0.040	−0.027	+0.045	−0.030
4.0	+0.030	−0.020	+0.035	−0.023	+0.040	−0.027	+0.045	−0.030	+0.050	−0.035
5.0	+0.035	−0.023	+0.040	−0.027	+0.045	−0.030	+0.050	−0.035	+0.060	−0.040
6.0	+0.045	−0.030	+0.050	−0.035	+0.060	−0.040	+0.070	−0.045	+0.080	−0.050
8.0	+0.060	−0.040	+0.070	−0.045	+0.080	−0.050	+0.090	−0.055	+0.100	−0.060

也就是说，新制造的模具应该保证 $\delta_{凸}+\delta_{凹}+Z_{\min}\leqslant Z_{\max}$，如图 3-14 所示。否则，模具的初始间隙已超过了允许的变动范围 $Z_{\min}\sim Z_{\max}$，影响模具的使用寿命。

例 3-1 冲制如图 3-15 所示垫圈，厚度为 3 mm，材料为 08 钢。分别计算落料和冲孔的凸模和凹模工作部分的尺寸。

解： 由表 3-4 查得：

$$Z_{\min} = 0.46 \text{ mm} \quad Z_{\max} = 0.64 \text{ mm}$$

$$Z_{\max} - Z_{\min} = (0.64 - 0.46) \text{ mm} = 0.18 \text{ mm}$$

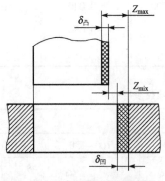

图 3-14 冲裁间隙变化范围

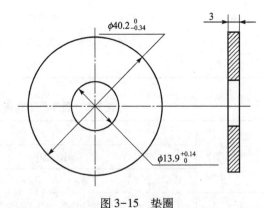

图 3-15 垫圈

对落料件尺寸 $\phi 40.2_{-0.34}^{0}$ 的凹、凸模偏差值查表 3-8 得：

$$\delta_{凸} = -0.02 \text{ mm} \quad \delta_{凹} = +0.03 \text{ mm}$$

$$|\delta_{凹}| + |\delta_{凸}| = 0.05 \text{ mm} < Z_{\max} - Z_{\min} = 0.18 \text{ mm}$$

对冲孔尺寸 $\phi 13.9_{0}^{+0.14}$ 的凸、凹模偏差查表 3-8 得：

$$\delta_凸 = -0.02 \text{ mm} \quad \delta_凹 = +0.03 \text{ mm}$$
$$|\delta_凹| + |\delta_凸| = 0.05 \text{ mm} < Z_{\max} - Z_{\min} = 0.18 \text{ mm}$$

由表 3-6 查得：$x = 0.5$（公差大小以大值查表）

(1) 当落料 $\phi 40.2_{-0.34}^{0}$ 时

$$D_凹 = (D_{\max} - x\Delta)_0^{+\delta_凹} = (40.2 - 0.5 \times 0.34)_0^{+0.03} = 40.03_0^{+0.03}$$

$$D_凸 = (D_凹 - Z_{\min}) = (D_{\max} - x\Delta - Z_{\min})_{-\delta_凸}^{0}$$

$$= (40.2 - 0.5 \times 0.34 - 0.46)_{-0.02}^{0} = 39.57_{-0.02}^{0}$$

(2) 当冲孔 $\phi 13.9_0^{+0.14}$ 时

$$d_凸 = (d_{\min} + x\Delta)_{-\delta_凸}^{0} = (13.9 + 0.5 \times 0.14)_{-0.02}^{0} = 13.97_{-0.02}^{0}$$

$$d_凹 = (d_凸 + Z_{\min}) = (d_{\min} + x\Delta + Z_{\min})_0^{+\delta_凹} = (13.9 + 0.5 \times 0.14 + 0.46)_0^{+0.03} = 14.43_0^{+0.03}$$

3.3.3 凸、凹模配合加工时的尺寸计算

对冲制形状复杂或薄材料工件的模具，其凸、凹模通常采用配合加工的方法。此方法是先做凸模或凹模中的一件，然后根据制作好的凸模或凹模的实际尺寸，配做另一件，使它们之间达到最小合理间隙值。落料时，先做凹模，并以它作为基准配制凸模，保证最小合理间隙；冲孔时，先做凸模，并以它作为基准配做凹模，保证最小合理间隙。因此，只需在基准件上标注尺寸和公差，另一件只标注基本尺寸，并注明"凸模尺寸按凹模实际尺寸配制，保证间隙"（落料时）；或"凹模尺寸按凸模实际尺寸配做，保证间隙"（冲孔时）。这种方法，可放大基准件的制造公差，使其公差大小不再受凸、凹模间隙值的限制、制造容易。对一些复杂的冲裁件，由于各部分尺寸的性质不同，凸、凹模刃口的磨损规律也不相同，所以基准件刃口尺寸计算方法也不同。

用单配加工法制造模具常用于复杂形状及薄料的冲裁件。在计算复杂形状的凸模和凹模工作部分的尺寸时，往往可以发现在一个凸模或凹模上会同时存在着三类不同性质的尺寸需要区别对待。

第一类：凸模或凹模在磨损后会增大的尺寸；

第二类：凸模或凹模在磨损后会减小的尺寸；

第三类：凸模或凹模在磨损后基本不变的尺寸。

对于落料凹模或冲孔凸模在磨损后将会增大的第一类尺寸，相当于简单形状的落料凹模尺寸，所以：

$$第一类尺寸 = (冲裁件上该尺寸的最大尺寸 - x\Delta)_0^{+(1/4)\Delta} \quad (3-6)$$

对于冲孔凸模或落料凹模在磨损后将会减小的第二类尺寸，相当于简单形状的冲孔凸模尺寸，所以：

$$第二类尺寸 = (冲裁件上该尺寸的最小尺寸 + x\Delta)_{-(1/4)\Delta}^{0} \quad (3-7)$$

对于凹模或凸模在磨损后基本不变的第三类尺寸不须考虑磨损的影响，凹模或凸模的基本尺寸为冲裁件的中间尺寸，其公差取正负对称分布，所以：

$$第三类尺寸 = 冲裁件上该尺寸的中间尺寸 \pm (1/8)\Delta \quad (3-8)$$

关于配合加工法凸、凹模尺寸及其制造公差的计算公式以及相关的参数见表 3-9 及图 3-16。

表3-9 曲线形状的冲裁凸、凹模的制造公差　　　　　　　　　　　mm

工件要求	工作部分最大尺寸		
	≤150	>150~500	>500
普通精度	0.2	0.35	0.5
高精度	0.1	0.2	0.3

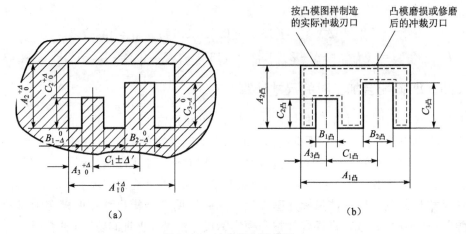

图3-16 冲孔件与凸模尺寸
(a) 冲孔件；(b) 凸模

例3-2 冲制变压器铁芯片零件，材料为D42硅钢片（单位为mm），料厚为0.35±0.04，其尺寸如图3-17所示，确定落料凹、凸模刃口尺寸及制造公差。

解：根据零件形状，凹模磨损后其尺寸变化有三种情况。

第一类：凹模磨损后尺寸增大的是图中的 A_1，A_2，A_3，A_4。

由表3-6查得：$x_1 = x_2 = 0.75$　　$x_3 = 0.5$（按照公差值0.68>0.50查表）。

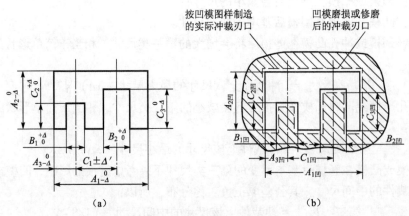

图3-17 落料件与凹模尺寸
(a) 落料件；(b) 凹模

表 3-10 配合加工法凸、凹模尺寸及其公差的计算公式

工序性质	工作尺寸		凸模尺寸	凹模尺寸
落料	$A_{-\Delta}$		按凹模尺寸配制，其双面间隙为 $2c_{\min} \sim 2c_{\max}$	$A_{凹} = (A-x\Delta)^{+\delta_{凹}}$
	$B^{+\Delta}$			$B_{凹} = (B+x\Delta)_{-\delta_{凹}}$
	C	$C^{+\Delta}$		$C_{凹} = (C+\frac{1}{2}\Delta) \pm \delta_{凹}$
		$C_{-\Delta}$		$C_{凹} = (C-\frac{1}{2}\Delta) \pm \delta_{凹}$
		$C\pm\Delta'$		$C_{凹} = C\pm\delta_{凹}$
冲孔	$A^{+\Delta}$		$A_{凸} = (A+x\Delta)_{-\delta_{凸}}$	按凸模尺寸配制，其双面间隙 $2c_{\min} \sim 2c_{\max}$
	$B_{-\Delta}$		$B_{凸} = (B-x\Delta)_{+\delta_{凸}}$	
	C	$C^{+\Delta}$	$C_{凸} = (C+\frac{1}{2}\Delta) \pm \delta_{凸}$	
		$C_{-\Delta}$	$C_{凸} = (C-\frac{1}{2}\Delta) \pm \delta_{凸}$	
		$C\pm\Delta'$	$C_{凸} = C\pm\delta_{凸}$	

表中 $A_{凸}$、$B_{凸}$、$C_{凸}$——凸模刃口尺寸（mm）。

$A_{凹}$、$B_{凹}$、$C_{凹}$——凹模刃口尺寸（mm）。

A、B、C——工件基本尺寸（mm）。

Δ——工件公差（mm）。

Δ'——工件的偏差，对称偏差时 $\Delta'=\Delta/2$。

$\delta_{凸}$、$\delta_{凹}$——凸、凹模制造公差（mm）；参见表 3-7 和表 3-8；当标注形式为 $+\delta_{凹}$（或 $-\delta_{凸}$）时，$\delta_{凸} = \delta_{凹} = \Delta/4$，当标注形式为 $-\delta_{凹}$（或 $+\delta_{凸}$）时，$\delta_{凸} = \delta_{凹} = \Delta/8 = \Delta'/4$。

x——磨损系数，见表 3-6。

按照表 3-10 公式得：

$$A_{1凹} = (A - x\Delta)^{+(1/4)\Delta}_{0} = (40 - 0.75 \times 0.34)^{+(1/4)0.34}_{0} = 39.75^{+0.09}_{0}$$

$$A_{2凹} = (A - x\Delta)^{+(1/4)\Delta}_{0} = (10 - 0.75 \times 0.3)^{+(1/4)0.34}_{0} = 9.78^{+0.09}_{0}$$

对于 A_3，先将双向公差 30 ± 0.34 变成单向公差 $30.34_{-0.68}^{0}$ 后，再按照原公式计算：

$$A_{3凹} = (A - x\Delta)^{+(1/4)\Delta}_{0} = (30.34 - 0.5 \times 0.68)^{+(1/4)0.68}_{0} = 30^{+0.17}_{0}$$

第二类：凹模磨损后减小的尺寸是图中的尺寸 B。

由表 3-6 查得：

$$x = 0.75$$

$$B = (B_{\min} + x\Delta)^{0}_{-(1/4)\Delta}$$

$$= (10 + 0.75 \times 0.2)^{0}_{-(1/4)0.2} = 10.15^{0}_{-0.05}$$

第三类：磨损后尺寸没有增减的是 C，按照表 3-10 公式得：

$$C_{凹} = (C + \frac{1}{2}\Delta) \pm \frac{1}{8}\Delta$$

$$= (25 + \frac{1}{2} \times 0.28) \pm \frac{1}{8} \times 0.28$$

$$= 25.14 \pm 0.035$$

结果如图 3-18 所示。

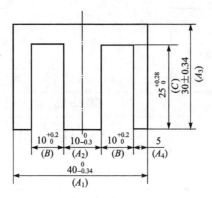

图 3-18 变压器铁芯片

3.4 冲裁力和压力中心的计算

3.4.1 冲裁力的计算

冲裁力是选择设备吨位和设计、检验模具强度的一个重要依据。

由于冲裁加工的复杂性和变形过程的瞬时性，使得建立理论计算公式相当困难，现就常用的计算公式予以介绍。

（1）公式计算法

在这里，我们视冲裁为纯剪切进行计算，其冲裁力 F 为

$$F = Lt\tau \tag{3-9}$$

式中　L——冲裁件承受剪切的周边长度（mm）；

　　　t——冲裁件料厚（mm）；

　　　τ——材料抗剪强度（MPa）。

τ 的数值可查阅有关手册。也可采用剪切应力 $\tau = 0.8\sigma_b$ 来计算，σ_b 为材料的抗拉强度，故 $F = 0.8Lt\sigma_b$。实际选择设备时，为了设备安全起见，常取 1.3 左右的安全系数，故所选设备的公称压力应大于或等于计算出来的 $F_设$ 值。

$$F_设 = 1.3F = 1.3Lt\tau \approx Lt\sigma_b \tag{3-10}$$

（2）图表计算法

因为冲裁力 F 的大小取决于冲裁内外周边的总长度、材料的厚度和材料的抗拉强度，可以按照下式进行计算：

$$F = k_1 Lt\sigma_b \tag{3-11}$$

式中　L——冲裁件承受剪切的周边长度（mm）；

t——冲裁件料厚（mm）；
σ_b——材料的抗拉强度
k_1——系数，取决于材料的屈强比，可从图3-19求得，一般 k_1 为 0.6~0.9。

3.4.2 降低冲裁力的措施

从上节剪切力的计算中可以知道，要降低冲裁力，其方法就是减少一次冲压行程中同时冲裁的断面积和降低材料强度。那么措施就是从这两个方面着手。

（1）加热冲裁

材料加热后，其抗剪强度大大降低，从而降低冲裁力，有利于冲裁。加热冲裁的优点是冲裁力降低显

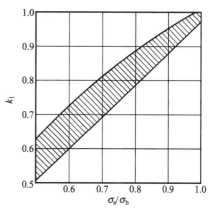

图 3-19 k_1 与材料屈强比的关系

著。缺点是断面质量较差（圆角大、有毛刺），精度低，冲裁件上会产生氧化皮；加热冲裁的劳动条件也差，只用于精度要求不高的厚料冲裁。表 3-11 所示为钢在加热状态的抗剪强度。

表 3-11 钢在加热状态的抗剪强度

钢的牌号	加热到以下温度时的抗剪强度/MPa					
	200 ℃	500 ℃	600 ℃	700 ℃	800 ℃	900 ℃
Q195、Q215 10、15	353	314	196	108	59	29
Q235、Q255 20、25	441	411	235	127	88	59
30、35	520	511	324	157	88	69
40、45、50	588	569	373	186	88	69

（2）改变刃口的设计形式

改变刃口的设计形式就是使凸模在接触板料的瞬间不是同时都进入冲裁状态，而是让这一过程依次冲裁，使整个冲裁由一瞬间完成变成在一个时间段里来完成，具体的方法就是将刃口设计成波浪形状。常用的有斜刃模冲裁和阶梯冲裁。

斜刃口模具冲裁过程如同斜刃口剪板机剪切一样，材料是逐渐剪切分离的，因此，它比平端面刃口冲裁力小。为了得到平整零件，落料时凸模应设计成平状，凹模加工成斜刃；冲孔时则相反，凹模设计成平状，凸模加工成斜刃，如图 3-20 所示。

斜刃降低冲裁力的大小程度由斜刃高度 h 角度 φ 确定。斜刃冲裁力按式（3-12）计算：

$$F' = kF \tag{3-12}$$

式中 F——平端刃口模冲裁时的冲裁力；

k——斜刃冲裁时的减力系数，$h=t$ 时，$k=0.4$~0.6；$h=2t$ 时，$k=0.2$~0.4；$h=3t$ 时，$k=0.1$~0.25。

常用的斜刃数值 h 越大，冲裁力越小，但凸模需进入凹模越深，板料的弯曲较严重，所

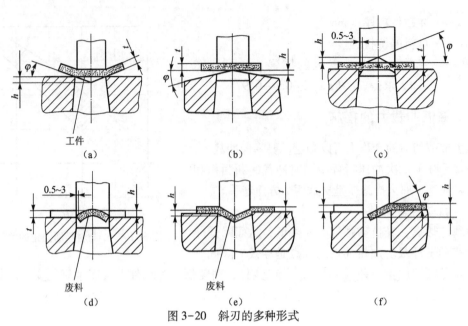

图 3-20 斜刃的多种形式
(a)、(b) 用于落料；(c)、(d)、(e) 用于冲孔；(f) 用于切开

以 h 的取值为：当板厚 $t<3$ mm 时，$h=2t$；$t=3\sim10$ mm 时，$h=t$。

斜刃冲裁的优点是压力机能在柔和条件下工作，当冲裁件很大时，降低冲裁力很显著。缺点是模具制造难度提高，刃口修磨也困难，有些情况下模具刃口形状还要修正。冲裁时，废料的弯曲在一定程度上会影响冲裁件的平整，这在冲裁厚料时更严重。因此它适用于形状简单、精度要求不高、料不太厚的大件冲裁。在汽车、拖拉机等大型覆盖件的落料中应用较多。

对于大型的拼块结构冲裁模，每个拼块的波形均应对称分布，如图 3-21 所示。

阶梯形布置凸模冲裁，在多凸模冲裁中，可以将凸模做成不同高度，该冲头在冲裁过程中不同时间接触板料，于是降低了冲裁力。它的具体结构如图 3-22 所示。

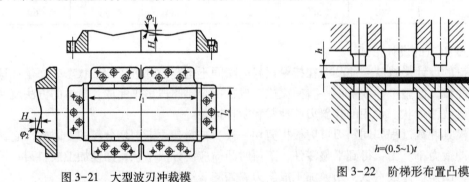

图 3-21 大型波刃冲裁模　　图 3-22 阶梯形布置凸模

采用阶梯布置凸模时应注意以下几个问题：

① 阶梯形凸模的高度差 h 只需稍大于冲裁件断面之剪切面高度即可，一般薄材取材料厚度，厚材取材料厚度一半即可；

② 先开始工作的凸模最好带有导正销；

③ 一般先冲大孔后冲小孔，这样可使小直径凸模尽量做得短一些，增加其抗压失稳的

能力；

④ 在设计时还应注意模具的对称性，以减少压力机的偏载。

阶梯冲裁的优点是既可以降低冲裁力，还可以适当减少振动，工件精度不受影响，可以避免与大凸模距离很近的小凸模在冲裁过程中的倾斜或折断。缺点是刃口修磨比较困难，因此，这种方法主要用于有多个凸模而其位置又比较对称的模具。

3.4.3 冲裁功的计算

冲裁模设计时要选择冲裁设备，这时，除了要计算冲裁力，使压力机的公称压力大于冲裁力以外，还要进行冲裁功的验算，使压力机每次行程中的功不超过额定数值，以保证其电动机不过载，飞轮转速不致下降过多。冲裁功可以按下式计算：

$$W = kFt/1\,000 \tag{3-13}$$

式中　W——冲裁功（J）；

　　　t——材料厚度（mm）；

　　　F——冲裁力（N）；

　　　k——系数，通常取 0.63。

一般薄料不须计算冲裁功，但在某些特殊场所必须进行这项工作。

3.4.4 压力机所需总压力的计算

1. 卸料力、推件力及顶件力的计算

板料经冲裁后，由于弹性变形及弯曲弹性恢复的作用，使从板料上分离下来的部分材料梗塞在凹模型口内，余下部分则紧箍在凸模上。为保证冲裁过程能连续、顺利地进行，必须将它们从凸（凹）模上取出。

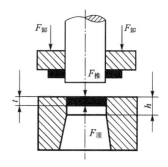

图 3-23 卸料力，推件力和顶件力示意图

从凸模上卸下板料所需的力称为卸料力 $F_卸$；从凹模内向下推出工件或废料所需的力称为推件力 $F_推$；从凹模内向上顶出工件或废料所需的力称为顶件力 $F_顶$，如图 3-23 所示。影响这些力的因素较多，主要有材料的力学性能、板料厚度、模具间隙、工件形状及尺寸、模具的工作状态及润滑情况等，实际上难以准确计算和确定这些力。为了较合理正确地确定冲裁力，建议采用以下公式计算：

$$F_卸 = K_卸 F_冲 \tag{3-14}$$
$$F_推 = nK_推 F_冲 \tag{3-15}$$
$$F_顶 = K_顶 F_冲 \tag{3-16}$$

式中　$K_卸$——卸料力系数，见表 3-12；

　　　$K_推$——推件力系数，见表 3-12；

　　　$K_顶$——顶件力系数，见表 3-12；

　　　$F_卸$——卸料力（N）；

　　　$F_推$——推件力（N）；

　　　$F_顶$——顶件力（N）；

$F_冲$——冲裁力（N）。

n——卡在凹模里的工件个数，$n=h/t$；

h——刃口高度料厚（mm）。

表 3-12 卸料力、推件力和顶件力系数

料厚/mm		$K_卸$	$K_推$	$K_顶$
钢	≤0.1	0.065~0.075	0.1	0.14
	>0.1~0.5	0.045~0.055	0.063	0.08
	>0.5~2.5	0.04~0.05	0.055	0.06
	>2.5~6.5	0.03~0.04	0.045	0.05
	>6.5	0.02~0.03	0.025	0.03
铝及铝合金		0.025~0.08	0.03~0.07	
紫铜、黄铜		0.02~0.06	0.03~0.09	

注：卸料力系数 $K_卸$ 在冲多孔、大搭边和轮廓复杂时取上限值。

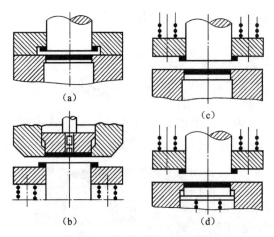

图 3-24 各种卸料、顶料结构
(a) 刚性卸料下出料方式；(c) 弹性卸料下出料方式；
(b)、(d) 弹性卸料上出料方式

2. 总压力的计算

冲裁时，所需总冲压力为冲裁力、卸料力和推件力之和，这些力在选择压力机吨位时是否都要考虑进去，应根据不同的模具结构区别对待。各种卸料顶料结构如图3-24所示。

采用弹性卸料装置和上出料方式的冲裁模为：

$$F_总 = F_冲 + F_卸 + F_顶 \quad (3-17)$$

采用刚性卸料装置和下出料方式的冲裁模为：

$$F_总 = F_冲 + F_推 \quad (3-18)$$

采用弹性卸料装置和下出料方式的冲裁模为：

$$F_总 = F_冲 + F_卸 + F_推 \quad (3-19)$$

例 3-3 采用落料—冲孔复合模冲压垫圈，材料：Q235；板料厚度：3 mm；如图3-25所示。试计算冲裁力、卸料力和推件力。

解： 由设计手册查出材料的剪切强度为：$\tau_b = 304 \sim 373$ MPa，取 $\tau_b = 343$ MPa。

（1）冲裁力的计算（根据公式 3-10）

冲孔力 $F_{冲孔} = 1.3 Lt\tau = 1.3 \times 3.14 \times 12.5 \times 3 \times 343 = 52\,505$（N）

落料力 $F_{落料} = 1.3 Lt\tau = 1.3 \times 3.14 \times 35 \times 3 \times 343 = 147\,013$（N）

（2）卸料力的计算

由表 3-12 查出，$K_卸 = 0.03$，

$$F_卸 = K_卸 F_冲 = 0.03 \times 147\,013 = 4\,410 \text{（N）}$$

（3）推件力计算

由表 3-12 查出：$K_{推}=0.045$，凹模型口直壁高度 $h=6$ mm，故有：

$$n=h/t=6/3=2 \quad F_{推}=nK_{推}F_{冲}=2×0.045×52\,505=4\,725\,(N)$$

（4）总冲裁力计算（式 3-19）

$$F_{总}=F_{冲}+F_{卸}+F_{推}=208\,653\,(N)$$

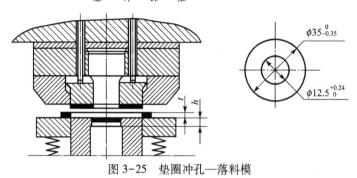

图 3-25　垫圈冲孔—落料模

3.4.5　冲模压力中心的确定

在设计模具时，要求模具的模柄中心（一般情况也是凹模几何中心）与压力中心重合。对要求不高或冲裁力较小或间隙较大的模具，压力中心也不允许超出模柄投影面积范围。模具的中心与冲裁力的中心重合时，可延长模具的寿命，又不至于损坏压力机，因此有必要计算出冲裁力的中心，应尽可能的使它与压力机的滑块中心一致，否则会产生一个附加力矩，使模具产生偏斜，间隙不均匀，并使压力机和模具的导向机构产生不均匀磨损，刃口迅速变钝。

冲裁时冲裁力的合力作用点称为压力中心。如果冲裁件是内外周边形状对称的工件，则其几何中心就是压力中心。如果工件是不对称的，则工件内外周边冲裁力的合力，由工件周边各线段重心位置所决定的，这样就可以利用解析法求得合力的中心。

1. 解析法

（1）复杂形状冲裁中心的计算

复杂形状的工件时，其压力中心位置按下述程序进行计算。

如图 3-26 所示，将工件的轮廓线划分为已知重心的各个线段（圆弧的重心另外计算）。设立其坐标为 x 和 y，则每个线段重心的距离可从 x 轴和 y 轴量得。

① 将轮廓线分成若干基本线段，计算各基本线段的长度 $l_1 \sim l_8$（图中冲裁力与冲裁线长度成正比例，故冲裁线段的长短，即可代表冲裁力的大小）；

② 计算基本线段的重心位置到 y 轴的距离 $x_1 \sim x_8$ 及到 x 轴的距离 $y_1 \sim y_8$；

③ 根据"对同一轴线的分力之和的力矩等于各分力矩之和"的原理，可按下式求出冲模压力中心到 x 轴和 y 轴的距离。

冲裁合力中心相对 y 轴的距离为：

$$x=\frac{l_1x_1+l_2x_2+\cdots+l_8x_8}{l_1+l_2+\cdots+l_8}=\frac{\sum\limits_{i=1}^{n}l_ix_i}{\sum\limits_{i=1}^{n}l_i} \tag{3-20}$$

冲裁合力中心相对 x 轴的距离为：

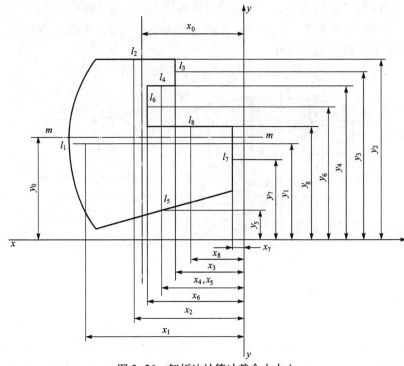

图 3-26　解析法计算冲裁合力中心

$$y = \frac{l_1 y_1 + l_2 y_2 + \cdots + l_8 y_8}{l_1 + l_2 + \cdots + l_8} = \frac{\sum_{i=1}^{n} l_i y_i}{\sum_{i=1}^{n} l_i} \qquad (3-21)$$

例 3-4　冲制如图 3-27 的工件，求其压力中心。

解：将工件轮廓分为 9 段，坐标轴 x 和 y 选定如图所示线段上。各线段的长度为：

$L_1 = 16$　$L_2 = 8$　$L_3 = 36$　$L_5 = 11$　$L_6 = 20$　$L_7 = 8$　$L_8 = 14$　$L_9 = 41$

$$L_4 = \frac{\pi}{2} R = 12.6$$

则　$L_1 + L_2 + L_3 + L_4 + L_5 + L_6 + L_7 + L_8 + L_9 = 166.6$

直线段的重心在线段的中心点，圆弧 L_4 的重心按下式决定

$$Z = R \frac{\sin \alpha}{\pi \alpha / 180} = 57.29 R \frac{\sin \alpha}{\alpha} \qquad 或者 \quad Z = R \frac{b}{s}$$

式中　b——弦长；

　　　s——弧长，

　　　R——圆弧半径；

　　　Z——重心到圆心的距离。

此处弧长为 $\frac{\pi}{2}$ 弧度　　所以　　$Z = R \frac{b}{s} = R \frac{\sqrt{2} R}{\frac{\pi}{2} R} = \frac{2\sqrt{2}}{\pi} R = 0.9 R$

3.4 冲裁力和压力中心的计算

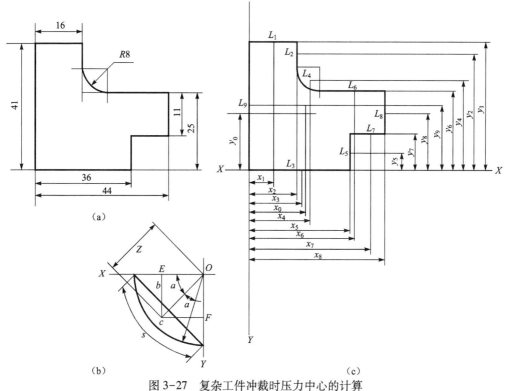

图 3-27 复杂工件冲裁时压力中心的计算
(a) 工件图；(b) 圆弧重心的确定；(c) 工件压力中心的确定

转化到 x, y 坐标轴方向时：

$$OE = OF = Z\sin\frac{\pi}{4} = \frac{2R}{\pi} \approx 5.1$$

于是求出各线段的重心如下：

$x_1 = 8$	$y_1 = 41$
$x_2 = 16$	$y_2 = 37$
$x_3 = 18$	$y_3 = 0$
$x_4 = 18.9$	$y_4 = 27.9$
$x_5 = 36$	$y_5 = 5.5$
$x_6 = 34$	$y_6 = 25$
$x_7 = 36$	$y_7 = 11$
$x_8 = 44$	$y_8 = 18$
$x_9 = 0$	$y_9 = 20.5$

将上述数值代入式 (3-20)、式 (3-21) 可得压力中心的坐标：

$$x_0 = \frac{16 \times 8 + 8 \times 16 + 36 \times 18 + 12.6 \times 18.9 + 11 \times 36 + 20 \times 34 + 8 \times 36 + 14 \times 44 + 41 \times 0}{166.6} = 18.74$$

$$y_0 = \frac{\begin{array}{c}8\times41+8\times37+36\times0+12.6\times27.9+11\times5.5+\\20\times25+8\times11+14\times18+41\times20.5\end{array}}{166.6}=16.31$$

(2) 多凸模冲裁的压力中心计算

多凸模冲裁的压力中心,见图 3-28。按下述程序进行计算:

① 按比例画出凸模工作部分剖面的轮廓图;

② 在任意距离处作 x 轴和 y 轴;

③ 计算各凸模重心到 x 轴的距离 y_1、y_2、y_3、y_4 和到 y 轴的距离 x_1、x_2、x_3、x_4;

④ 冲模压力中心到坐标轴的距离由下式确定。

到 x 轴的距离:

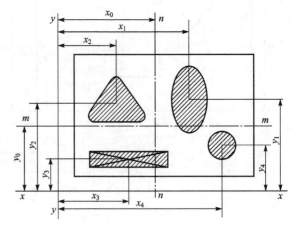

图 3-28 多凸模冲裁的压力中心计算

$$y_0 = \frac{L_1y_1+L_2y_2+L_3y_3+L_4y_4}{L_1+L_2+L_3+L_4} \tag{3-22}$$

到 y 轴的距离:

$$x_0 = \frac{L_1x_1+L_2x_2+L_3x_3+L_4x_4}{L_1+L_2+L_3+L_4} \tag{3-23}$$

例 3-5 如图 3-29 所示的工件是在矩形坯料上同时冲出 4 个不同形状的孔,并切去一个角,求冲裁时的压力中心。

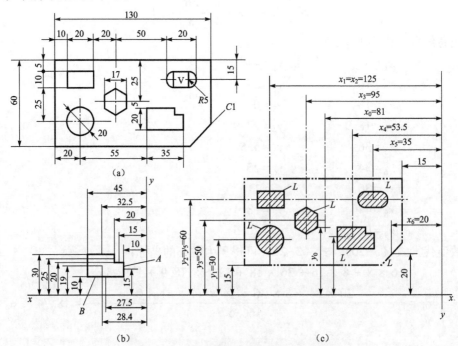

图 3-29 多凸模冲裁的压力中心计算

(a) 工件图;(b) 不对称孔重心的确定;(c) 压力中心的确定

解：（1）计算重心位置

图中四个孔都是对称形状，故冲孔时，各孔冲裁力的作用点在其几何中心。孔属于不规则形状，故需先算出冲这个孔时冲裁力的作用点，将该孔单独画出，把整个轮廓分成6个线段，各个线段长度及其重心位置如图3-29所示，将各数值代入式

$$x_0 = \frac{25 \times 32.5 + 10 \times 20 + 10 \times 15 + 10 \times 10 + 35 \times 27.5 + 20 \times 45}{25 + 10 + 10 + 10 + 35 + 20} = 28.4$$

$$y_0 = \frac{25 \times 30 + 10 \times 25 + 10 \times 20 + 10 \times 15 + 35 \times 10 + 20 \times 20}{25 + 10 + 10 + 10 + 35 + 20} = 19$$

将 x_0 和 y_0 值移算到孔5图形里，则得压力中心距 A 边的距离为：

$$28.4 - 10 = 18.4$$

得压力中心距 B 边的距离为：

$$19 - 10 = 9$$

（2）计算出各个凸模的冲裁周边长度

$$L_1 = 20\pi = 62.8$$

$$L_2 = 2 \times 10 + 2 \times 20 = 60$$

$$L_3 = 6 \times \frac{17}{2\cos 30°} = 59$$

$$L_4 = 35 + 20 + 25 + 10 + 10 + 10 = 110$$

$$L_5 = 2 \times 10 + 10\pi = 51.4$$

$$L_6 = \frac{10}{\cos 45°} = 14.1$$

（3）对整个工件选定 x，y 坐标轴，将上式中的 $L_1 \sim L_6$ 的值代入式（3-22）和式（3-23）

$$x_0 = \frac{62.8 \times 125 + 60 \times 125 + 59 \times 95 + 110 \times 53.5 + 51.4 \times 35 + 14.1 \times 20}{62.58 + 60 + 59 + 110 + 51.4 + 14.1} = 81$$

$$y_0 = \frac{62.8 \times 30 + 60 \times 60 + 59 \times 50 + 110 \times 34 + 51.4 \times 60 + 14.1 \times 20}{62.58 + 60 + 59 + 110 + 51.4 + 14.1} = 43.5$$

因此，实际压力中心在工件中的位置是距左边为 81-15=66（mm）；距下边为 43.5-15=28.5（mm）。

3.5 冲裁件的排样设计

3.5.1 冲裁件的排样

1. 材料的经济利用

在冲压生产中，冲裁件在板、条等材料上的布置方法称为排样，排样是否合理直接影响到材料的利用率。冲压生产的成本中，毛坯材料费用占60%以上，排样的目的就是在于合理利用材料。评价排样经济性、合理性的指标是材料的利用率。其计算公式如下：

一个步距内的材料利用率为

$$\eta_1 = \frac{n_1 A}{Bh} \times 100\% \tag{3-24}$$

条料的材料利用率为

$$\eta_2 = \frac{n_2 A}{BL} \times 100\% \tag{3-25}$$

板料的材料利用率为

$$\eta_3 = \frac{n_3 A}{B_0 L_0} \times 100\% \tag{3-26}$$

式中　A——冲裁件面积（mm）；
　　　B——条料宽度（mm）；
　　　h——送料步距（mm）；
　　　n_1——一个步距内冲件数；
　　　n_2——条料上冲件总数；
　　　n_3——板料上冲件总数；
　　　L——条料长度（mm）；
　　　L_0——板料长度（mm）；
　　　B_0——板料宽度（mm）。

例 3-6　计算圆形工件在条料上为多行交错排列的材料利用率。图 3-30 为三行排列的条料布置，三个相邻圆心的连线是等边三角形，图中 a_1 为两相邻圆心之间的搭边，a 为侧搭边，d 为工件直径，计算条料宽度 b。

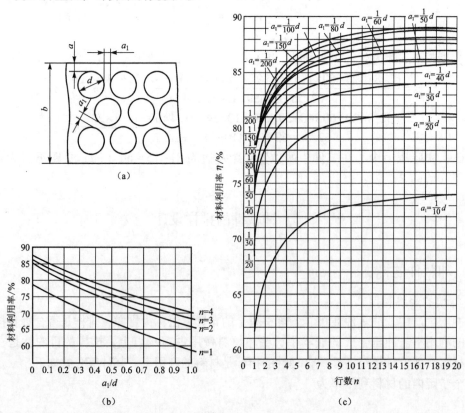

图 3-30　材料的利用率及工件排列行数和料宽之间的关系
(a) 圆形工件在条料上多行交错排列；(b) 材料利用率；(c) 行数和料宽之间的关系

解：三个相邻圆心的连线是等边三角形，由几何关系可以计算出：

$$b = 2 \times \frac{\sqrt{3}}{2}(a_1 + d) + d + 2a$$

如果 $a_1 = a$，则有 $b = 2.732d + 3.732a$

图 3-30（b）为 a_1/d 值与材料的利用率 η 之间的关系曲线；

图 3-30（c）为 $a_1 = a$ 时，行数与利用率之间的关系曲线。

n 行圆形工件之条料宽度 b 与材料利用率 η 之间的计算公式为：

$$b = (n-1)(d + a_1)\sin 60° + d + 2a_1$$

2. 材料的排样方法

冲裁件在条料或者带料上的排列方式就叫做排样方法。排样的合理与否主要影响到材料的经济利用，因此，排样是冲裁工艺与模具设计中一项很重要的工作。冲裁件的外形多种多样，形式复杂，如表 3-13 所示。常用的排样方式如表 3-14 所示。

表 3-13 冲裁件的外形分类

方形 	梯形 	三角形 	圆及多边形 	半圆及山字形 	椭圆及盘形 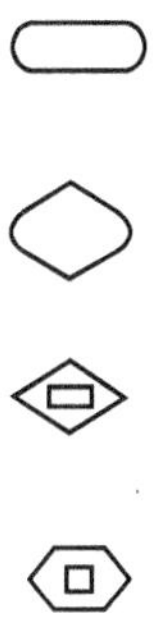	十字形 	丁字形 	角尺形 

表 3-14 常用的排样方式

排样类型	有搭边	无搭边
直排	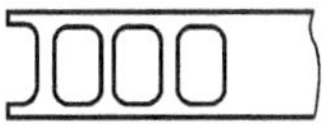	
单行排列		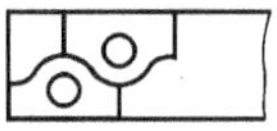
多行排列	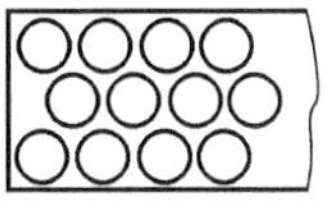	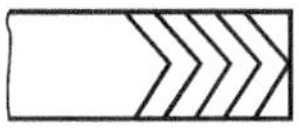

续表

排样类型	有搭边	无搭边
斜排		
对头直排		
对头斜排		

3. 搭边值的选取

排样时冲裁件与冲裁件之间以及冲裁件与条料侧边之间留下的工艺余料称为搭边。搭边过大，浪费材料。搭边太小，起不到应有的作用。过小的搭边还可能被拉入凸模和凹模的间隙，使模具容易磨损，甚至损坏模具刃口。

搭边的合理数值就是保证冲裁件质量、保证模具较长寿命、保证自动送料时不被拉弯拉断条件下允许的最小值。

搭边的合理数值主要决定于材料厚度、材料种类、冲裁件的大小以及冲裁件的轮廓形状等。一般说来，板料越厚，材料越软以及冲裁件尺寸越大，形状越复杂，则搭边值 a 与 a_1 也就越大。搭边值的选取见表 3-15。

表 3-15　常见冲裁材料的搭边值　　　　　　　　　　　　　　　　　　　mm

材料厚度 t	手工送料						自动送料	
	圆形		非圆形		往复送料			
	a	a_1	a	a_1	a	a_1	a	a_1
~1	1.5	1.5	2	1.5	3	2		
大于 1~2	2	1.5	2.5	2	3.5	2.5	3	2
大于 2~3	2.5	2	3	2.5	4	3.5		
大于 3~4	3	2.5	3.5	3	5	4	4	3
大于 4~5	4	3	5	4	6	5	5	4
大于 5~6	5	4	6	5	7	6	6	5
大于 6~8	6	5	7	6	8	7	7	6
8 以上	7	6	8	7	9	8	8	7

注：1. 冲非金属材料（皮革、纸板、石棉板等）时，搭边值应乘 1.5~2。
　　2. 有侧刃的搭边 $a' = 0.75a$。

4. 送料步距与条料宽度的计算

排样方案和搭边值确定后，即可确定条料或带料的宽度。在确定条料宽度时，必须考虑到模具的结构中是否采用侧压装置和侧刃，应根据不同结构分别进行计算。

排样方式与搭边值决定之后，条料的宽度与步距也可以决定。条料在模具上每次送进的距离称为送料步距（简称步距或进距）。每个步距可以冲出一个零件，也可以冲出几个零件。送料步距的大小应为条料上两个对应冲裁件的对应点之间的距离。另外，条料的宽度的确定与模具是否采用侧压装置和侧刃有关。确定的原则是：最小条料宽度要保证冲裁时工件周边有足够的搭边值；最大条料能在冲裁时顺利地在导料板之间送进，并与导料板之间有一定的间隙。

（1）有侧压冲裁时的条料宽度

条料是由板料剪裁下料而得，为保证送料顺利，剪裁时的公差带分布规定上偏差为零，下偏差为负值（$-\Delta$）。条料在模具上送进时一般都有导向，当使用导料板导向而又无侧压装置时，在宽度方向也会产生送料误差。条料宽度 b 的计算应保证在这两种误差的影响下，仍能保证在冲裁件与条料侧边之间有一定的搭边值，如图3-31所示。

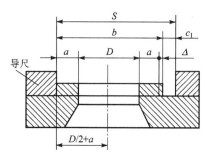

图3-31 有侧压冲裁

条料宽度：
$$b_{-\Delta}^{0} = [D + 2a + \Delta]_{-\Delta}^{0} \tag{3-27}$$

导尺间距离：
$$S = b + c_1 = D + 2a + \Delta + c_1 \tag{3-28}$$

式中 D——冲裁件垂直于送料方向的尺寸；

a——侧搭边的最小值，见表3-15；

Δ——条料宽度的单向（负向）偏差，见表3-16、表3-17；

c_1——导尺与最宽条料之间的单面小间隙，其值见表3-18。

表3-16 条料宽度偏差　　　　　　　　　　　　　　　　　　　　　　mm

条料宽度 b	材料厚度 t		
	~0.5	>0.5~1	>1~2
~20	-0.05	-0.08	-0.10
>20~30	-0.08	-0.10	-0.15
>30~50	-0.10	-0.15	-0.20

表3-17 条料宽度偏差　　　　　　　　　　　　　　　　　　　　　　mm

条料宽度 b	材料厚度 t				条料宽度 b	材料厚度 t			
	~1	1~2	2~3	3~5		~1	1~2	2~3	3~5
0~50	-0.4	-0.5	-0.7	-0.9	150~220	-0.7	-0.8	-1.0	-1.2
50~100	-0.5	-0.6	-0.8	-1.0	220~300	-0.8	-0.9	-1.1	-1.3
100~150	-0.6	-0.7	-0.9	-1.1					

表 3-18　送料最小间隙 c_1　　　　　　　　　　　　mm

材料厚度 t \ 条料宽度 b \ 方式	无侧压装置时 c_1			有侧压装置时 c_1	
	100 以下	100~200	200~300	100 以下	100 以上
0.5~1	0.5	0.5	1	5	8
1~2	0.5	1	1	5	8
2~3	0.5	1	1	5	8
3~4	0.5	1	1	5	8
4~5	0.5	1	1	5	8

（2）无侧压冲裁时的条料宽度

如图 3-32 所示，当条料在无侧压装置的导料板之间送料时，条料宽度按下式计算

条料宽度：
$$b_{-\Delta}^0 = [D + 2(a+\Delta) + c_1]_{-\Delta}^0 \qquad (3\text{-}29)$$

导尺间距离：
$$S = b + c_1$$
$$= D + 2(a + \Delta + c_1) \qquad (3\text{-}30)$$

（3）有侧刃冲裁时的板料宽度和导尺间距离（如图 3-33 所示），

条料宽度：
$$b_{-\Delta}^0 = (l+2a'+nb_1)_{-\Delta}^0 \qquad (3\text{-}31)$$
$$= (l+1.5a+nb_1)_{-\Delta}^0$$

式中　　$a' = 0.75a$

导尺间距离：
$$S_1' = l+1.5a+nb_1+2c_1 \qquad (3\text{-}32)$$
$$S_1 = l+1.5a+nb_1+2c_1' \qquad (3\text{-}33)$$

式中　l——工件垂直于送料方向的尺寸；

　　　n——侧刃数；

　　　b_1——侧刃裁切的条边宽度，见表 3-19；

　　　c_1'——冲裁后的条料宽度与导尺间的间隙，见表 3-19。

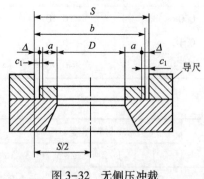

图 3-32　无侧压冲裁

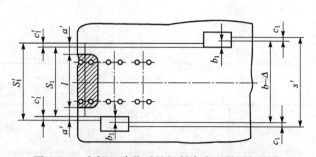

图 3-33　有侧刃冲裁时的板料宽度和导尺间距离

板料下料时，由于纵裁裁板次数少，冲压时调换条料次数少，工人操作方便，生产率高，所以在通常情况下应尽可能纵裁。

表 3-19 b_1、c_1' 的值   mm

条料厚度 t	b_1		c_1'
	金属材料	非金属材料	
~1.5	1.5	2	0.10
>1.5~2.5	2.0	3	0.15
>2.5~3	2.5	4	0.20

3.6 冲裁件的工艺性

冲裁件的工艺性，是指冲裁件对冲压工艺的适应性。主要包括以下几个方面：冲裁件的形状和尺寸以及冲裁件的精度和表面粗糙度。

冲裁件的工艺性也包括冲裁零件在冲裁加工中的难易程度。虽然冲裁加工工艺过程很复杂，但分析工艺性的重点在冲裁加工工序这一过程。影响冲裁件工艺性的因素很多，主要有以下几方面。

① 冲裁件的形状尽量简单，最好是由规则几何形状或由圆弧与直线组成，如图 3-34 所示，以利排样，减少废料。

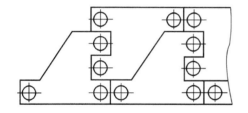

图 3-34 无废料冲裁的工件形状

② 冲裁件的内、外形转角处应避免尖角。如无特殊要求，在各直线或曲线的连接处，应有>0.5t 的过渡圆角，或者按表 3-20 所示值。

表 3-20 冲裁件圆角半径 R 的最小值

连接角度	$\alpha \geqslant 90°$	$\alpha < 90°$	$\alpha \geqslant 90°$	$\alpha < 90°$
简图	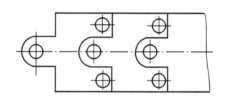			
低碳钢	0.30 t	0.50 t	0.35 t	0.60 t
黄铜、铝	0.24 t	0.35 t	0.20 t	0.45 t
高碳钢、合金钢	0.45 t	0.70 t	0.50 t	0.90 t

③ 冲裁件的凸出悬臂和凹槽宽度不宜过小，其合理数值可参考表3-21。

表3-21 冲裁件的凸出悬臂和凹槽的最小宽度 b

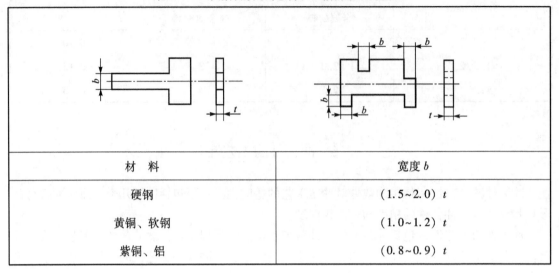

材　料	宽度 b
硬钢	$(1.5\sim2.0)t$
黄铜、软钢	$(1.0\sim1.2)t$
紫铜、铝	$(0.8\sim0.9)t$

④ 冲孔时，孔径不宜过小。其最小孔径与孔的形状、材料的力学性能、材料的厚度等有关，见表3-22和表3-23。

表3-22 无导向凸模冲孔的最小尺寸

材料	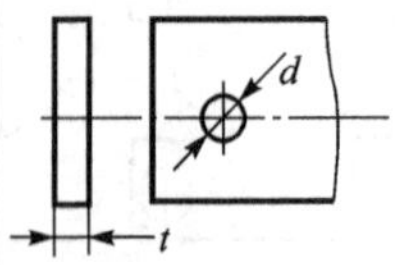	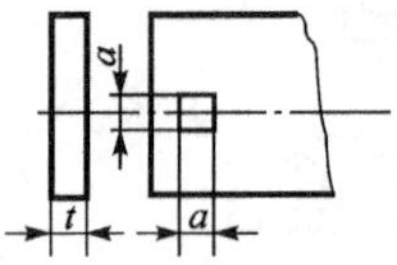	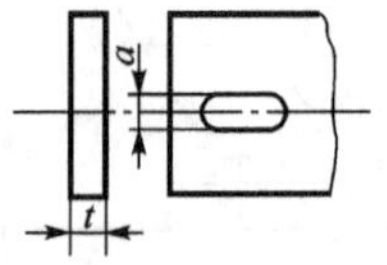	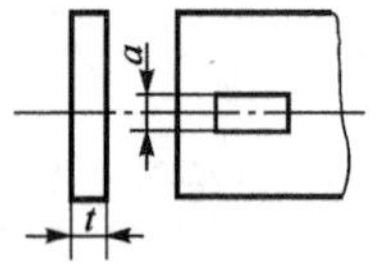
硬钢	$d\geqslant 1.3t$	$a\geqslant 1.2t$	$a\geqslant 0.9t$	$a\geqslant 1.0t$
软钢及黄铜	$d\geqslant 1.0t$	$a\geqslant 0.9t$	$a\geqslant 0.7t$	$a\geqslant 1.8t$
铝、锌	$d\geqslant 0.8t$	$a\geqslant 0.7t$	$a\geqslant 0.5t$	$a\geqslant 0.6t$

表3-23 采用凸模护套冲孔的最小尺寸

材料	圆形孔（d）	方形孔（a）
硬钢	$0.5t$	$0.4t$
软钢及黄铜	$0.35t$	$0.3t$
铝、锌	$0.3t$	$0.28t$

⑤ 冲裁件孔与孔之间、孔与边缘之间的距离不应过小，其许可值见图3-35或表3-24。

3.6 冲裁件的工艺性

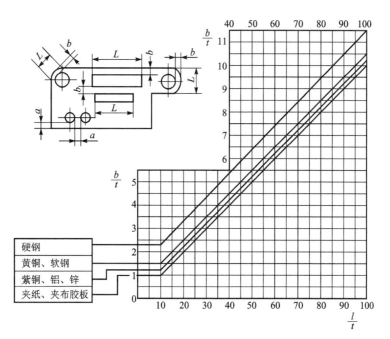

图 3-35 孔边距的最小数值

表 3-24 冲裁件的最小孔边距

冲裁材料	$\dfrac{a}{t}$		$\dfrac{b}{t}$			
	分开冲	同时冲	分开冲	同时冲		
				$\dfrac{l}{t} \leq 10$	$\dfrac{l}{t} > 10$	
硬钢	1.3~1.5		2~2.3	$1.3+0.1\dfrac{l}{t}$		或查下图表
黄铜、软钢	0.9~1.0		1.4~1.5	$0.5+0.1\dfrac{l}{t}$		
紫铜、铝、锌	0.75~0.8		1.1~1.2	$0.2+0.1\dfrac{l}{t}$		
夹板、夹布胶板	0.7~0.75		0.9~1.0	$0.1\dfrac{l}{t}$		

⑥ 在弯曲件或拉深件上冲孔时，其孔壁与工件直壁之间应保持一定距离（如图 3-36），若距离太小，冲孔时会使凸模受水平推力而折断。

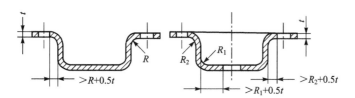

图 3-36 弯曲或拉深件上冲孔的合适位置

⑦ 在工件上冲制矩形孔时，若无电加工设备，则其两端宜用圆弧连接（如图 3-37（a）），以便加工凹模。若两端设计成图 3-37（b）所示的形状，则凹模只好手工修整（指整体凹模）。对矩形工件，同样理由，其两端宜用圆弧连接，且圆弧半径 R 应为工件宽度一半，即 $R=\dfrac{b}{2}$（图 3-38（a）），以便于加工凹模。若 $R<\dfrac{b+\Delta}{2}$（如图 3-38（b）），凹模也只好手工修整。但若采用两侧无废料排样，如图 3-38 所示，$R=\dfrac{b}{2}$ 时，当条料出现正偏差就会使两端出现凸台（图 3-38（b）），因而最好取 $R>\dfrac{b+\Delta}{2}$（如图 3-38（c））。

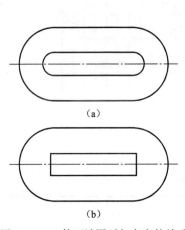

图 3-37　工件两端圆弧与宽度的关系
（a）两端圆弧形；（b）两端方形

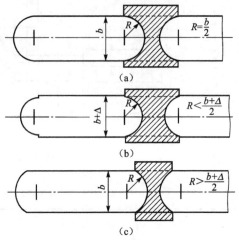

图 3-38　工件孔形要求
（a）$R=\dfrac{b}{2}$；（b）$R<\dfrac{b+\Delta}{2}$；（c）$R>\dfrac{b+\Delta}{2}$

3.7　冲裁模设计

冲裁模结构设计是否合理，直接影响到所生产冲裁件的质量与成本。因此，认识和研究冲裁模的结构特点和性能，对实现冲裁加工和发展冲裁技术是十分重要的。

冲压件的表面质量、尺寸精度、生产效率、经济效益等与模具结构密切相关。因此，了解模具结构、研究和提高模具的各项技术指标是十分重要的。冲压件的品种、式样繁多，因此，冲压模具的类型也是多种多样的。为了便于研究，将冲压模具按不同特征进行分类。一般有以下几种分类方法。

3.7.1　冲裁模的分类

1. 按冲压工艺的性质进行分类

① 冲裁模具可以分为：冲孔模、落料模、切边模、切断模、剖切模、切口模、整修模、精冲模等。

② 弯曲模具可分为：自由弯曲模具、校正弯曲模具、V 形弯曲模具、U 形弯曲模具、异形弯曲模具和变薄弯曲模具。

③ 拉深模具又可分为：无凸缘圆筒拉深模具、有凸缘圆筒拉深模具、盒形件拉深模具

和锥形件拉深模具、阶梯形件拉深模具、球面拉深模具、抛物面拉深模具、异形件拉深模具和变薄拉深模具。

④ 成形模具又可分为：胀形模具、翻边模具、压印、校平模具、整形模具和缩口模具。

2. 按工序组合状态进行分类

① 单工序模（简单模）。在一副模具中只完成一种工序的冲压模具，如落料模具、冲孔模具、切边模具等。

② 复合模。在压力机的一次行程中，在模具的同一个位置上完成两道以上不同工序的冲压模具。

③ 连续模。亦称级进模或跳步模具，指在压力机一次行程中，在一副模具的不同位置上同时完成两道或多道工序的冲压模具。

3. 按模具上、下模的导向方式进行分类

按模具上、下模的导向方式进行分类可以分为：无导向的开式模具、有导向的导板模具、有导向的导柱模具、有导向的导筒模具。

4. 按挡料或定位形式进行分类

按挡料或定位形式进行分类可以分为：固定挡料销模具、活动挡料销模具、导正销定位模具、侧刃定位模具。

5. 按卸料装置分类

按卸料装置分类可以分为：带固定卸料板和弹压卸料板冲模。

6. 按照凸、凹模选用材料分类

按照凸、凹模选用材料分类可以分为：硬质合金冲模、钢结硬质合金冲模、钢皮冲模、橡皮冲模和聚氨酯冲模。

此外，还可以根据冲裁件的质量，将模具分为精密冲裁模具和普通冲裁模具；根据模具体积的大小，将模具分为小型模具、中型模具和大型模具等。也可以根据送料方式、出件方式与排除废料方式等对模具进行分类。

3.7.2 单工序冲模的结构

1. 无导向的单工序冲模结构

单工序模具在一副模具中只完成一道冲压工序的加工，模具结构简单、维修方便、安装调试简便、制造成本较低，但生产效率不高。一般适合中、小批量生产，或各部分相对尺寸精度要求不高的冲压件的生产。下面给出一些典型的单工序模具示例。

图 3-39 所示为一无导向单工序落料模具，主要由以下 4 部分组成：

（1）工作零件

工作零件是实现冲裁变形使材料正确分离的零件，包括凸模 3 和凹模 5。

（2）定位零件

定位零件是确定条料在模具中的正确位

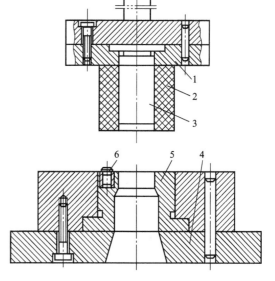

图 3-39　无导向单工序落料模具
1—凸模固定板；2—橡皮；3—凸模；4—下模座；
5—凹模；6—固定挡料销

置的零件。模具中的挡料销 6 就是限制条料送进的位置，起到定位的作用。

(3) 卸料及推料零件

卸料及推料零件是将由于冲裁后弹性恢复卡在凹模孔内和凸模上的工件或废料脱卸下来的零件。模具中的橡皮 2 就是利用压缩橡胶后产生的卸料力来卸料的。

(4) 连接紧固零件

连接零件是将凸模、凹模固定在上、下模座上，以及将上、下模座固定在压力机的滑块上。模具上的上下模座以及模柄和螺栓都是连接紧固零件。

2. 单工序导板式落料模具

图 3-40 所示为一单工序导板式落料模具。

导板式落料模中，将凸模与导板（又是固定卸料板）间选用 H7/h6 的间隙配合，且该间隙小于冲裁间隙。回程时不允许凸模离开导板，以保证对凸模的导向作用。它与敞开式模相比，精度较高，模具寿命长，但制造要复杂一些，常用于料厚大于 0.3 mm 的简单冲压件。

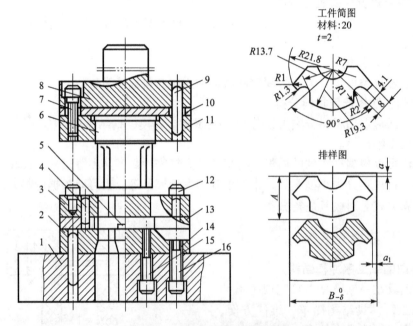

图 3-40　单工序导板式落料模具

1—下模座；2—销；3—导板；4—销；5—挡料钉；6—凸模；7—连接螺栓；8—上模座；9—定位销；
10—凸模垫板；11—凸模固定板；12—螺钉；13—导料板；14—凹模；15、16—螺钉

该模具的上模由凸模 6、连接螺栓 7、上模座 8、定位销 9、凸模垫板 10 以及凸模固定板 11 所组成，下模由挡料钉 5、导板 3 以及下模座 1 组成。为了保证条料的顺利送进，导料板 13 的高度必须大于固定挡料销 2 与板料厚度之和。

3. 导柱式落料模

图 3-41 为最简单的导柱式落料模。上、下模依靠导柱和导套导向。导柱和导套都是圆形的，加工方便，凸、凹模间隙容易保证，且不会改变，所以导柱模具有冲裁件精度高，模具寿命长，安装方便等优点，已在冲压生产中得到广泛应用。

在图 3-41 中，导套与导柱分别压入上模座和下模座中，导柱与导套之间的配合为间隙配合，通常采用 H6/h5 或者 H7/h6。图中导柱和导套的布置采用后导柱，方便送料及操作。另外，该模具采用了弹性卸料装置，既方便卸料，又能够将材料压平，有利于冲裁质量，特别适合于薄料冲裁。

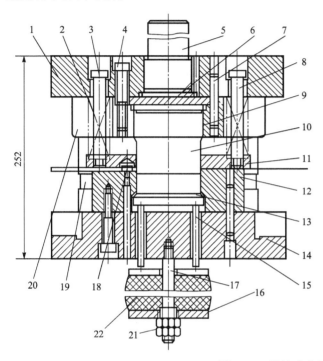

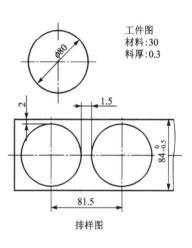

图 3-41　导柱式落料模

1—上模座；2—卸料弹簧；3—卸料螺钉；4—螺钉；5—模柄；6—防转销；7—销；8—垫板；9—凸模固定板；10—落料凸模；11—卸料板；12—落料凹模；13—顶件板；14—下模座；15—顶杆；16—板；17—螺栓；18—固定挡料销；19—导柱；20—导套；21—螺母；22—橡皮

4. 冲孔模

根据孔的大小不同以及孔的位置不同而决定冲孔的模具结构不同。冲孔模的对象是已经进行了冲压加工的半成品，所以冲孔模必须解决半成品在模具上的定位以及取下等问题。下面举例说明该模具的结构以及其特点。

（1）冲侧孔模

现有如图 3-42 所示的零件，该件在拉深后要在侧壁上开一个孔，很显然只能用冲模加工。

该模具如图 3-43 所示，采用了镶块结构，便于更换；其次是凹模不是用传统的凹模的垫板来固定，而是采用凹模支架来固定，它的一端伸在外面便于来装卸工件，由于是冲裁小孔，冲裁力很小，因此凹模座采用悬臂伸出是不会有问题的。

（2）冲小孔模

模具结构采用缩短凸模长度的方法来防止其在冲裁过程中

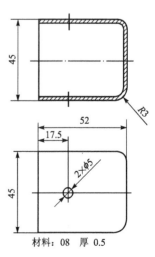

图 3-42　盒零件图

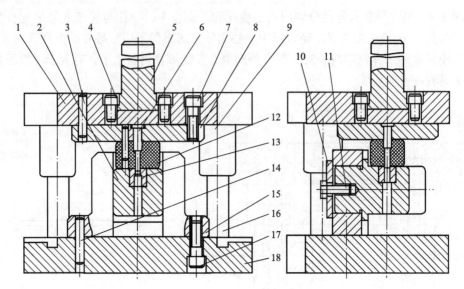

图 3-43　方盒冲侧孔模

1—上模板；2—凹模支架；3—圆柱销；4—螺钉；5—凸缘模柄；6—凸模；
7—螺钉；8—垫板；9—导套；10—垫圈；11—螺钉；12—橡胶；
13—凹模；14—圆柱销；15—支座；16—导柱；17—螺钉；18—下模座

产生弯曲变形而折断。这种结构的模具制造比较容易，凸模使用寿命也较长。这种模具采用冲击块 5 冲击凸模进行冲裁工作。小凸模由小压板 7 进行导向，而小压板由两个小导柱 6 进行导向。当上模下行时，大压板 8 与小压板 7 先后压紧工件，小凸模 2，3，4 上端露出小压板 7 的上平面，上模压缩弹簧继续下行时冲击块 5 冲击凸模 2，3，4 对工件进行冲孔。卸件工作由大压板 8 完成。厚料冲小孔模具的凹模洞口漏料必须通畅，防止废料堵塞而损坏凸模。冲裁件在凹模上由定位板 9 与 1 定位，并由后侧压块 10 使冲裁件紧贴定位面。

模具冲制的工件如图 3-44 所示。工件板厚为 4 mm，最小孔径为 $0.5t$。

3.7.3　复合冲裁模的结构

在压力机的一次工作行程中，在模具同一部位同时完成数道冲压工序的模具，称为复合冲裁模。复合模的设计难点是如何在同一工作位置上合理地布置好几对凸、凹模。常见的复合工序有落料与冲孔复合、落料与首次拉深复合等。

复合模具与单工序模具和连续模具比较，具有以下特点：

① 与单工序模具相比，复合模具冲制的冲裁件的内孔与外缘或同时完成的几个轮廓的相对位置精度较高；

② 与连续模具相比，复合模具对条料的送进定位精度要求较低；

③ 复合模具结构紧凑、轮廓尺寸相对较小，其中凸凹模既是落料凸模，又是冲孔或拉深凹模；

④ 复合模具同时完成两道或两道以上的工序，因此生产率较高；

⑤ 模具结构较复杂，加工和装配精度要求高，成本高；

⑥ 工件的外形和内孔之间的最小宽度，受凸凹模的最小壁厚限制，所以当壁厚太小时，

3.7 冲裁模设计

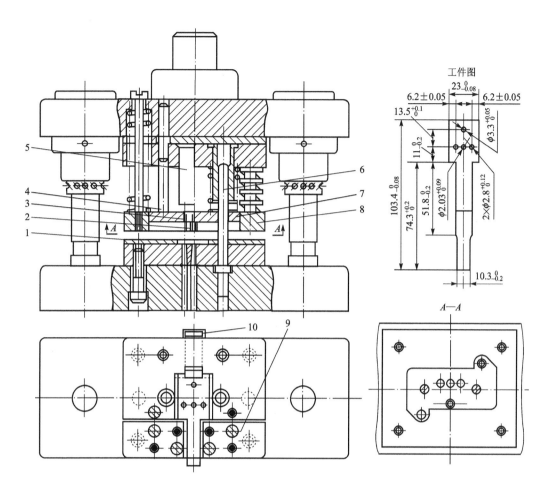

图 3-44 超短凸模的小孔冲模
1—定位板；2~4—凸模；5—冲击块；6—小导柱；
7—小压板；8—大压板；9—定位板；10—后侧压块

不能使用复合模具。

因此，复合模具适合于生产批量大、精度要求高的薄板材料的冲压。

复合模的基本结构如图 3-45 所示。上模或者是下模外面装着凹模，中间装着凸模，另外一方装着凸凹模（复合模中最标志性的部件），当上下模具合拢时，就能够完成冲孔与落料。

复合模的分类是根据落料凹模的安装位置来确定的：如果落料凹模安装在上模，就称之为倒装复合模；如果落料凹模安装在下模，就称之为正装复合模。

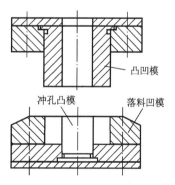

图 3-45 复合模的基本结构

1. 倒装复合模

图 3-46 所示是冲制垫圈的倒装复合模。落料凹模 2 在上模，件 1 是冲孔凸模，件 14 为凸凹模。倒装复合模一般采用刚性推件装置把卡在凹模中的制件推出。刚性推件装置由推杆

7、推块 8、推销 9 推出制件。废料直接由凸模从凸凹模内孔推出。凸凹模洞口若采用直刃，则模内有积存废料且胀力较大，当凸凹模壁厚较薄时可能导致胀裂。

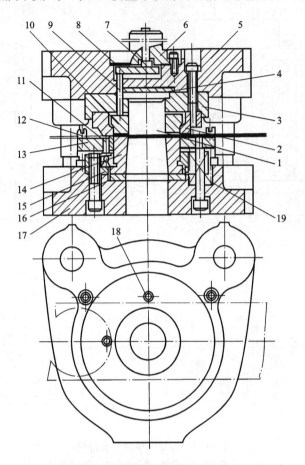

图 3-46　垫圈倒装复合冲裁模

1—凸模；2—凹模；3—上模固定板；4、16—垫板；5—上模板；6—模柄；
7—推杆；8—推块；9—推销；10—推件块；11、18—活动挡料销；12—固定挡料销；
13—卸料板；14—凸凹模；5—下模固定板；17—下模板；19—弹簧

采用刚性推件的倒装复合模，条料不是处于被压紧状态下进行冲裁的，因而制件的平直度不高，适宜冲裁厚度大于 0.3 mm 的板料。若在上模内设置弹性元件，采用弹性推件时则可冲较软且料厚在 0.3 mm 以下、平直度较高的冲裁件。

2. 正装复合模

图 3-47 所示是正装复合模的结构。它的特点是冲孔废料可从凸凹模中推出，使型孔内不积聚废料，从而使凸凹模胀裂力小，故壁厚可比正装复合模冲件的最小壁厚小。

该模具的特点就是落料凹模下面安装的垫板的中间开了一个孔洞，使落料凹模的成形孔成为一个柱形通孔，便于加工，凹模还可以做得薄，节省模具材料。

图 3-48 所示为一落料、拉深复合模。它是一套带有弹性卸料装置的落料、拉深复合模。毛坯件用 1、3 定位，上模下降，件 9、17 落料后，件 9、13 进行拉深，件 14 进行压边和卸料，15 下接弹性顶出器。图 3-49 是工件图。

3.7 冲裁模设计

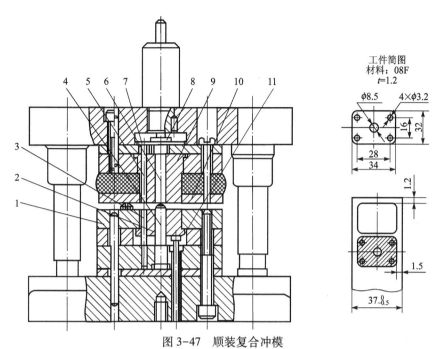

图 3-47 顺装复合冲模

1—落料凹模；2—顶板；3，4—冲孔凸模；5，6—推杆；
7—打板；8—打杆；9—凸凹模；10—弹压卸料板；11—顶杆

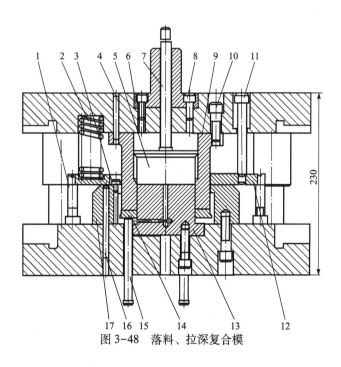

图 3-48 落料、拉深复合模

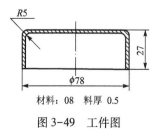

图 3-49 工件图

3.8 精冲工艺及精冲模结构

精密冲裁简称精冲，是一种先进制造技术。它是在普通冲压技术的基础上发展起来的一种精密板料加工工艺，在压力机的一次或连续的几次冲压行程中，由原材料直接获得比普通冲压零件精度高、光洁度好、平面度高、垂直度好的高质量冲压零件。精冲可以取代普通冲压及事后进行各种切削加工的繁杂工艺，并以较低的成本改善产品质量。

精冲工艺不仅能冲裁小于料厚的孔、细长的窄槽、外轮廓上的窄悬臂、较小的壁间距等普通冲裁达不到的、工艺难度较大的零件，而且还可与其他冲压工序复合，进行如沉孔、压印、压凸、压扁、弯曲、半冲孔、内孔翻边等精密冲压，从而突破了普通冲裁基本上是板料平面成形的范围。

由于精冲能获得尺寸精度高、光洁度好、平整的冲压件，故精冲技术发展较快，不仅在钟表、仪器仪表、打字机、计算机、照相机等精密机械工业中获得了广泛应用，而且在其他工业部门中的应用范围也在日益扩大。它可以取代扁平类零件的切削加工，具有优质、高效、低耗和面广的特点，技术经济效果十分显著，深受各制造行业的重视。

3.8.1 精密冲裁

1. 精冲工艺的分类

根据冲裁工艺的方法，精冲大致可以分为普通精冲、齿圈压板精冲、对向凹模精冲、往复冲裁和小间隙圆角刃口冲裁等。现场采用的多是齿圈压板精冲，因此，本节主要介绍齿圈压板精冲。

2. 精冲过程变形特征

精冲过程的受力分析如图 3-50 所示，精冲是在冲裁力 F_1、压边力 F_2 和反压力 F_3，同时作用下进行的。

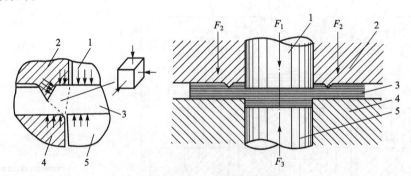

图 3-50 精冲过程的受力分析
1—凸模；2—齿圈压板；3—坯料；4—凹模；5—顶板

从图 3-50 中看出：精冲过程中材料从始至终是塑性变形的过程。因为该料在整个冲裁过程中始终是处于三向压应力状态。

在上述有齿圈压板工艺条件下进行冲裁时，由于有 V 形齿圈压板的强力压边以及顶板与冲裁凸模的共同作用，在间隙很小的情况下，坯料的变形区处于强烈三向压应力状态

(图 3-50 所示),提高了材料的塑性,抑制了剪切过程中裂纹的产生,使冲裁全过程以塑性剪切变形的方式完成材料的分离。所以精冲可以得到几乎全是光亮带断面的冲裁件。这与普通冲裁的条件相比较,差别就很大了。图 3-51 是精密冲裁与普通冲裁的比较。

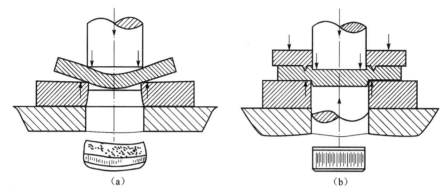

图 3-51 精密冲裁与普通冲裁的比较
(a) 普通冲裁;(b) 精密冲裁

齿圈压板精冲的特点是:对材料施加相当大的压紧力,采用尽量小的精冲间隙和适宜的刃口圆角使剪切区的材料处于三向受压状态。三向压应力状态,提高了金属材料的塑性,并为精冲时使材料实现塑性剪切分离提供了有利的变形条件。

三向压应力状态能提高金属材料塑性的原因如下。

① 拉伸应力会促使晶间变形,加速晶界的破坏,而压缩应力能阻止或减少晶间变形。三向压应力作用越大,晶间变形越困难。

② 三向压应力能使金属内某些夹杂物与缺陷的危害程度大为减少。金属内夹杂物的存在,以及晶粒内部空洞,往往会形成应力集中。在拉应力作用下,这种应力集中十分危险,而三向压应力作用,能全部或部分地消除其危害性。

③ 三向压应力能抵消或减小由于不均匀变形所引起的附加拉应力。

从金属塑性变形理论可知,金属材料都是多晶体,多晶体是由许多紧密结合在一起的单晶体组成的。多晶体的变形,可以有晶粒内部的变形(晶内变形)与晶粒间的变形(晶间变形)等方式。晶粒间的变形就是一部分晶粒相对于另一部分晶粒的移动。这种晶粒间位移的机构也称为晶体间的脆化机构,因为晶粒间的相对位移,破坏了晶粒边界及金属的完整性。在这种位移还不太大的时候,多晶体的这种破坏就已经发生。因此,晶粒间的变形是一种不理想的变形,也可以将这种变形看做金属破坏的开始。晶粒间的变形在没有回复机构(如再结晶)时,会引起晶间破裂的积累,使多晶体很快地破坏。金属材料在变形过程中,压应力和压应变不易导致金属材料的破坏,而拉应力和拉应变、剪应力和剪应变以及纤维微裂的扩展,是造成金属材料断裂破坏的主要因素。

金属材料由拉应力造成破坏时,在材料拉断之前的塑性变形较小,且以金属的晶间破坏形式出现。由金属晶间破坏产生的断面,既不光洁,也不平整。金属材料在剪应力作用下产生分离变形时,主要以金属晶内变形的形式出现,故在材料剪断之前的塑性变形较大。金属晶内破坏产生的断面,是由微裂纹扩展而成,有塑性变形痕迹,因而较光洁、平整。

普通冲裁时,由于剪切应力的作用,微裂纹可达几个微米,再加上拉应力的作用,会产生宏观断裂。这就是普通冲裁中常见的粗糙撕裂断面。齿圈压板精冲时，在精冲前用齿圈压入材料，同时推板对材料施加反向压力；凸模与凹模又采用了较小的间隙及凸模（或者凹模）采用圆角刃口，使材料变形处于三向压应力状态。因此，抑制了剪切过程中裂纹的产生，从根本上防止了普通冲裁中出现的弯曲—拉伸—撕裂现象，使材料在接近纯剪的条件下进行塑性剪切分离，从而获得高质量的光洁、平整的剪切面。

3. 精冲工艺的应用范围

表3-25表示了采用齿圈压板精冲的工艺水平。精冲工艺的应用可以参照如下几点：

表3-25 齿圈压板精冲的工艺水平

序号	项目	工艺水平
1	剪切断面表面粗糙度	剪切面全部是光亮带，粗糙度 $Ra=0.4\sim1.5\mu m$
2	表面不平度	一般较平整，不需再经校平即可使用。每100mm长度为0.02~0.125mm，随料厚增大而接近下限值
3	剪切断面垂直度	可达到89.5°或更高，随料厚和间隙增大而变差
4	尺寸精度	可达IT6~IT9，冲孔比落料高一级，料厚在12mm以上的冲孔精度稍低
5	毛刺	精冲件外形在贴近凸模一侧有一定高度的毛刺，孔的毛刺比外形外小
6	塌角	一般直线剪切轮廓的塌角为料厚的10%，复杂形状剪切轮廓（如齿形等）的塌角可达料厚的20%~30%
7	精冲孔距公差	一般可达±0.01~±0.05mm，料厚增大，公差绝对值增大
8	可精冲的最小圆角半径	落料时外圆角 $R\geq(0.1\sim0.2)t$ (mm)；冲孔时内圆角 $r\geq(0.05\sim0.1)t$ (mm)
9	可精冲最小孔径	$d\geq(0.4\sim0.6)t$ (mm)
10	可精冲最小窄带、窄槽宽度	$b\geq0.6t$ (mm)，甚至更小
11	可精冲最小齿形模数	$m\geq0.18$
12	可精冲工件最小壁厚	$w\geq0.4t$ (mm)
13	可精冲最大料厚	25 mm
14	精冲件的最大外廓尺寸	800 mm

① 从满足零件的使用要求看，凡是以精冲件的剪切面作为配合、运动、安装，装饰以及基准面的平板状零件，要求其剪切面的表面粗糙度 Ra 小于3.2μm，尺寸精度在IT9级以上及形位精度较高的都可采用精冲工艺加工，直接获得合格的零件。

② 从精冲件能达到的极限尺寸看，精冲比普通冲裁前进了一大步。在普通冲裁中不可能生产的零件，在精冲中有可能实现。例如，可精冲仅为材料厚度50%（甚至更小）的孔、

仅为材料厚度60%的窄槽或悬臂、极小的圆角（落料时外缘圆角半径为材料厚度的10%，冲孔时内缘圆角半径仅为材料厚度的5%）等。精冲件的最大材料厚度可达25mm，最大外廓尺寸为800mm。

③ 从精冲材料的范围看，其实用性也在日益扩大。不仅精冲塑性较好的有色金属、低碳钢及合金钢，而且对于强度高达750MPa、850MPa的高碳钢、合金工具钢、轴承钢以及不锈钢、耐热钢等塑性较差的钢材，经软化处理后也开始采用精冲工艺。

④ 从精冲所能完成的冲压工序看，它不再局限于落料、冲孔等分离工序，而且能通过复合或连续的精冲方法，完成压倒角、压印、压沉孔、半冲孔、弯曲及浅拉延等成形工序，进一步扩大了精冲工艺的应用范围。

⑤ 从精冲所用的设备看，不再局限于专用精冲压力机，尤其是对于没有精冲压力机的中小型工厂，可采用带液压模架与滚珠模架的精冲模进行生产。实践证明，在一定范围内推广精冲工艺，既经济又实用。

3.8.2 精冲力

精冲工艺过程是在压边力、反压力和冲裁力三者同时作用下进行的。冲裁结束，卸料力将废料从凸模上卸下来，顶件力将工件从凹模内顶出，模具复位完成整个工艺过程。因此正确的计算、合理的调试和选定以上诸力，对于选用精冲压力机、模具设计、保证工件的质量以及提高模具的寿命都具有重要的意义。

1. 冲裁力的计算

（1）冲裁力 F_1 的大小取决于冲裁件内外周边的总长度、材料的厚度和抗拉强度。可按经验公式计算：

$$F_1 = k_1 L_t t \sigma_b \tag{3-34}$$

式中 k_1——系数，考虑到精冲时由于模具的间隙小，刃口有圆角，材料处于三向压应力状态，和一般冲裁相比提高了变形抗力，因此取系数 $k_1 = 0.9$；

L_t——内外周边的总长（mm），$L_t = L_e + L_i$，L_e 为外周边长度，L_i 为内周边长度；

t——材料厚度（mm）；

σ_b——材料的抗拉强度（MPa）。

故精冲的冲裁力为：$F_1 = 0.9 L_t t \sigma_b$

（2）压边力

压边力 F_2 按以下经验公式计算：

$$F_2 = 2 k_2 L_e h \sigma_b \tag{3-35}$$

式中 k_2——系数，取决于 σ_b，可由表3-26查得；

L_e——工件外周边长度（mm）；

H——V形齿高（mm），查表；

σ_b——材料的抗拉强度（MPa）。

表3-26 系数 k_2 的确定

σ_b/MPa	200	300	400	600	800
k_2	1.2	1.4	1.6	1.9	2.2

(3) 反压力

反压板的反压力也是影响精冲件质量的重要因素，它主要影响工件的尺寸精度、平面度、塌角和孔的剪切面质量。增加反压力可以改善上述质量指标，但反压力过大会增加凸模的负载，降低凸模的使用寿命。因此和压边力一样均需在实际工艺过程中，在保证工件质量的前提下尽量调到下限值。

反压力 F_3 可按以下经验公式计算：

$$F_3 = pA \tag{3-36}$$

式中　A——工件的平面面积（mm^2）；

　　　p——单位反压力（MPa），p 一般为 $20 \sim 70 \, MPa$。

反压力按上式计算波动范围较大，它也可以用另一经验公式计算：

$$F_3 = 20\% F_1 \tag{3-37}$$

(4) 总压力

实验证明：V 形环压边圈压入材料所需的压力 F_2 远大于精冲过程中为了保证工件剪切面质量要求 V 形环压边圈保持的压力 F'_2，一般 $F'_2 = 30\% \sim 50\% F_2$。为了提高精冲压力机的有效负载能力，目前大多数精冲压力机的压边系统都有无级调节的自动卸压装置。精冲开始时，首先在压边力 F_2 的作用下 V 形环压边圈压入材料，完成压边后，压机自动卸压到预先调定的保压压边力 F'_2，然后再进行冲裁。因此实现精冲所需的总压力 F，是 F_1 及 F'_2 及 F_3 之和。即

$$F = F_1 + F'_2 + F_3 \tag{3-38}$$

(5) 卸料力和顶件力

精冲完毕，在滑块回程过程中不同步的完成卸料和顶件。压边圈将废料从凸模上卸下，反压件将工件从凹模内顶出。卸料力 F_4 和顶件力 F_5 按以下经验公式计算：

$$F_4 = (5 \sim 10)\% F_1 \tag{3-39}$$

$$F_5 = (5 \sim 10)\% F_1 \tag{3-40}$$

3.8.3　精冲的工艺参数

1. 排样与搭边

排样是指工件在板料上的布置形式。排样直接影响材料的利用率。模具的各工作零件的布置和结构形状影响零件的排样方式。在进行排样时，不仅要考虑材料的利用率，而且还要考虑到实现精冲工艺的可行性。即排样与零件的质量和经济性密切相关。

排样的基本原则：

① 合理的材料利用率。

② 足够的齿圈位置。在进行零件排样时，特别是为了充分提高材料的利用率而采取混合排样时，由于零件的形状各异，特别注意各零件之间要留有足够的齿圈位置。

③ 保证稳定的条料送进刚度。

④ 通过数种排样方案进行比较，从中选择最佳的排样方法。

2. 搭边值的选择

由于精冲时压边圈上带有 V 形环，故搭边和边距的数值都较普通冲裁为大。影响它们的因素主要有零件冲裁面质量、料厚及强度、零件形状、齿圈分布等。常见的搭边和步距数

值见表 3-27。

表 3-27 搭边和步距　　　　　　　　　　　　　　　　　　　mm

料厚 δ		
	x	y
0.5	1.5	2
1	2	3
1.5	2.5	4
2	3	4.5
2.5	4	5
3	4.5	5.5
3.5	5	6
4	5.5	6.5
5	6	7
6	7	8
8	8	10
10	10	12
12	12	15
15	15	18

3. V 形环压边圈齿形尺寸的确定

采用 V 形环压边圈是精冲模与普通冲裁模间最显著的区别。V 形环的作用是在冲裁前先压住材料，防止剪切区以外的材料在剪切过程中随凸模流动，使材料在冲裁过程中始终保持和冲裁方向垂直而不翘起。另外，V 形环压边力还和冲裁力、反压力结合在一起，在材料的剪切变形区形成三向不等压应力状态，以提高材料的塑性。

V 形环的尺寸取决于料厚。料厚在 4mm 以下的 V 形环尺寸如表 3-28 所示。

料厚在 4mm 以上的则采用双面 V 形环。此时一个 V 形环在压边圈上，另一个在凹模上。对于齿轮等要求剪切面垂直度较高的零件，即使料厚在 4mm 以下，也应采用双 V 形环。

表 3-28　单面 V 形环的尺寸　　　　　　　　　　　　　　　　　　mm

料厚 δ	a	h
0.5~1	1	0.3
1~1.5	1.3	0.4
1.5~2	1.6	0.5
2~2.5	2	0.6
2.5~3	2.4	0.7
3~3.5	2.8	0.8
3.5~4	3.2	0.9

4. 凸、凹模刃口间隙

精冲凸模和凹模之间的间隙系指凸模刃口和凹模刃口间缝隙的距离，即单边间隙。

精冲时的凸、凹模刃口间隙值，与精冲零件的尺寸、形状、材料厚度及其力学性能、润滑状况等因素有关。合理的间隙值，不仅能保证精冲件质量，而且还可以延长模具寿命。一般说来，凸、凹模刃口间隙（双面）值约为材料厚度的 1% 左右。材料塑性好时间隙略大，塑性差时间隙略小，零件外形应比内形的间隙值小。具体数值可按表 3-29 选取。表中 d 为工件尺寸。

表 3-29　凹、凸模双面间隙（Z/t）

材料厚度 t/mm	外形间隙/%	内形间隙/%		
		$d<t$	$d=(1~5)t$	$d>5t$
0.5	1	2.5	2	1
1		2.5	2	1
2		2.5	1	0.5
3		2	1	0.5
4		1.7	0.75	0.5
6		1.7	0.5	0.5
10		1.5	0.5	0.5
15		1	0.5	0.5

5. 凸、凹模刃口尺寸计算

凸、凹模刃口尺寸设计与普通冲模刃口设计基本相同，落料件以凹模为基准，冲孔件以凸模为基准，其计算公式如下。

落料时：
$$D_A = (D_{min} + \Delta/4)_0^{+\Delta/4} \quad (3-41)$$
凸模按凹模实际尺寸配制，保证双面间隙 Z_{min}。

冲孔时：
$$d_T = (d_{max} - \Delta/4)_{-\Delta/4}^0 \quad (3-42)$$
凹模按凸模实际尺寸配制，保证双面间隙 Z_{min}。

孔中心距：
$$L_A = (L_{min} + \Delta/2)_0^{+\Delta/3} \quad (3-43)$$

式中　D_A——落料凹模刃口尺寸（mm）；

　　　d_T——冲孔凸模刃口尺寸（mm）；

　　　D_{min}——落料件最小极限尺寸（mm）；

　　　d_{max}——冲孔件孔径最大极限尺寸（mm）；

　　　L_A——凹模孔中心距尺寸（mm）；

　　　L_{min}——工件孔中心距最小极限尺寸（mm）；

　　　Δ——工件公差（mm）。

3.8.4　精冲模结构

精冲模具是实现精冲工艺的重要工装，其质量好坏，将直接影响到精冲零件的质量和模具寿命。因此，精冲模必须满足如下技术要求：

① 模架必须精密、导向准确。模具各滑动部分，要求保持无松动的滑动，其配合间隙一般为 0.002～0.005 mm。

② 模架和凸模、凹模、顶杆、齿圈压板等重要零件都必须有足够的强度和刚性，以免产生有害的弹性变形。

③ 凸、凹模间隙必须均匀。

④ 严格控制凸模进入凹模的深度（一般控制在 0.025～0.050 mm 以内为宜），以免损坏刃口。

⑤ 合理布置顶杆（或推杆）的位置，以使顶板（或推板）受力均衡。并要求顶板（或推板）应高出凹模面 0.2 mm。这种结构刚度较好，适用于冲裁大的、形状复杂的或者材料较厚的精冲件。

⑥ 模具工作部分必须选用高耐磨、高淬透性、微变形的优质模具钢制作。

⑦ 适当考虑工作部分的排气问题。

精冲模按其结构特点可分为固定凸模式和活动凸模式两类。

1. 固定凸模式精冲模

固定凸模式精冲模的结构，如图 3-52 所示。它与具有弹压导板的顺装复合模的结构相似，落料凸模固定在上模内，齿圈压板可沿导柱上下滑动。

这种结构是安装在专用的精冲压力机上使用的模具。齿圈压板 8 的压力和顶板 10 的反压力，分别由压力机上、下柱塞 1 和 16 通过连接推杆 5 和顶杆 12 传递。

2. 活动凸模式精冲模

活动凸模式精冲模如图 3-53 所示，它常为倒装式结构，落料凹模固定在上模内，齿圈

第3章 冲裁工艺及模具设计

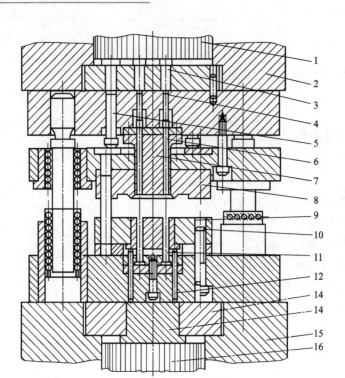

图 3-52 固定凸模式精冲模具总图

1—上柱塞；2—上工作台；3、4、5—连接推杆；6—推杆；7—凸凹模；8—齿圈压板；9—凹模；
10—顶板；11—冲孔凸模；12—顶杆；13—下垫板；14—顶块；15—下工作台；16—下柱塞

压板固定在下模上，落料凸模是活动的。精冲机启动后，材料被压紧并被齿圈嵌入，滑块 9 立即推动凸凹模 6 向上冲裁。当凸凹模完成冲裁后，在压力机的作用下，凸凹模复位而卸料，上柱塞 2 推动推板卸件。

这种结构常用于冲裁力较小的中、小型精冲零件的大批量生产。

3. 简易精冲模

简易精冲模如图 3-54 所示，用于普通压力机上，其齿圈压板力和顶件力，来自模具中安装的碟形弹簧 1 和下模座下安装的弹顶器。这种结构适用于公差要求不太严、批量不大、材料厚度小于 4mm 的小型精冲件。

采用精冲工艺时，因有齿圈压板的作用，要求的搭边比普通冲裁大得多。排样时要把零件复杂的或要求精密的一侧放在送料一方，以便有充裕的搭边。

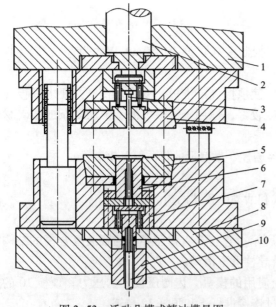

图 3-53 活动凸模式精冲模具图

1—上工作台；2—上柱塞；3—冲孔凸模；4—凹模；5—齿圈压板；
6—凸凹模；7—凸模座；8—下工作台；9—滑块；10—凸模拉杆

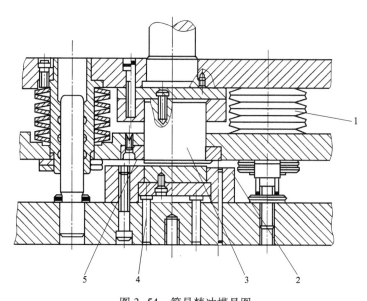

图 3-54 简易精冲模具图
1—碟形弹簧；2—凹模；3—凸模；4—顶板；5—齿圈压板

3.8.5 精冲压力机

1. 精冲压力机的用途及特点

精密冲裁压力机简称精冲压力机，它主要用于齿圈压板精冲模对材料进行精密冲裁加工。

精冲压力机的性能特点如下：

① 能提供冲裁力、压边力和反压力

齿圈压板式精冲，除需要冲裁力外还要有较大的齿圈压板压边力和推件板反压力，精冲压力机能够根据精冲工艺需要进行压边力和反压力的无级调节，并保持稳定。

② 精冲过程的速度可以调节

精冲时为保证制件质量和生产率，精冲过程的速度分配为快速闭模、慢速冲裁和快速回程。精冲压力机滑块速度具有上述特性，并能根据制件厚度需要进行无级调节。目前合适的冲裁速度为 5~50mm/s。

③ 滑块有很高的导向精度和刚度

由于精密冲裁的冲裁间隙比普通冲裁小得多，为使上、下模精确对中，保证精冲件质量和模具寿命，精冲压力机的滑块在工作时有精确的导向和足够的刚度。

④ 滑块限位精度高

由于精冲时的冲裁间隙很小，同时不允许凸模进入凹模型孔，又要保证能够从条料上将制件冲下来，因此要求精冲压力机有较高的限位精度。机械式精冲压力机滑块的下行位置可精确到±0.01mm，液压式精冲压力机滑块的微调精度在 0.01mm 之内。

⑤ 电动机功率大

在冲制同样制件时，精密冲裁比普通冲裁的最大冲裁力负载行程要大，因此冲裁功就大。所以精冲压力机的电动机功率比普通压力机的功率要大，以保证精冲压力机的正常作

⑥ 有可靠的模具保护装置

精冲压力机在自动冲裁时，为防止制件或废料滞留在模具空间，再次冲裁时损坏模具和压力机，故设有自动监测保护装置，可自动实现故障停机。

2. 精冲压力机的类型及主要技术参数

精冲压力机按主传动的结构不同分为机械式精冲压力机和液压式精冲压力机。

机械式精冲压力机在满载时，压力机变形量较大，导致滑块和工作台的横向位移，抗偏载能力差，滑块在较大偏载时必然倾斜。当精冲件的外形尺寸较小、材料厚度较薄时，对精冲压力机封闭高度的精度要求高，因此小型精冲压力机多采用机械式。液压式精冲压力机的床身受力均衡，抗偏载能力强，床身弹性变形小而均匀；精冲时运行平稳，无冲击和振动现象，压力恒定；不会出现机械磨损误差，长期使用后仍能保持机床的精度。但是封闭高度的

重复精度不如机械式精冲压力机。目前大型精冲压力机多采用液压式，总压力大于 3200kN 的一般为液压式。无论是机械式或液压式精冲压力机，其压边系统和反压系统都采用液压结构。

精冲压力机按主传动和滑块的位置分为上传式精冲压力机和下传式精冲压力机。

传动系统在压力机下部的称为下传动式。下传动式精冲压力机的结构紧凑，重心低，可消除工作行程中传动链各零件的间隙，运行平稳。缺点是压力机工作滑块和下模在精冲过程中不停地做上下往复运动，条料进给和定位要有专门的送料装置。下传动式结构简单，维修及安装方便。目前多数精冲压力机采用下传动式。

精冲压力机按滑块的运动方向分为立式精冲压力机和卧式精冲压力机。

立式精冲压力机和卧式精冲压力机相比，前者结构紧凑，占地面积小；安装模具方便；压力机导轨磨损较均匀；便于辅助设备的集中安装和操作；安装隔声设备方便，噪声易控制。缺点是制件必须采用压缩空气吹卸或采用机械手抓取。而卧式精冲压力机具有制件或废料可借助自重从模具中排出的优点。目前绝大多数精冲压力机为立式。

3.9 冲裁模主要零部件结构设计

3.9.1 冲模零件的分类

虽然各类冲裁模的结构形式和复杂程度不同，但组成模具的零件种类是基本相同的，根据它们在模具中的功用和特点，可以分成两类：

① 工艺零件。这类零件直接参与完成工艺过程并和毛坯直接发生作用，包括工作零件、定位零件、卸料和压料零件。

② 结构零件。这类零件不直接参与完成工艺过程，也不和毛坯直接发生作用，包括导向零件、支撑零件、紧固零件和其他零件。冲模零件的详细分类见表 3-30。应该指出，由于新型的模具结构不断涌现，尤其是自动模、多工位级进模等不断发展，所以模具零件也在增加。传动零件及用以改变运动方向的零件（如侧楔、滑板、铰链接头等）用得越来越多。

表 3-30 冲模零件的分类

工艺零件			结构零件			
工作零件	定位零件	卸料和压料零件	导向零件	支撑零件	紧固零件	其他零件
凸模 凹模 凸凹模	挡料销 始用挡料销 导正销 定位销、定位板 导料销、导料板 侧刃、侧刃挡块 承料板	卸料装置 压料装置 顶件装置 推件装置 废料切刀	导柱 导套 导板 导筒	上、下模座 模柄 凸、凹模固定板 垫板 限位支撑装置	螺钉 销钉 键	弹性件 传动零件

3.9.2 工作零件

1. 凸模组件及结构设计

1）凸模组件

（1）标准圆凸模

如图 3-56，模具国家标准有三种圆形凸模：A 型和 B 型圆凸模及快换圆凸模。其中 A 型圆凸模结构形式如图 3-56（b）所示，直径尺寸范围 $d = 1.1 \sim 30.2$ mm。B 型圆凸模结构形式与 A 型稍有不同，没有中间过渡段，如图 3-56（a）所示。直径尺寸范围 $d = 3.0 \sim 30.2$ mm。快换圆凸模结构形式如图 3-56（c）所示，其固定段按 h6 级制造，与通用模柄为小间隙配合，便于更换。而 A 型和 B 型圆凸模的固定段均按 m6 级制造。

（2）凸缘式凸模

如图 3-57 所示，凸缘式凸模的工作段截面一般是非圆形的，而固定段截面则取圆形、方形、矩形等简单形状，以便加工固定板的型孔。但当固定段取圆形时，必须在凸缘边缘处加骑缝螺钉或销钉。

（3）直通式凸模

直通式凸模的截面形状沿全长是一样的，便于成形磨削或线切割加工，且可以先淬火，后精加工，因此得到广泛应用。直通式凸模的固定方法有以下几种：

① 用螺钉吊装固定凸模。图 3-58 给出三种固定凸模的结构形式。其中图（a）的固定板不加工固定凸模的形孔，因此需增加两个销子对凸模进行定位。图（b）的固定板要加工出通孔，通常按凸模实际尺寸配作成 H7/n6 配合。

② 用低熔点合金或环氧树脂固定凸模。当凸模截面尺寸较小、不允许用螺钉吊装固定时可采用低熔点合金或环氧树脂固定凸模。

图 3-59 给出用低熔点合金固定凸模的基本结构形式。低熔点合金的硬度和强度较低，一般冲裁板厚不大于 2 mm 时是可靠的。

图 3-60 给出用环氧树脂固定凸模的几种结构形式及适用范围。

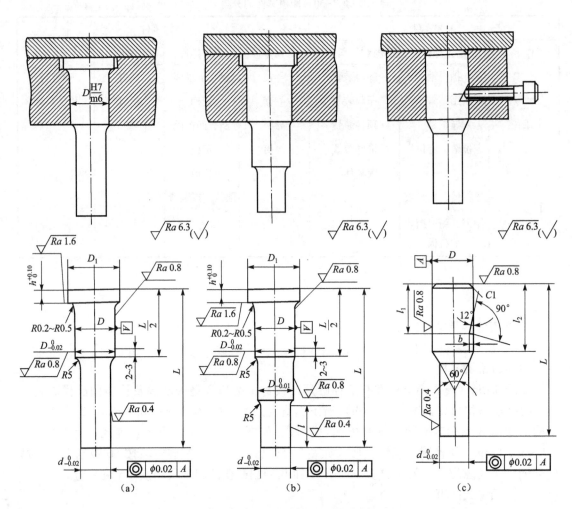

图 3-56 标准圆凸模结构及几何尺寸的设计
(a) B型；(b) A型；(c) 快换圆凸模

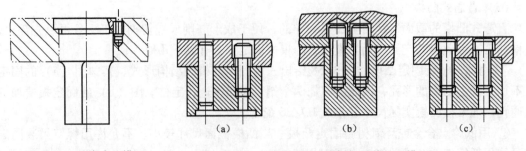

图 3-57 凸缘式凸模　　　　图 3-58 用螺钉吊装的凸模
(a) 固定板不加工形孔；(b) 固定板有通形孔；(c) 固定板有盲形孔

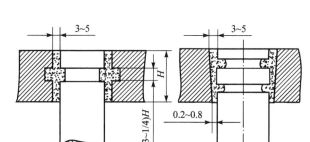

图 3-59 用低熔点合金固定凸模

(a) 固定板形孔有槽沟；(b) 固定板形孔有倒锥；(c) 固定板形孔有台阶

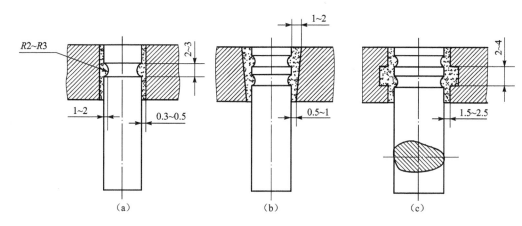

图 3-60 用环氧树脂固定凸模

(a) 用于板厚不大于 0.8 mm；(b) 用于板厚不大于 2 mm；(c) 用于板厚大于 2 mm

2) 凸模长度计算

凸模长度主要根据模具结构，并考虑修磨、操作安全、装配等的需要来确定。当按冲模典型组合标准选用时，则可取标准长度，否则应该进行计算。例如采用固定卸料板和导料板冲模，如图 3-61 所示，其凸模长应按下式计算：

$$L = h_1 + h_2 + h_3 + h \tag{3-44}$$

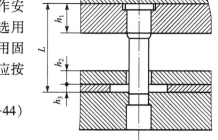

图 3-61 凸模长度计算

式中 h_1——凸模固定板厚度（mm）；

h_2——固定卸料板厚度（mm）；

h_3——导料板厚度（mm）；

h——增加长度（mm）。它包括凸模的修磨量、凸模进入凹模的深度（0.5~1 mm）、凸模固定板与卸料板之间的安全距离（一般取 15~20 mm）等。

如果是弹压卸料装置，则没有导料板厚度 h_3 这一项，而应考虑固定板至卸料板间弹性元件的高度。

凸模的强度与刚度在一般情况下是足够的，没必要进行校核，但是当凸模的截面尺寸很小而冲裁的板料厚度较大或根据结构需要确定的凸模特别细长时，则应进行承压能力和抗弯曲能力的校核。

3）冲小孔凸模

所谓小孔通常是指孔径 d 小于被冲板料的厚度或直径 d 小于 1 mm 的圆孔和面积 A 小于 1 mm² 的异形孔。冲小孔的凸模强度和刚度差，容易弯曲和折断，所以必须采取措施提高它的强度和刚度。生产实际中，最有效的措施之一就是对小凸模增加起保护作用的导向结构，如图 3-62 所示。其中图（a）和图（b）是局部导向结构，用于导板模或利用弹压卸料板对凸模进行导向的模具上，其导向效果不如全长导向结构；图（c）和图（d）基本上是全长导向保护，其护套装在卸料板或导板上，工作过程中护套对凸模在全长方向始终起导向保护作用，避免了小凸模受到侧压力，从而可有效防止小凸模的弯曲和折断。

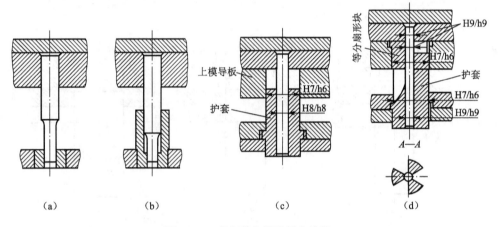

图 3-62　冲小孔凸模及导向结构
（a）单导向；（b）双导向；（c）全长导向；（d）全长导向

4）凸模材料及其他要求

凸模材料常采用 T10A、T8A，形状复杂，淬火变形大，特别要用线切割加工时，应该选用合金工具钢，如 Cr12、9Mn2V、CrWMn、Cr6WV 等制造。淬火硬度为 58~62HRC。

凸模工作部分的表面粗糙度 $Ra=0.8~0.4$ μm。

2. 凹模设计

（1）凹模的外形结构与固定方法

凹模的结构形式也较多，按外形可分为标准圆凹模和板状凹模；按结构分为整体式和镶拼式；按刃口形式也有平刃和斜刃。

图 3-63（a）、(b) 所示为国家标准中的两种冲裁圆凹模及其固定方法，这两种圆凹模尺寸都不大，一般以 H7/m6（见图（a））或 H7/r6（见图（b））的配合关系压入凹模固定板，然后再通过螺钉、销钉将凹模固定板固定在模座上。这两种圆凹模主要用于冲孔（孔径 $d=1~28$ mm，料厚 $t<2$ mm），可根据使用要求及凹模的刃口尺寸从相应的标准中选取。

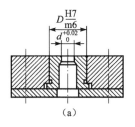 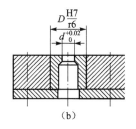 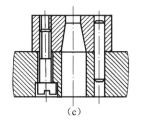 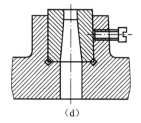

图 3-63 凹模形式及其固定

实际生产中,由于冲裁件的形状和尺寸千变万化,因而大量使用外形为矩形或圆形的凹模板(板状凹模),在其上面开设所需要的凹模孔口,用螺钉和销钉直接固定在模座上,如图 3-63(c)所示。凹模板轮廓尺寸已经标准化,它与标准固定板、垫板和模座等配套使用,设计时可根据算得的凹模轮廓尺寸选用。

图 3-63(d)所示为快换式冲孔凹模及其固定方法。

凹模采用螺钉和销钉定位固定时,要保证螺孔间、螺孔与销孔间及螺孔或销孔与凹模刃口间的距离不能太近,否则会影响模具寿命。一般螺孔与销孔间、螺孔或销孔与凹模刃口间的距离取大于两倍孔径值,其最小许用值可参考表 3-31。

表 3-31 螺孔与销孔间以及刃壁之间的最小距离   mm

简 图		销 螺孔 刃口 销孔						
螺钉孔		M6	M8	M10	M12	M16	M20	M24
A	淬火	10	12	14	16	20	25	30
	不淬火	8	10	11	13	16	20	25
B	淬火	12	14	17	19	24	28	35
C	淬火	5						
	不淬火	3						
销钉孔		φ4	φ6	φ8	φ10	φ12	φ16	φ20
D	淬火	7	9	11	12	15	16	20
	不淬火	4	6	7	8	10	13	16

(2) 凹模刃口的结构形式

冲裁凹模刃口形式有直筒形和锥形两种,选用时主要根据冲件的形状、厚度、尺寸精度以及模具的具体结构来决定。表 3-32 列出了冲裁凹模刃口的形式、主要参数、特点及应用,可供设计选用时参考。

表 3-32 冲裁凹模刃口形式

刃口形式	序号	简图	特点及适用范围
直筒形刃口	1	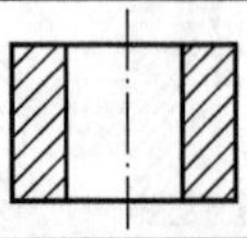	刃口为直通式，强度高，修磨后刃口尺寸不变 用于冲裁大型或精度要求较高的零件，模具装有反向顶出装置，不适用于下漏料（或零件）的模具
	2	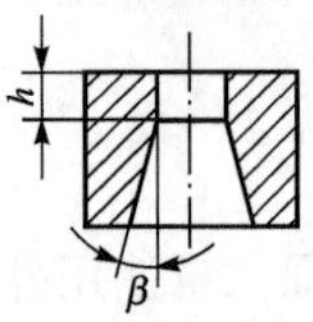	刃口强度较高，修磨后刃口尺寸不变 凹模内易积存废料或冲裁件，尤其间隙小时刃口直壁部分磨损较快 用于冲裁形状复杂或精度要求较高的零件
	3	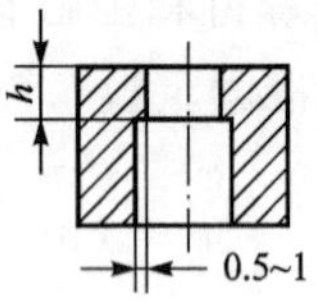	特点同序号 2，且刃口直壁下面的扩大部分可使凹模加工简单，但采用下漏料方式时刃口强度不如序号 2 的刃口强度高 用于冲裁形状复杂、精度要求较高的中小型件，也可用于装有反向顶出装置的模具
	4	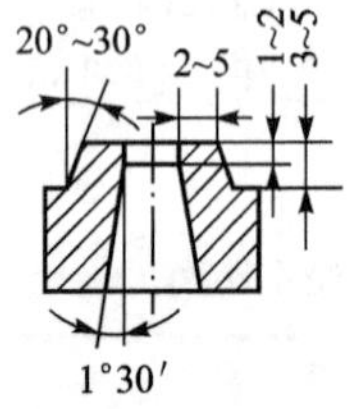	凹模硬度较低（有时可不淬火），一般为 40HRC 左右，可用手锤敲击刃口外侧斜面以调整冲裁间隙 用于冲裁薄而软的金属或非金属零件
锥形刃口	5	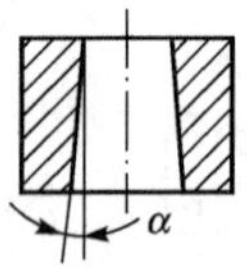	刃口强度较差，修磨后刃口尺寸略有增大 凹模内不易积存废料或冲裁件，刃口内壁磨损较慢 用于冲裁形状简单、精度要求不高的零件
	6	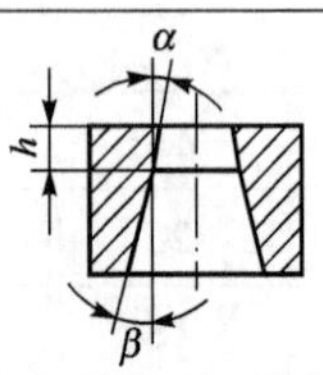	特点同序号 5 可用于冲裁形状较复杂的零件

主要参数	材料厚度 t/mm	α/(′)	β/(°)	刃口高度 h/mm	备注
	<0.5			≥4	α 值适用于钳工加工 采用线切割加工时，可取 $\alpha=5'\sim20'$
	0.5~1	15	2	≥5	
	1~2.5			≥6	
	2.5~6	30	3	≥8	
	>6			≥10	

(3) 凹模轮廓尺寸的确定

凹模轮廓尺寸包括凹模板的平面尺寸 $L\times B$（长×宽）及厚度尺寸 H。从凹模刃口至凹模外边缘的最短距离称为凹模的壁厚 c。对于简单对称形状刃口的凹模，由于压力中心即为刃口对称中心，所以凹模的平面尺寸即可沿刃口型孔向四周扩大一个凹模壁厚来确定，如图 3-64（a）所示，即

$$L = l + 2c \quad B = b + 2c \tag{3-45}$$

式中 L——沿凹模长度方向刃口型孔的最大距离（mm）；
   B——沿凹模宽度方向刃口型孔的最大距离（mm）；
   c——凹模壁厚（mm），主要考虑布置螺孔与销孔的需要，同时也要保证凹模的强度和刚度，计算时可参考表3-33选取。

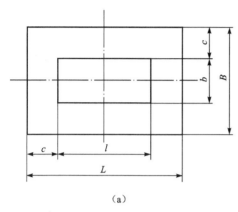
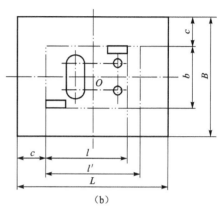

图 3-64 凹模轮廓尺寸的确定
(a) 单孔凹模；(b) 多孔凹模

表 3-33 凹模壁厚 c mm

条料宽度	冲件材料厚度 t			
	≤0.8	>0.8~1.5	>1.5~3	>3~5
≤40	20~25	22~28	24~32	28~36
>40~50	22~28	24~32	28~36	30~40
>50~70	28~36	30~40	32~42	35~45
>70~90	32~42	35~45	38~48	40~52
>90~120	35~45	40~52	42~54	45~58
>120~150	40~50	42~54	45~58	48~62

注：1. 冲件料薄时取表中较小值，反之取较大值。
   2. 型孔为圆弧时取小值，为直边时取中值，为尖角时取大值。

对于多孔凹模，如图3-64（b）所示，设压力中心 O 沿矩形 $l×b$ 的宽度方向对称，沿长度方向不对称，则为了使压力中心与凹模板中心重合，凹模平面尺寸应按下式计算：

$$L = l' + 2c \quad B = b + 2c \tag{3-46}$$

式中 l'——沿凹模长度方向压力中心至最远刃口间距的2倍（mm）。

凹模板的厚度主要是从螺钉旋入深度和凹模刚度的需要考虑的，一般应不小于8 mm。随着凹模板平面尺寸的增大，其厚度也应相应增大。

整体式凹模板的厚度可按如下经验公式估算

$$H = K_1 K_2 \sqrt[3]{0.1F} \tag{3-47}$$

式中 F——冲裁力（N）；

K_1——凹模材料修正系数,合金工具钢取 $K_1=1$,碳素工具钢取 $K_1=1.3$;
K_2——凹模刃口周边长度修正系数,可参考表3-34选取。

表3-34 凹模刃口周边长度修正系数

刃口长度/mm	修正系数 K_2	刃口长度/mm	修正系数 K_2
<50	1	150~300	1.37
50~72	1.12	300~500	1.5
75~150	1.25	>500	1.6

以上算得的凹模轮廓尺寸 $L×B×H$,当设计标准模具时,或虽然设计非标准模具,但凹模板毛坯需要外购时,应将计算尺寸 $L×B×H$ 按冲模国家标准中凹模板的系列尺寸进行修正,取接近的较大规格的尺寸。

3. 凸凹模

凸凹模是复合模中的主要工作零件,工作端的内外缘都是刃口,一般内缘与凹模刃口结构形式相同,外缘与凸模刃口结构形式相同。

凸凹模内外缘之间的壁厚是由冲件孔边距决定的,所以当冲件孔边距离较小时必须考虑凸凹模强度,凸凹模强度不够时就不能采用复合模冲裁。凸凹模的最小壁厚与冲模的结构有关:正装式复合模因凸凹模内孔不积存废料,胀力小,最小壁厚可小些;倒装式复合模的凸凹模内孔一般积存废料,胀力大,最小壁厚应大些。

凸凹模的最小壁厚目前一般按经验数据确定:倒装式复合模可查表3-35;对于正装式复合模,冲件材料为黑色金属时取其料厚的1.5倍,但不应小于0.7mm,冲件材料为有色金属等软材料时取等于料厚的值,但不应小于0.5mm。

4. 凸模与凹模的镶拼结构

对于大、中型和形状复杂、局部薄弱的凸模或凹模,机械加工及热处理困难,而且当发生局部损坏时,常采用镶拼结构的凸、凹模。

表3-35 倒装复合模凸凹模的最小壁厚   mm

材料厚度 t	0.1	0.15	0.2	0.4	0.5	0.6	0.7	0.8	0.9	1	1.2	1.4	1.5	1.6
最小壁厚 δ	0.8	1	1.2	1.4	1.6	1.8	2.0	2.3	2.5	2.7	3.2	3.6	3.8	4
材料厚度 t	1.8	2	2.2	2.4	2.6	2.8	3	3.2	3.4	3.6	4	4.5	5	5.5
最小壁厚 δ	4.4	4.9	5.2	5.6	6	6.4	6.7	7.1	7.4	7.7	8.5	9.3	10	12

镶拼结构有镶接和拼接两种:镶接是将局部易磨损部分另做一块,然后键入凹模体或凹模固定板内;拼接则是将整个凸、凹模的形状按分段原则分成若干块,分别加工后拼接起来。

设计镶拼结构的一般原则如下：

① 凹模的尖角部分可能由于应力集中而开裂，因而应在刃口的尖角处或转角处拼接，拼块的角度≥90°，避免出现锐角，如图 3-65 所示。

② 如工件有对称线，应按对称线分割镶拼（图 3-65（c）、(d)）；对于外形为圆形的凹模，应尽量按径向分割（图 3-65（d））。

③ 若凹模型孔的孔距精度要求较高时，可采用镶拼结构，通过研磨拼合面而达到要求。（图 3-65（h））。

④ 刃口凸出或凹进的部分易磨损，应单独做成一块拼块，以便于加工和更换（图 3-65（a）、(k)）；圆弧部分尽量单独分块，拼接线离切点 4~7 mm 的直线处；大圆弧和长直线可以分为几块；拼接线应与刃口垂直，而且不宜过长，一般为 12~15 mm。

⑤ 凸模与凹模的拼接线应至少错开 3~5 mm，以免冲裁件产生毛刺。

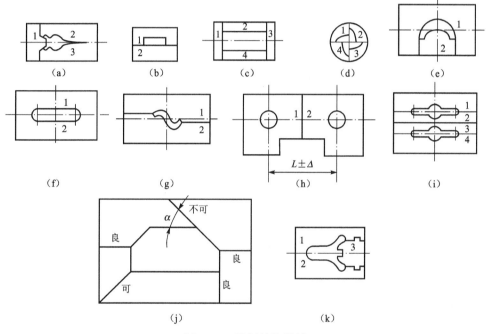

图 3-65 镶拼结构举例

镶拼结构的凸、凹模拼块的固定方法有：最常用的是螺钉、销钉固定；锥套、框套固定；热套、低熔点合金以及环氧树脂浇注等方法也有一定的应用。

镶拼结构具有明显的优点：节约了模具钢；拼块便于加工，刃口尺寸和冲裁间隙容易控制和调整，模具精度较高，寿命较长；避免了应力集中，减少或消除了热处理变形与开裂的危险；便于维修与更换已损坏或过分磨损部分，延长模具总寿命，降低模具成本。缺点是为保证镶拼后的刃口尺寸和凸、凹模间隙，对各拼块的尺寸要求较严格。

3.9.3 定位零件

为了保证模具正常工作和冲出合格冲裁件，必须保证坯料或工序件对模具的工作刃口处于正确的相对位置，即必须定位。条料在模具送料平面中必须有两个方向的限位：一是在与送料方向垂直的方向上限位，保证条料沿正确的方向送进，称为条料横向定位或送进导向；二是在送料方向上的限位，控制条料一次送进的距离（步距），称为条料纵向定位或送料定距。对于块料或工序件的定位，基本上也是在两个方向上的限位。

1. 条料横向定位装置

条料横向定位装置有：导料板、导料销和侧压装置。

（1）导料板在固定卸料式冲模和级进冲裁模中，条料的横向定位使用导料板。

导料板一般由两块组成，称为分体式导料板如图3-66（a）所示。在简单落料模上，有时将导料板与固定卸料板制成一体，称为整体式导料板（图3-66（b））。采用整体式导料板的模具，结构较简单，但是，固定卸料板的加工量较大，且不便于安装调整。

为使条料顺利通过，两导料板间距离应等于条料最大宽度加上一个间隙值。导料板高度取决于挡料方式和板料厚度，采用固定挡料销时，导料板高度见表3-36。

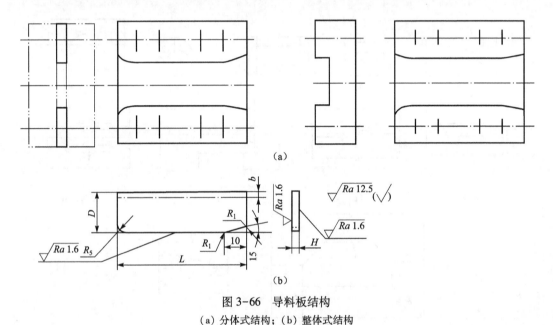

图 3-66 导料板结构
（a）分体式结构；（b）整体式结构

表 3-36 导料板高度　　　　　　　　　　　　　　mm

板料厚度 t	导料板长度			
	送料时条料需抬起		送料时条料不需抬起	
	≤200	>200	≤200	>200
≤1	4	6	4	4
>1~2	6	8	4	6
>2~3	8	10	6	6
>3~4	10	12	8	8
>4~6	12	15	10	10

（2）导料销 在复合冲裁模上，通常采用导料销进行导料。导料销有固定式和弹顶式两种基本类型，前者多用于顺装式复合模，后者多用于倒装式复合模。在弹压卸料倒装式落料模上，也可采用导料销进行导料。

设计时，两个导料销的中心距应尽可能取大一些，以便于送料，并有利于防止条料偏斜。采用导料销的优点是对条料宽度没有严格要求，且可使用边角料。

（3）侧压装置 如图3-67所示，在一侧导料板上装两个横向弹顶元件，组成侧压装置。在级进冲裁模上设置侧压装置后，将迫使条料在送进时始终紧贴基准导料板，可减小送料误差，提高工件内形与外形的位置尺寸精度。图3-67（a）为簧片式侧压装置，其结构简单，但侧压力较小，只适用于板厚为0.3~1 mm的薄料。板厚小于0.3 mm时，不宜采用侧压装置。图3-67（b）为弹簧式侧压装置，适于厚料。自动送料的模具不宜采用侧压装置。

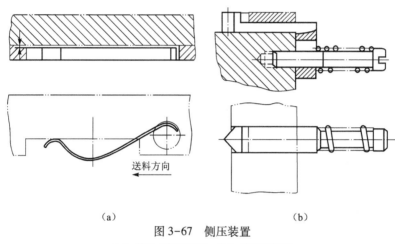

图3-67 侧压装置
（a）簧片式侧压装置；（b）侧压板装置

2. 条料纵向定位装置

条料纵向定位装置有：固定挡料销、活动挡料销、回带式挡料装置、始用挡料装置、侧刃与侧刃挡块、导正销，以及定位板和定位销七种。

在落料模与复合模中，纵向定位的主要作用是保证纵向搭边值；而在级进冲裁模中，还将影响制件的形位尺寸精度，因此要求更高。

（1）固定挡料销

固定挡料销装在凹模型孔出料一侧，利用落料以后的废料孔边进行挡料，控制送料距离，国家标准规定的固定挡料销如图3-68所示。其中，B型用于废料孔较窄时挡料，但应用不多，一般都采用A型。固定挡料销主要用在落料模与顺装复合模上。在2~3个工位的简单级进模上有时也用。采用固定挡料销定距时，如果模具为弹性卸料方式，卸料板上要开避让孔，以防卸料板与挡料销碰撞。

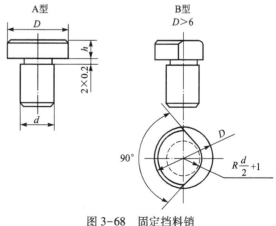

图3-68 固定挡料销

(2) 活动挡料销

活动挡料销是一种可以伸缩的挡料销。国家标准结构的有关活动挡料销如图 3-83 所示。其中，图（a）所示为弹簧弹顶挡料装置；图（b）所示为扭簧弹顶挡料装置；图（c）所示为橡胶弹顶挡料销。活动挡料销通常安装在倒装落料模或倒装复合模的弹压卸料板上。

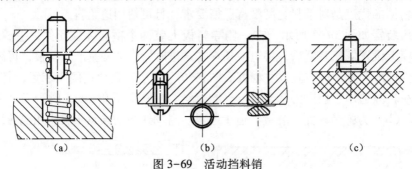

图 3-69 活动挡料销

(a) 弹簧弹顶挡料销；(b) 扭簧弹顶挡料销；(c) 橡胶弹顶挡料销

(3) 回带式挡料装置

图 3-70 为回带式挡料装置，它是一种装在固定卸料板上的挡料装置。送料时，由搭边撞击挡料销端头斜面，使挡料销抬起并越过搭边。这时挡料销已套在落料后的废料孔内，及时回拉条料，使搭边抵住挡料销圆弧面，便可定距。送料过程为一推一拉。使用回带式挡料装置，由于每次送料需用搭边撞击挡料销，因此，板料不能太薄，一般应不小于 0.8 mm，且软铝板也不适用。

(4) 始用挡料装置

在级进模中为解决首件定位问题，需设置始用挡料装置。使用时，用手按压始用挡料块，使其端头伸出导料板的导向面，便可起挡料作用。不按压时，始用挡料块在弹簧力作用下复位，并缩进料板内 0.5~1 mm，不妨碍正常送料。在两个工位的级进模上，使用挡料销定距需用 1 个始用挡料装置。每增加 1 个工位就需增加 1 个始用挡料装置，使操作很不方便。因此工位多的级进模是不适合采用挡料销定距的。如图 3-71 所示为国家标准的始用挡料装置。

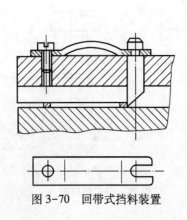

图 3-70 回带式挡料装置

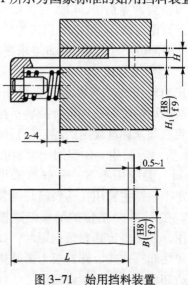

图 3-71 始用挡料装置

(5) 侧刃与侧刃挡块

国家标准中的侧刃结构如图 3-72 所示。按侧刃的工作端面形状分为平面型（Ⅰ）型和台阶型（Ⅱ）型两类，每类又有三个型号（A 型、B 型和 C 型）。台阶型的多用于厚度为 1 mm 以上板料的冲裁，冲裁前凸出部分先进入凹模导向，以免由于侧压力导致侧刃损坏。

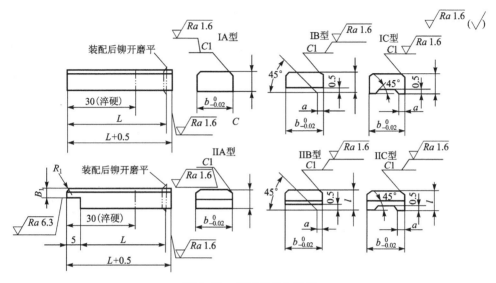

图 3-72　侧刃形状与类型

A 型侧刃的冲裁刃口为直角形，在两次冲裁的角部，条料边很容易留下波峰状的毛刺，使送料精度降低，如图 3-73（a）所示。B 型侧刃的冲裁刃口为单燕尾形，能克服 A 型侧刃的缺点，即使在角部留下毛刺，对定距和导料也没有影响。C 型侧刃的冲裁刃口为双燕尾形，可完全避免毛刺的影响，如图 3-73（b）所示。但燕尾形刃口的磨损较严重，强度也较差，因此不适于冲厚料。在板厚不超过 0.5 mm 且要求定距准确时，可考虑采用 B 型侧刃或 C 型侧刃。

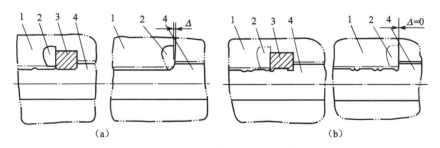

图 3-73　不同类型侧刃的比较
1—导料板；2—侧刃挡块；3—侧刃；4—条料

在少、无废料冲裁时，常以冲废料后再切断代替落料，这时常需将侧刃的冲切刃口形状设计成为工件边缘的部分形状，称为成形侧刃。

侧刃断面的关键尺寸是宽度，其他尺寸按 GB/T 7648.1—1994 规定。宽度 b 原则上等于

送料步距，但对长方形侧刃和侧刃与导正销兼用的模具，其宽度为

$$b = [s + (0.05 \sim 0.1)]_{-\delta_c}^{0} \tag{3-48}$$

式中　b——侧刃宽度（mm）；

　　　s——送进步距（mm）；

　　　δ_c——侧刃制造偏差，可按公差与配合国家标准 h6。

侧刃凹模按侧刃实际尺寸配制，留单边间隙。侧刃数量可以是一个，也可以两个。两个侧刃可以在条料两侧并列布置，也可以对角布置，对角布置能够保证料尾的充分利用。一般导料板通常用普通钢板制造，导料板台阶处容易磨损，为此，在导料板台阶处镶嵌一淬硬的挡料块，即侧刃挡块，如图 3-74 所示。

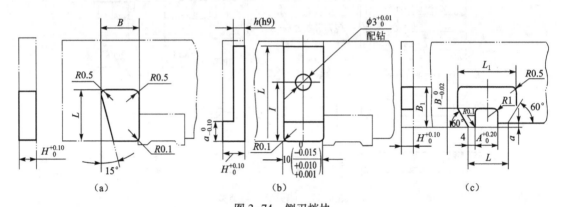

图 3-74　侧刃挡块
(a) A 型；(b) B 型；(c) C 型

(6) 导正销

在用侧刃定距时，由于经侧刃冲切后的条料宽度比较精确，能以较小的间隙沿导料板进行导料，所以一般认为侧刃的定位精度高于挡料销的定位精度，但两者同属于接触定位，受材料变形、毛刺等因素的影响，定位精度不高于±0.1 mm。当工件内形与外形的位置精度要求较高时，无论挡料销定距，还是侧刃定距，都不可能满足要求。这时，可设置导正销提高定距精度。导正销通常与挡料销配合使用，也可以与侧刃配合使用。

国家标准的导正销结构形式如图 3-75 (a)、(b)、(c)、(d) 所示。

导正销的结构形式主要根据孔的尺寸选择。A 型用于导正 $d = 2 \sim 12$ mm 的孔。B 型用于导正 $d < 10$ mm 的孔。B 型导正销采用弹簧压紧结构，如果送料不正确时，可以避免导正销的损坏，这种导正销还可用于级进模上对条料工艺孔的导正。C 型导正销用于 $d = 4 \sim 12$ mm 孔的导正。C 型导正销拆装方便，模具刃磨后导正销长度可以调节。D 型导正销用于导正 $d = 12 \sim 50$ mm 的孔。

导正销的头部由圆锥形的导入部分和圆柱形的导正部分组成。导正部分的直径和高度尺寸及公差很重要。导正销的基本尺寸可按下式计算：

$$d = d_p - a \tag{3-49}$$

式中　d——导正销的基本尺寸（mm）；

　　　d_p——冲孔凸模直径（mm）；

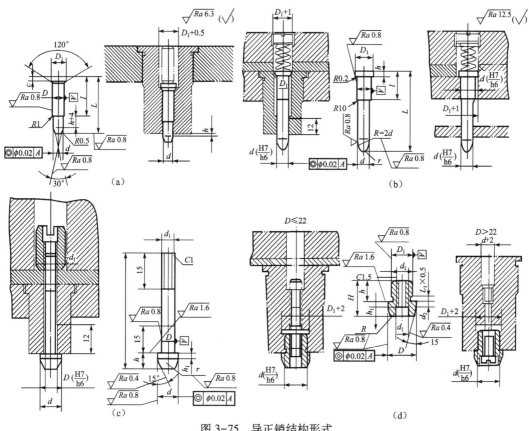

图 3-75 导正销结构形式

(a) A 型；(b) B 型；(c) C 型；(d) D 型

a——导正销与冲孔凸模直径的差值（mm），见表 3-37。

表 3-37 双面导正间隙   mm

条料厚度 t	冲孔凸模直径						
	1.5~6	<6~10	>10~16	>16~24	>24~32	>32~42	>42~61
≤1.5	0.04	0.06	0.06	0.08	0.09	0.10	0.12
>1.5~3	0.05	0.07	0.08	0.10	0.12	0.14	0.16
>3~5	0.06	0.08	0.10	0.12	0.16	0.18	0.20

导正销圆柱部分直径按 h6~h9 级制造。

导正销圆柱部分的高度尺寸一般取 (0.5~0.8) t（t 为板厚）。

由于导正销常与挡料销配合使用，挡料销的位置必须保证导正销在导正的过程中条料有少许活动的可能。挡料销与导正销位置关系如图 3-76 所示。

按图 3-76 (a) 方式定位，挡料销与导正销的中心距为

$$e = c - \frac{D_p - d}{2} + 0.1 \tag{3-50}$$

按图 3-76 (b) 方式定位，挡料销与导正销的中心距为

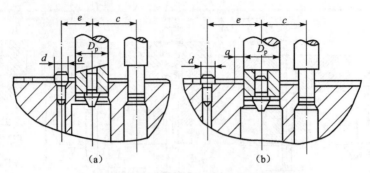

图 3-76 挡料销与导正销的位置关系

$$e = c - \frac{D_p - d}{2} - 0.1 \tag{3-51}$$

式中 c——步距（mm）；

D_p——落料凸模直径（mm）；

d——挡料销头部直径（mm）。

(7) 定位板和定位销

定位板和定位销一般用于块料、单个毛坯或工序件的定位。工件定位面可以选择外形，也可以选择内孔，要根据工件的形状、尺寸大小及定位精度来考虑。外形比较简单的工件一般采用外缘定位如图 3-77（a）所示，外轮廓较复杂的一般可采用内孔定位如图 3-77（b）所示。

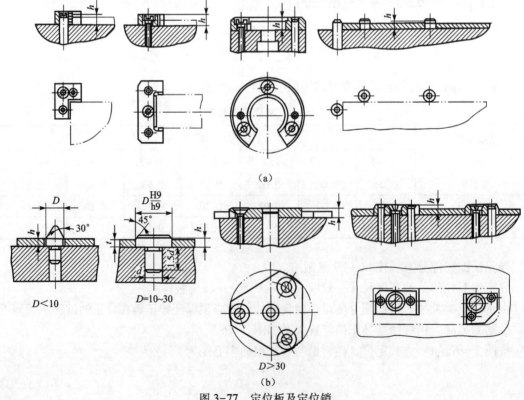

图 3-77 定位板及定位销
（a）外缘定位；（b）内孔定位

定位板厚度及定位销高度可按表3-38选取。

表 3-38　定位板厚度及定位销高度

材料厚度 t/mm	<1	1~3	>3~5
高度（厚度） h	$t+2$	$t+1$	t

3.9.4　卸料、顶件、推件零件

卸料、推件和顶件装置的作用是当冲模完成一次冲压之后，把冲件或废料从模具工作零件上卸下来，以便冲压工作继续进行。通常，卸料是指把冲件或废料从凸模上卸下来；推件和顶件一般指把冲件或废料从凹模中顶出来。

1. 卸料装置

（1）固定卸料装置

常用的固定卸料板如图3-78所示。其中图（a）是与导料板制成一体的卸料板，结构简单，但装配调整不便；图（b）是分体式卸料板，导料板装配方便，应用较多；图（c）是悬臂式卸料板，用于窄长件的冲孔或切口后的卸料；图（d）是拱桥式卸料板，用于空心件或弯曲件冲底孔后的卸料。

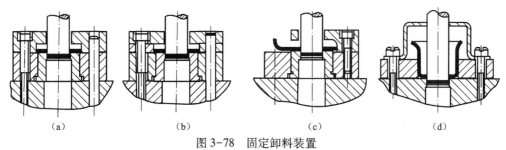

图 3-78　固定卸料装置
(a) 一体式；(b) 分体式；(c) 悬臂式；(d) 拱桥式

当卸料板仅起卸料作用时，凸模与卸料板的双边间隙取决于板料厚度，一般在0.2~0.5 mm之间，板料薄时取小值，板料厚时取大值。当固定卸料板兼起导板作用时，与凸模一般按H7/h6配合制造，但应保证导板与凸模之间间隙小于凸、凹模之间间隙，以保证凸、凹模的正确配合。固定卸料板厚度应取凹模厚度的0.8倍，板料厚度超过3 mm时，可与凹模厚度一致。

固定卸料板的卸料力大，卸料可靠。因此，当冲裁板料较厚（大于0.5 mm）、平直度要求不很高的冲裁件时，一般采用固定卸料装置。

（2）弹压卸料装置

常用的弹压卸料结构形式如图3-79所示。弹压卸料装置的基本零件包括卸料板、弹性元件（弹簧或橡胶）、卸料螺钉等。

弹压卸料装置卸料力较小，但它既起卸料作用又起压料作用，所得冲裁零件质量较好，平直度较高。因此，质量要求较高的冲裁件或薄板冲裁（ t<1.5 mm）宜用弹压卸料装置。

图3-79（a）是最简单的弹压卸料方法，用于简单冲裁模；图3-79（b）是以导料板为送进导向的冲模中使用的弹压卸料装置。

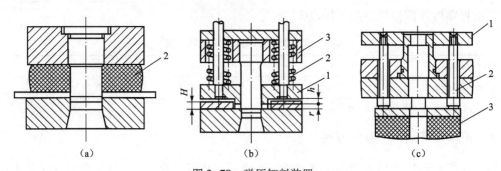

图 3-79 弹压卸料装置
(a) 卸料板；(b) 弹性元件；(c) 卸料螺钉
1—卸料板；2—弹性元件；3—凸模固定板

卸料板凸台部分的高度为：

$$h = H - (0.1 \sim 0.3)t \tag{3-52}$$

式中 h——卸料板凸台高度（mm）；

H——导料板高度（mm）；

t——板料厚度（mm）。

弹压卸料板的型孔与凸模之间应有适当的间隙。当弹压卸料板无精确导向时，其型孔与凸模之间的双边间隙可取 0.1~0.5 mm。为了确保卸料可靠，装配模具时，弹压卸料板的压料面应凸出凸模端面 0.2~0.5 mm。当弹压卸料板起导向作用时（卸料板本身又以两个以上小导柱导向），其型孔与凸模按 H7/h6 配合制造，但其间隙应比凸、凹模间隙小。此时，凸模与固定板以 H7/h6 或 H8/h7 配合。

(3) 废料切刀装置

对于落料或成形件的切边，如果冲件尺寸大或板料厚度大，卸料力大，往往采用废料切刀代替卸料板，将废料切开而卸料。如图 3-80 所示，当凹模向下切边时，同时把已切下的废料压向废料切刀上，从而将其切开。对于冲件形状简单的冲裁模，一般设两个废料切刀；冲件形状复杂的冲裁模，可以用弹压卸料加废料切刀进行卸料。

图 3-81 是国家标准中的废料切口的结构。图 3-81 (a) 为圆废料切刀，用于小型模具和切薄板废料；图 3-81 (b) 所示为方形废料切刀，用于大型模具和切厚板废料。废料切刀的刃口长度应比废料宽度大些，刃口比凸模刃口低，其值 h 大约为板料厚度的 2.5~4 倍，并且不小于 2 mm。

2. 推件与顶件装置

(1) 推件与顶件装置

推件装置一般是刚性的，由打杆、推板、连接推杆和推件块组成，如图 3-82 (a) 所示。有的刚性推件装置不需要推板和连接推杆组成中间传递结构，而由打杆直接推动推件块，甚至直接由打杆推件，如图 3-82 (b) 所示。

由于刚性推件装置推件力大，工作可靠，所以

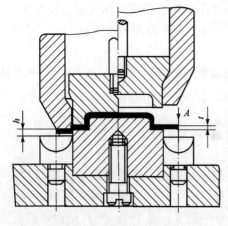

图 3-80 废料切刀装置

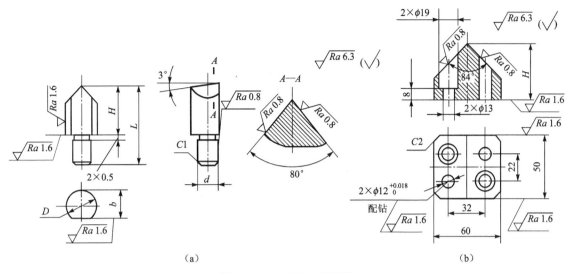

图 3-81 废料切口的结构
(a) 圆废料切刀；(b) 方形废料切刀

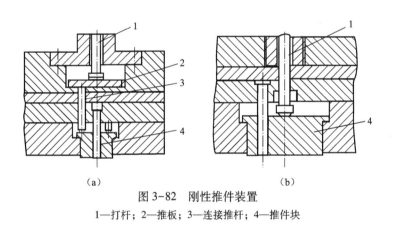

图 3-82 刚性推件装置
1—打杆；2—推板；3—连接推杆；4—推件块

应用十分广泛，不但用于倒装式冲模中的推件，而且也用于正装式冲模中的卸件或推出废料，尤其冲裁板料较厚的冲裁模，宜用这种推件装置。

对于板料较薄且平直度要求较高的冲裁件，宜用弹性推件装置，如图 3-83 所示。它以弹性元件的弹力代替打杆给予推件块的推力。采用这种结构，冲件质量较高，但冲件容易嵌入边料中，取出零件麻烦。

顶件装置一般是弹性的。顶件装置的典型结构如图 3-84 所示，由顶杆、顶件块和装在下模底下的弹顶器组成。这种结构的顶件力容易调节，工作可靠，冲裁件平直度较高。但冲件容易嵌入边料中，产生与弹性推件同样的问题。弹顶器可以做成通用的，其弹性元件是弹簧或橡胶。大型压力机本身具有气垫作为弹顶器。

推件块和顶件块与凹模为间隙配合，其外形尺寸一般按公差与配合国家标准 h8 制造，也可以根据板料厚度取适当间隙。推件块和顶件块与凸模的配合呈较松的间隙配合，也可以根据板料厚度取适当间隙。

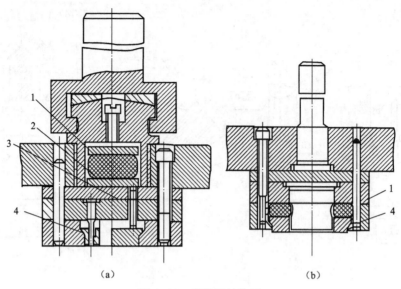

图 3-83 弹性推件装置
1—橡胶；2—推板；3—连接推杆；4—推件块

(2) 弹性元件的设计计算

弹性元件的设计计算包括弹簧与橡皮。

弹簧的选用与计算

卸料弹簧选择与计算步骤如下：

① 初定弹簧数量 n，一般选 2~4 个，结构允许时可选 6 个。

② 根据总卸料力 F_x 和初选的弹簧个数 n，计算出每个弹簧应有的预压力 F_y：

$$F_y = F_x/n \tag{3-53}$$

③ 根据预压力 F_y 预选弹簧规格，选择时应使弹簧的极限工作压力 F_j 大于预压力 F_y，一般可取

$$F_j = (1.5 \sim 2)F_y \tag{3-54}$$

④ 计算弹簧在预压力 F_y 作用下的预压缩量 h_y，根据虎克定律有：

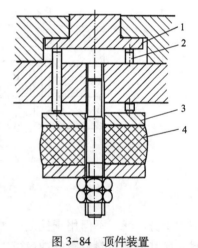

图 3-84 顶件装置
1—顶件块；2—顶杆；3—托板；4—橡胶

$$h_y = F_y \cdot h_j/F_j \tag{3-55}$$

式中　h_j——弹簧极限压缩量（mm）；
　　　F_j——弹簧极限工作负荷（N）；
　　　F_y——弹簧预压力（N）。

⑤ 校核弹簧最大允许压缩量是否大于实际工作总压缩量，即

$$h_j \geqslant h = h_y + h_x + h_m \tag{3-56}$$

式中　h——总压缩量（mm）；
　　　h_x——卸料板的工作行程（mm），一般可取 $h_x = t+1$，t 为板料厚度；
　　　h_m——凸模或凸凹模的刃磨量，一般可取 $h_m = 4 \sim 10$ mm。

如果不满足上述关系，则必须重新选择弹簧规格，直到满足为止。

例 3-7 如果采用图 3-79 的卸料装置，冲裁板厚为 0.6 mm 的低碳钢垫圈，设冲裁卸料力 1 350 N，试选用和计算所需要的卸料弹簧。

解： ① 根据模具安装位置，拟选弹簧个数 $n=4$。

② 计算每个弹簧应有的预压力 F_y。

$$F_y = F_x/n = 1\ 350\ \text{N}/4 \approx 340\ （\text{N}）$$

③ 由 F_y 估算弹簧的极限工作负荷 F_j。

$$F_j = 2F_y = 2 \times 340 = 680\ （\text{N}）$$

查有关弹簧规格，初选弹簧的规格为：$d = 4$ mm、$D_2 = 22$ mm、$t = 7.12$ mm、$n = 7.5$ 圈、$h_0 = 60$ mm、$F_j = 680$ N、$h_j = 20.9$ mm。

④ 计算弹簧预压缩量 h_y。

$$h_y = F_y \cdot h_j / F_j = 340 \times 20.9 \div 680 = 10.45\ （\text{mm}）$$

⑤ 校核。

$$h = h_y + h_x + h_m = 10.45 + (0.6 + 1) + 6 = 18.05\ （\text{mm}）$$

$$h_j = 20.9\ \text{mm} > h = 18.05\ \text{mm}$$

因此，所选弹簧是合适的。

(3) 橡胶的选用与计算

橡胶允许承受的负荷较大，安装调整灵活方便，是冲裁模中常用的弹性元件。

橡胶选用与计算步骤如下：

① 根据工艺性质和模具结构确定橡胶性能、形状和数量。冲裁卸料用较硬橡胶；拉深压料用较软橡胶。

② 根据卸料力求橡胶横截面尺寸。

橡胶产生的压力按下式计算：

$$F = Ap \tag{3-57}$$

所以，橡胶横截面积为

$$A = F/p \tag{3-58}$$

式中 F——橡胶所产生的压力，设计时取大于或等于卸料力（N）；

p——橡胶所产生的单位面积压力（N/mm²），与压缩量有关，其值可按图 3-85 确定，设计时取预压量下的单位压力；

A——橡胶横截面积（mm²）。

③ 求橡胶高度尺寸。

为了使橡胶不因多次反复压缩而损害其弹性，其极限压缩量 h_j 应按下式确定：

$$h_j = \varepsilon_j H \tag{3-59}$$

式中 H——橡胶自由状态下的高度（mm）；

ε_j——橡胶极限压缩率。对于合成橡胶，可取 $\varepsilon_j = 35\% \sim 45\%$；对于聚氨酯橡胶，可取 $\varepsilon_j = 35\%$。硬度越高，ε_j 值越小。

橡胶预压缩量为：

$$h_y = \varepsilon_y H \tag{3-60}$$

式中 ε_y——橡胶预压缩率。

上两式相减得橡胶高度 H 的计算公式：

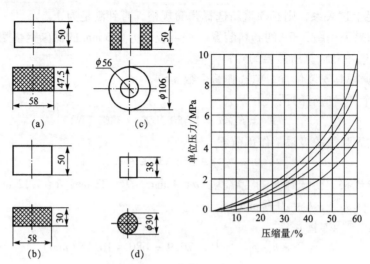

图 3-85 橡胶特性曲线
(a), (c) 矩形；(b) 圆筒形；(d) 圆柱形

$$H = \frac{h_j - h_y}{\varepsilon_j - \varepsilon_y} = \frac{h_g}{\varepsilon_j - \varepsilon_y} \tag{3-61}$$

式中 h_g——橡胶工作压缩量（mm）。

④ 校核橡胶高度与直径之比。如果超过 1.5，则应把橡胶分成若干块，在其间垫以钢垫圈；如果小于 0.5，则应重新确定其尺寸。

3.9.5 模架及零件

1. 模架

模架是整个模具的骨架，所有零件全部装在上面，承受冲压过程的全部压力。它由上下模座、模柄以及导向装置组成。模架产品标准有 GB/T 2851.1、GB/T 2851.3~7、GB/T 2852.1~4，共 10 个。下面叙述其选用。

① 中间导柱模架：如图 3-86 (b) 所示，导柱分布在矩形凹模的对称中心线上，两个导柱的直径不同，可避免上模与下模装错而发生啃模事故。适用于单工序模和工位少的级进模。

② 后侧导柱模架：图 3-86 (a) 所示为后侧导柱模架，导柱分布在模座的后侧，且直径相同。其优点是工作面敞开，适于大件边缘冲裁。其缺点是刚性与安全性最差，工作不够平稳，常用于小型冲模。

③ 对角导柱模架：图 3-86 (c) 所示为

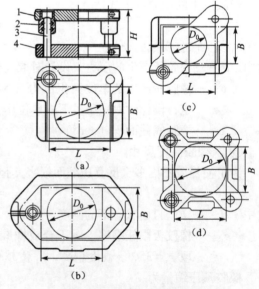

图 3-86 模架的基本形式
(a) 后侧导柱模架；(b) 中间导柱模架
(c) 对角导柱模架；(d) 四导柱模架

对角导柱模架，导柱分布在矩形凹模的对角线上，既可以横向送料，又可以纵向送料。适于各种冲裁模使用，特别适于级进冲裁模使用。为避免上、下模的方向装错，两导柱直径制成一大一小。

④ 四导柱模架：图3-86（d）所示为四导柱模架，4个导柱分布在矩形凹模的两对角上，其导向精度与刚度较好，用于大型冲模。

2. 导向装置

常用的导向装置有导板式、导柱导套式和滚珠导向式。

① 导板式导向装置：导板导向装置分为固定导板和弹压导板导向两种。导板的结构已标准化。

② 导柱导套式导向装置：如图3-87所示，将导柱与导套制成小间隙配合，为H6/h5时称为一级模架，为H7/h6时称为二级模架。其中图3-87（a）为常用形式，导柱导套与模座均为H7/r6过盈配合。图3-87（b）导套和导柱分别用压板5和螺钉6固定在上、下模座上。因此导柱、导套与模座可以采用过渡配合H7/h6

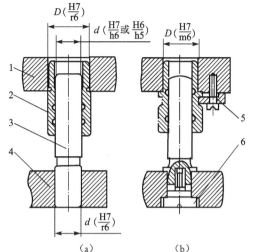

图3-87 导柱导套滑动导向类型
（a）普通型；（b）精密型
1—上模座；2—导套；3—导柱；
4—下模座；5—压板；6—螺钉

代替过盈配合，容易保证导柱和导套的轴线垂直于模座平面，使模架的导向精度只决定于加工精度，而容易制成精密模架。

为了保证使用中的安全性与可靠性，设计与装配模具时，还应注意下列事项：

当模具处于闭合位置时，导柱上端面与上模座的上平面应留10~15 mm的距离；导柱下端面与下模座下平面应留2~5 mm的距离。导套与上模座上平面应留不小于3 mm的距离，同时上模座开横槽，以便排气和出油。

3. 模柄

模柄的种类有六种，形式大同小异。

中小型模具都是通过模柄固定在压力机滑块上的。对于大型模具则可用螺钉、压板直接将上模座固定在滑块上。

模柄有刚性与浮动两大类。所谓刚性模柄是指模柄与上模座是刚性连接，不能发生相对运动。所谓浮动模柄是指模柄相对上模座能做微小的摆动。采用浮动模柄后，压力机滑块的运动误差不会影响上、下模的导向。用了浮动模柄后，导柱与导套不能脱离。

图3-88为各种形式的模柄。

① 旋入式模柄如图3-88（a）所示，通过螺纹与上模座连接。骑缝螺钉用于防止模柄转动。这种模柄装卸方便，但与上模座的垂直度误差较大，主要用于中、小型有导柱的模具上。

② 压入式模柄如图3-88（b）所示，固定段与上模座孔用H7/m6过渡配合，并加骑缝销防止转动。装配后模柄轴线与上模座垂直度比旋入式模柄好，主要用于上模座较厚而又没有开设推板孔的场合。

③ 凸缘模柄如图3-88（c）所示，上模座的沉孔与凸缘为H7/h6配合，并用3个或4个内六角螺钉进行固定。由于沉孔底面的表面粗糙度较差，与上模座的平行度也较差，所以装配后模柄的垂直度远不如压入式模柄。这种模柄的优点在于凸缘的厚度一般不到模座厚度的一半，凸缘模柄以下的模座部分仍可加工出型孔，以便容纳推件装置的推板。

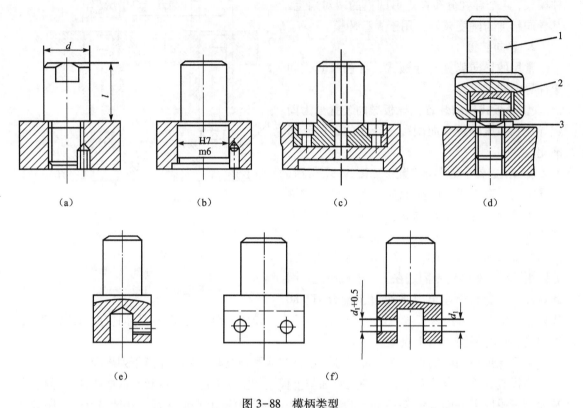

图3-88 模柄类型
(a) 旋入式；(b) 压入式；(c) 凸缘式；(d) 浮动式；(e) 通用式；(f) 槽形式；
1—模柄接头；2—凹球面垫块；3—活动模柄

④ 浮动模柄如图3-88（d）所示。模柄接头1与活动模柄3之间加一个凹球面垫块2。因此，模柄与上模座不是刚性连接，允许模柄在工作过程中产生少许倾斜。采用浮动模柄，可避免压力机滑块由于导向精度不高对模具导向装置产生不利影响，减少模具导向件的磨损，延长使用寿命。浮动模柄主要用于滚动导向模架，在压力机导向精度不高时，选用一级精度滑动导向模架也可采用。但选用浮动模柄的模具必须使用行程可调压力机，保证在工作过程中导柱与导套不脱离。

⑤ 通用模柄如图3-88（e）所示，将快换凸模插入模柄孔内，配合为H7/h6，再用螺钉从模柄侧面将其固紧，防止卸料时拔出。根据需要可更换不同直径的凸模。

⑥ 槽形模柄如图3-88（f）所示，槽形模柄便于固定非圆凸模，并使凸模结构简单容易加工。凸模与模柄槽可取H7/m6配合，在侧面打入两个横销，防止拔出。槽形模柄主要用于弯曲模，也可以用于冲非圆孔冲孔模、切断模等。

4. 凸模固定板、垫板及螺钉

标准凸模固定板有圆形、矩形和单凸模固定板等多种形式。选用时，根据凸模固定和紧固件合理布置的需要确定其轮廓尺寸,其厚度一般为凹模厚度的60%~80%。

固定板与凸模为过渡配合(H7/n6 或 H7/m6),压装后将凸模端面与固定板一起磨平。对于弹压导板等模具,浮动凸模与固定板采用间隙配合。

在凸模固定板与上模座之间加一块淬硬的垫板,可避免硬度较低的模座因局部受凸模较大的冲击力而出现凹陷,致使凸模松动,拼块凹模与下模座之间也加垫板。

垫板的平面形状尺寸与固定板相同,其厚度一般取 6~10 mm。如果结构需要,例如在用螺钉吊装凸模时,为在垫板上加工吊装螺钉的沉孔,可适当增大垫板的厚度。如果模座是用钢板制造的,当凸模截面面积较大时,可以省去垫板。

螺钉、销钉在冲模中起紧固定位作用,设计时主要是确定它的规格和紧定位置。

3.9.6 模具的闭合高度与压力机的关系

冲模的闭合高度是指滑块在下死点即模具在最低工作位置时,上模座上平面与下模座下平面之间的距离 H。冲模的闭合高度必须与压力机的装模高度相适应。压力机的装模高度是指滑块在下死点位置时,滑块下端面至垫板上平面间的距离。当连杆调至最短时为压力机的最大装模高度 H_{max};连杆调至最长时为最小装模高度 H_{min};M 为滑块调节量,如图 3-89 所示。

冲模的闭合高度应介于压力机的最大装模高度 H_{max} 和最小装模高度 H_{min} 之间,如图 3-89 所示其关系为:

$$H_{max}-5 \text{ mm} \geqslant H \geqslant H_{min}+10 \text{ mm}$$

如果冲模的闭合高度大于压力机最大装模高度,冲模不能在该压力机上使用。反之,小于压力机最小装模高度时,可加经过磨平的垫板。

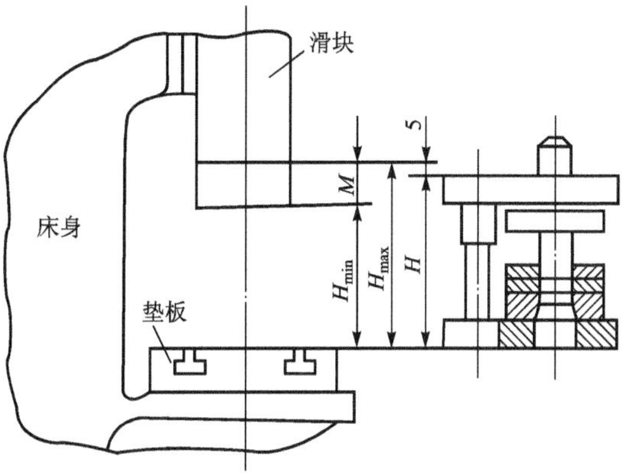

冲模的外形结构尺寸也必须和压力机

图 3-89 模具的闭合高度与压力机的关系

相适应,如模具外形轮廓平面尺寸与压力机垫板、滑块底面尺寸,模柄与模柄孔尺寸,下模缓冲器平面尺寸与压力机垫板孔尺寸等都必须适应,以便模具正确安装和正常使用。

思考题与习题

3-1 冲裁工序的概念是什么?它包括哪几种基本工序?

3-2 什么叫单工序模?常见的有哪几种?各有何特点?

3-3 什么叫复合工序模?有哪几种?

3-4 什么叫复合模?什么叫倒装复合模?

3-5 顺装与倒装复合模各有什么特点?

3-6 复合模与级进模各有什么特点?

3-7 弹压卸料与固定卸料各自的连接方式如何?

3-8 冲裁所能达到的经济精度为多少?断面粗糙度 Ra 可达多少?毛刺允许高度为多少?

3-9 什么叫排样？什么叫排样图？
3-10 常见的凹模洞口侧壁形状有哪几种？各有何特点？
3-11 常见的凸模结构形式有哪几种？常用什么固定方法？
3-12 凸模护套的作用是什么？
3-13 定位板、定位钉的作用是什么？
3-14 导料板的作用是什么？
3-15 挡料销的作用是什么？
3-16 导正销的作用是什么？常与哪些定位零件配合使用？
3-17 侧刃定距有何特点？
3-18 顶料和推料装置的作用是什么？
3-19 冲裁变形一般分为哪几个阶段？
3-20 冲孔件的断面形状如何？落料件外形的断面形状如何？各由哪几部分组成？
3-21 冲裁间隙的概念是什么？
3-22 间隙过小或过大时，冲裁材料的状态如何？冲件从模具中出来后又是怎样变化的？
3-23 冲裁间隙在什么状态下冲件精度高，毛刺小，模具寿命长？
3-24 什么叫模具的初始间隙？为什么有 Z_{min} 和 Z_{max}？
3-25 什么叫分开加工法？什么叫配制法？
3-26 已知零件的形状和尺寸如图 3-90 所示。

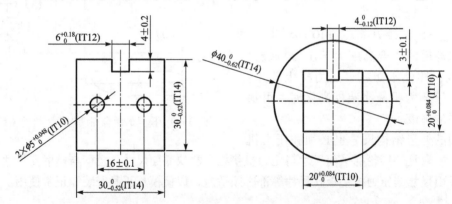

图 3-90
(a) 材料 45, 厚度 1.2; (b) 材料 20, 厚度 1.5

(1) 用分开制造法计算凸凹模刃口尺寸及公差。
(2) 用配制法计算凸凹模刃口尺寸及公差，并标注在复合冲裁的凸凹模图纸上。

第4章 弯曲及弯曲模具设计

弯曲：将板料及棒料、管料、型材产生塑性变形，形成具有一定角度和一定曲率形状零件的冷冲压工序称为弯曲。

弯曲的方法有压弯、折弯、滚弯和拉弯等。其中，在压力机上利用模具对板料进行压弯加工在生产中用得最多。本章主要介绍在压力机上进行板料压弯加工的工艺和模具设计问题。

弯曲工艺及模具设计就是搞清弯曲过程的特点及工艺性、确定弯曲工艺方案、设计相应的弯曲模。

下面以图4-1为例，分析弯曲件的变形特点及工艺性、确定弯曲工艺方案、设计弯曲模具。

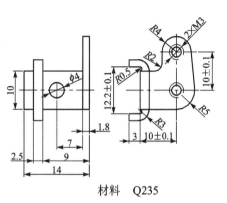

材料 Q235

图4-1 弯曲件

4.1 弯曲变形过程及特点

4.1.1 弯曲过程

图4-2所示是板料V形弯曲时的弯曲过程示意图。将板料2放在凸模1和凹模3之间，凸模下压，迫使板料产生弯曲变形。

图4-2（a）所示为弹性变形阶段，变形区材料的弯曲半径由∞变为r_0，弯曲力臂为l_0。

图4-2（b）所示为变形区材料应力达到屈服极限而进入塑性变形阶段，变形区弯曲半径和弯曲力臂逐步变小，分别由r_0变为r_1，l_0变为l_1。

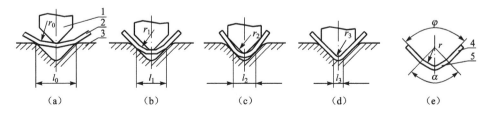

图4-2 弯曲变形过程

1—凸模；2—板料；3—凹模；4—直边部分（非变形区）；5—圆角部分（弯曲变形区）

图 4-2（c）所示为板料弯曲变形区进一步变小，弯曲半径减小至 r_2，弯曲力臂减小至 l_2。

图 4-2（d）所示为板料的直边和圆角部分与凸、凹模完全贴紧。

凸模上升后，即得到所需的弯曲件，如图 4-2（e）所示。

自由弯曲：如果在板料和凸、凹模完全贴紧后凸模立即上升，这种弯曲称为自由弯曲。

校正弯曲：如果在板料和凸、凹模完全贴紧后，凸模继续下行一段很小的距离，则这种弯曲称为校正弯曲。

4.1.2 弯曲变形的特点

对照图 4-3（a）和图 4-3（b）弯曲前后网格和变形区断面的变化情况，可以看出弯曲变形的特点为（在变形区内）：

1. 长度变化

① 网格由正方形变为扇形，靠近凹模的外层材料由于受拉而长度伸长，靠近凸模的内层材料由于受压而长度缩短。

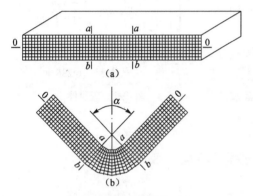

图 4-3 弯曲变形网格试验

② 内、外层材料既不受拉也不受压，其长度保持不变的层材料称为中性层。

2. 厚度变化

内层材料紧靠凸模，如图 4-4 所示，$t_1 = \eta \cdot t < t$，η 为变薄系数。当 $r/t > 5 \sim 10$ 时，板料基本上不变薄。

3. 宽度变化

当板料较窄（$B/t < 3$）时，宽度断面成内宽外窄，如图 4-4（a）所示。

当板料较宽（$B/t > 3$）时基本保持原状，如图 4-4（b）所示。

当板料的宽度很大，厚度又较薄，宽度方向的刚性较差时，板料弯曲的弯曲线容易产生纵向弯曲。

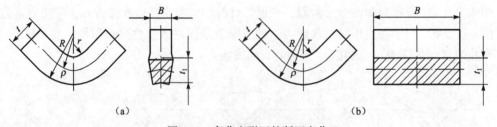

图 4-4 弯曲变形区的断面变化
(a) $B/t < 3$; (b) $B/t > 3$

4. 回弹

当凸模完成弯曲回程后，由于弹性变形的回复，弯曲件的弯曲半径 r、弯曲角 α 与凸模圆角半径 r_p、中心角 α_p 并不一致，这种现象称为回弹。

5. 弯裂

若弯曲变形程度太大，变形区外层材料所受拉应力达到材料的强度极限时，材料表面将被撕裂，这种现象称为弯裂。

4.2 弯曲件的回弹

4.2.1 回弹的概念和原因

塑性弯曲与任何一种塑性变形一样。在外力的作用下毛坯产生的变形由弹性变形部分与塑性变形部分组成；外力去除以后，弹性变形消失，而塑性变形保留下来。弹性变形的消失会导致工件朝与成形相反的方向变形，这种现象称为回弹，又称为弹复。因此工件最后在模具中被弯曲成形的状态（一般与模具形状一致）与取出后的形状（加工后的工件形状）不完全一致。

在加载过程中，弯曲变形区内、外两层应力与应变的性质相反：内区切向产生压应力与收缩应变，外区切向产生拉应力与伸长应变。卸载后，内区产生弹性回复变形为伸长，外区产生弹性回复变形为收缩，两者综合作用的结果会使工件产生方向相同（即反弯曲方向）的弹复变形，故弹复变形引起的弯曲件形状和尺寸的变化是十分显著的。弯曲回弹比其他冲压成形工序的回弹都要严重。

弯曲回弹使弯曲件的几何精度受到影响，时常成为弯曲件生产中不易解决的一个特别棘手的问题。

4.2.2 回弹分析

板料在外弯矩 M 的作用下产生弯曲变形，如前所述，其内部产生一个与 M 相反的弯矩（包括弹性弯矩和塑性弯矩），这个弯矩时刻都与外弯矩大小相等、方向相反，因此弯曲工件处于瞬时平衡状态。卸载时，我们将其视为在工件上加一个与外弯矩 M 大小相等、方向相反的力矩 $M_e=-M$，这种假象相当于将工件处于卸载后的自由状态。由于卸载是弹性恢复问题，故这个假想弯矩也应视为弹性的，由此在材料中引起的假想应力也遵循弹性变化规律。

在全塑性弯曲的卸载过程中，弯曲毛坯在塑性弯矩 M 的作用下，毛坯断面上的切向应力的分布如图 4-5（a）所示。假想的弹性弯矩 M_e 在断面内引起的切向应力的分布如图 4-5（b）所示。塑性弯矩和假想弹性弯矩在断面内产生的合成应力便是卸载后弯曲件处在自由状态下断面内的残余应力。它在断面内由内表面到外表面是按拉、压、拉、压的顺序变化的，如图 4-5（c）所示。

同理，还可以得出弹—塑性弯曲卸载时毛坯断面内切向应力的变化如图 4-6 所示，也是在断面内由内表面到外表面按拉、压、拉、压的顺序残存着。

如图 4-7 所示，弯曲件的内圆角半径 r、弯曲角 $α$、$φ$ 与凸模半径 r_p、凸模角度 $α_p$、$φ_p$ 不相

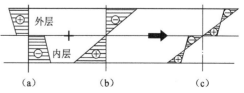

图 4-5 全塑性弯曲的卸载过程中毛坯断面内切向应力的变化

等的现象称为回弹，r、α、φ 与 r_p、$α_p$、$φ_p$ 的差值称为回弹量，分别用 Δr、$\Delta α$、$\Delta φ$ 表示，计算公式为：

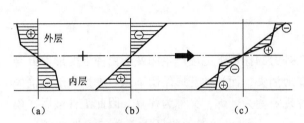

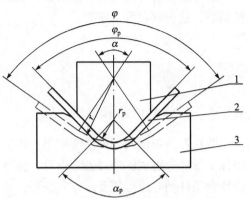

图 4-6 弹—塑性弯曲的卸载过程中毛坯断面内切向应力的变化
(a) M 作用下的切向应力分布图；(b) M_e 作用下的切向应力分布图；(c) 残余应力分布图

图 4-7 弯曲件的回弹
1—凸模；2—弯曲件；3—凹模

$$\Delta r = r - r_p \tag{4-1}$$

$$\Delta α = α_p - α \tag{4-2}$$

$$\Delta φ = φ - φ_p \tag{4-3}$$

式中　　Δr——弯曲件圆角半径的回弹量；

$\Delta α$、$\Delta φ$——弯曲件弯曲角的回弹量。

4.2.3 影响回弹的因素

1. 材料的力学性能

回弹量的大小与材料的屈服极限 $σ_s$、强度极限 $σ_b$ 成正比，与弹性模量 E 成反比。

2. 相对弯曲半径

相对弯曲半径 r/t 越小，弯曲变形区的变形程度越大，回弹也就越小。

3. 弯曲中心角

弯曲中心角 $α$ 越大，则弯曲变形区的长度越大，回弹角 $\Delta α$ 越大，但对弯曲半径的回弹影响不大。

4. 弯曲方式

校正弯曲时，回弹量小。校正力越大，回弹量越小，有时还会出现负回弹。自由弯曲的回弹大。

5. 弯曲件形状

弯曲件形状复杂，一次弯曲成形的部位多，则在弯曲过程中各部位的材料互相牵制，弯曲后的回弹较小。

6. 模具尺寸和间隙

弯曲 V 形件时，增大凹模 V 形工作面开口尺寸能够减小回弹。弯曲 U 形件时，减小凸、凹模间隙也可以减小回弹。

4.2.4 回弹量的确定

1. r/t<5~8 时回弹量的确定

r/t <5~8 时,弯曲件圆角半径的回弹量 Δr 很小,一般在公差范围之内。此时,可以不计算弯曲半径的回弹量,而只考虑弯曲角的回弹。弯曲角度的回弹量 Δα 可根据经验确定,或查阅有关手册。表 4-1 为部分材料作单角 90°自由弯曲时回弹角 Δα 的经验数据,供参考。

表 4-1 90°V 形件自由弯曲的回弹角 Δφ

材 料	$\dfrac{r}{t}$	回弹角 Δφ		
		t<0.8 mm	t∈(0.8~2) mm	t>2mm
软钢(30 号以下) 软黄铜、铝、锌)	<1 1~5	4° 5°	2° 3°	0° 1°
中硬钢(30 号~45 号) 硬黄铜、硬青铜	<1 1~5	5° 6°	2° 3°	0° 1°
硬钢(50 号以上)	<1 1~5	7° 9°	4° 5°	2° 3°
30CrMnSiA	<2 2~5	2° 2°30′~4°30′	2° 3°~4°30′	2° 3°~4°30′
硬铝(LY12M)	<2 2~5	2° 2°30′~4°30′	3° 4°~6°	4°30′ 5°~8°30′
超硬铝(LC4M)	<2 2~5	2°30′ 3°~5°	5° 8°	8° 11°30′

当弯曲角不是 90°时,其回弹角可用以下公式计算,也可查有关手册。

$$\Delta\varphi' = \frac{\varphi}{90°} \cdot \Delta\varphi_{90°} \tag{4-4}$$

式中 $\Delta\varphi_{90°}$——当弯曲角为 90°时的回弹角。

2. r/t>5~8 时回弹量的确定

r/t>5~8 时,既要考虑弯曲角的回弹,又要考虑弯曲半径的回弹,回弹量一般通过理论计算确定。弯曲板料时:

$$r_p = \frac{1}{\dfrac{3\sigma_s}{Et} + \dfrac{1}{r}} \tag{4-5}$$

$$\alpha_p = \frac{r\alpha}{r_p} \tag{4-6}$$

式中 r_p——凸模圆角半径(mm);
α_p——凸模圆角半径 r_p 所对弧长的中心角(°);
r——弯曲件内圆角半径(mm);

α——弯曲变形区中心角；和圆弧中心角（°）；

E——材料的弹性模量（MPa）；

σ_s——材料的屈服极限（MPa）；

t——材料厚度（mm）。

弯曲圆杆形弯曲件时：

$$r_p = \frac{1}{\dfrac{3.4\sigma_s}{Ed} + \dfrac{1}{r}} \tag{4-7}$$

式中　d——圆杆直径（mm）。

由于影响回弹的因素很多，按经验确定或按公式计算的回弹量不可能很精确，只能作为参考值标注在模具零件图上，凸模的实际圆角半径 r_p 和角度 α_p 最终应通过试模修正后确定。

4.2.5　减小和控制回弹的措施

弯曲件的回弹是不可避免的，但我们可以通过适当的途径减小和控制回弹，使弯曲件的形状和尺寸精度满足设计要求。

1. 弯曲件设计

① 选用弹性模量大，屈服极限低，力学性能比较稳定的材料。

② 尽可能采用较小的圆角半径，以增加弯曲变形区的变形程度。

③ 如图4-8所示，在弯曲变形区压制加强筋或边翼，增加变形区材料的刚度和弯曲时的变形程度。

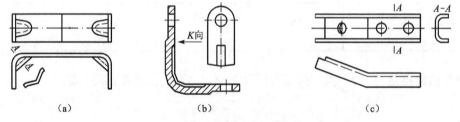

图4-8　在弯曲变形区压制加强筋或边翼
(a) 加强筋；(b) 加强筋；(c) 边翼

2. 弯曲工艺

① 在弯曲前对毛坯进行退火或正火处理，使材料的屈服极限 σ_s 降低。

② 用校正弯曲代替自由弯曲。

③ 对于相对弯曲半径很大的弯曲件，采用拉弯工艺减小回弹。

3. 弯曲模具结构设计

① 修正或调整凸、凹模工作部分的形状和尺寸，使弯曲件成形后的回弹量得到补偿。

例如，V形件弯曲时，预先计算出回弹量，凸模尺寸按 $r_p = r - \Delta r$、$\alpha_p = \alpha + \Delta\alpha$、$\varphi_p = \varphi - \Delta\varphi$ 设计和制造，就能使回弹量得到补偿；U形件弯曲时，可在凸模两侧作出回弹量补偿角，如图4-9（a）所示。

当U形件弯曲的回弹量 $\Delta\varphi$ 较大时，可将凹模内的顶板作成凸弧面，如图4-9（b）所示，弯曲卸载后，由于弧面回弹的方向和弯曲回弹的方向相反，使弯曲回弹量得到补偿。

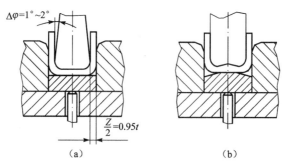

图 4-9　U 形件弯曲回弹的补偿
(a) 回弹量较小时；(b) 回弹量较大时

② 对于软质材料（如 Q215、Q235、H62M）的弯曲，可在凸模或凹模上作出图 4-10 (a) 所示的斜度，或采用图 4-10 (b) 所示的负间隙弯曲模，增大变形区材料的拉应力成分来减小回弹。

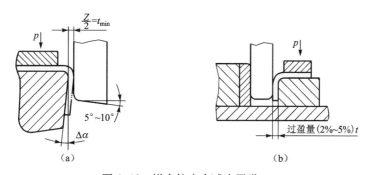

图 4-10　增大拉应力减小回弹
(a) 凸模或凹模上作出斜度；(b) 负间隙弯曲模

③ 弯曲件材料厚度 $t \geqslant 0.8$ mm，并且塑性良好时，可将凸模设计成图 4-11 所示的形状，加大弯曲变形区的压应力成分和变形程度，使回弹减小。

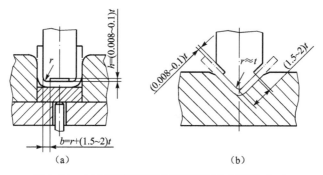

图 4-11　加大弯曲变形区变形程度减小回弹（一）
(a) U 形弯曲时；(b) V 形弯曲时

图 4-12 的方法会在制件内表面留有压痕。当制件不允许有压痕迹时，可将凸模和凹模的几何尺寸设计成如图 4-12 所示的尺寸，同样能通过加大弯曲变形区的变形程度来减小回弹。

④ 软模弯曲。采用橡胶或聚氨酯作凹模（或凸模）代替金属钢模。坯料弯曲变形过程中始终紧贴于凸模或者凹模，坯料受力类似拉弯，所以回弹量小，如图 4-13 所示。

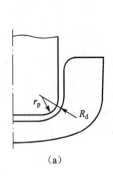
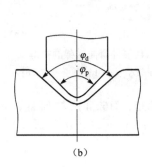
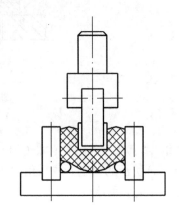

图 4-12 加大弯曲变形区变形程度减小回弹（二）
(a) $r_d = r_p + 1.25\,t$；(b) $\varphi_d = \varphi_p + (1° \sim 2°)$

图 4-13 橡胶模弯曲减小回弹

4.3 弯曲件成形的工艺性设计

4.3.1 弯曲件的工艺性

弯曲件的工艺性指弯曲件的材料、形状、尺寸、精度要求和技术要求等对弯曲工艺的适应程度。

1. 弯曲件的材料

弯曲件的材料应具有足够的塑性，较低的屈服极限和较高的弹性模量。

最适于弯曲的材料有钢（含碳量不超过 0.2%）、紫铜、黄铜、软铝等。脆性较大的材料，如磷青铜、铍青铜、弹簧钢等，要求弯曲时有较大的相对弯曲半径。非金属材料中，只有塑性较大的纸板、有机玻璃等才能进行弯曲，并且在弯曲前要对毛坯进行预热，弯曲时的相对弯曲半径也应较大（一般应使 $r/t > 3 \sim 5$）。

2. 弯曲件的圆角半径

为保证弯曲时外层材料不致弯裂，即要求弯曲件的相对弯曲半径不小于某一极限值，这一极限值称为最小相对弯曲半径，用 r_{min}/t 表示。影响板料的最小弯曲半径因素较多，其数值一般由试验方法确定。表 4-2 为经验得到的最小相对弯曲半径 r_{min}/t 的数值，可供选用。

表 4-2 最小相对弯曲半径 r_{min}/t 的数值

材料	正火或退火		硬化	
	弯曲线方向			
	与轧纹垂直	与轧纹平行	与轧纹垂直	与轧纹平行
铝	0	0.3	0.3	0.8
退火紫铜			1.0	2.0
黄铜 H68			0.4	0.8
05、08F			0.2	0.5
08、10、Q215	0	0.4	0.4	0.8
15、20、Q235	0.1	0.5	0.5	1.0
25、30、Q255	0.2	0.6	0.6	1.2
35、40	0.3	0.8	0.8	1.5
45、50	0.5	1.0	1.0	1.7
55、60	0.7	1.3	1.3	2.0
硬铝（软）	1.0	1.5	1.5	2.5
硬铝（硬）	2.0	3.0	3.0	4.0
镁合金 MA1-M MA8-M	300 ℃热弯		冷弯	
MA1-M	2.0	3.0	6.0	8.0
MA8-M	1.5	2.0	5.0	6.0
钛合金 BT1 BT5	300 ℃~400 ℃热弯		冷弯	
BT1	1.5	2.0	3.0	4.0
BT5	3.0	4.0	5.0	6.0
钼合金 BM1、BM2 $t \leqslant 2$ mm	400 ℃~500 ℃热弯		冷弯	
	2.0	3.0	4.0	5.0

注：本表用于板材厚 $t<10$ mm，弯曲角大于 90°，剪切断面良好的情况。

当 r/t 大于表中数值时可直接弯曲成形；r/t 小于表中数值时，可采用下列措施。

① 将弯曲毛坯预先安排退火或正火等热处理工序或采用加热弯曲工艺。

② 对于冲裁或剪切加工的毛坯，应将留有毛刺的一面放置于弯曲变形区的内层，或将毛坯断面滚光。

③ 如果弯曲件的相对弯曲半径较小，在进行弯曲展开毛坯冲裁的排样时，应尽可能使弯曲线与材料纤维方向垂直，如图 4-14（a）所示，不能如图 4-14（b）所示使弯曲线与材料纤维方向平行。多角弯曲时，应如图 4-14（c）所示使弯曲线与材料纤维方向相交一定的角度。

④ 弯曲件的相对弯曲半径小于材料的最小弯曲半径时，即 $r/t<r_{min}/t$ 时，应先按大于

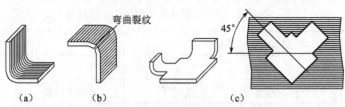

图 4-14 弯曲线与毛坯纤维方向的关系

(a) 弯曲线与材料纤维方向垂直；(b) 弯曲线与材料纤维方向平行；
(c) 弯曲线与材料纤维方向相交 45°

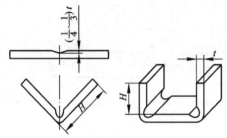

图 4-15 弯曲变形区开槽的弯曲件

r_{min}/t 的相对弯曲半径设计制造弯曲模，弯曲后通过整形工序逐步减小弯曲件的圆角半径 r，使其满足图纸要求。

对于厚材料的弯曲，若使用上许可，也可以在弯曲部位开槽，然后再进行弯曲，如图 4-15 所示。

3. 弯曲件的直边高度

弯曲件的直边长度不宜过小，如图 4-16 所示。一般应保证 $H \geq 2t$。若 $H<2t$ 时，可以先在变形区位置进行压槽后再进行弯曲，或者增加直边高度，弯曲后再将工艺余料切除。

4. 弯曲线位置

弯曲线不应位于制件宽度的突变处，以免发生撕裂现象。若必须在突变处弯曲，应事先冲出工艺孔或工艺槽，如图 4-17 所示。

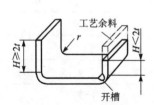

图 4-16 弯曲件直边高度图

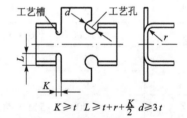

图 4-17 弯曲件宽度突变处的工艺槽与工艺孔

5. 孔与槽的位置

弯曲孔或槽的毛坯时，为了防止孔、槽在弯曲时产生变形，必须保证孔、槽边缘距弯曲变形区有一定的距离，如图 4-18（a）所示。当 $t<2$ mm 时，应保证 $L \geq t$；当 $t \geq 2$ mm 时，应保证 $L \geq 2t$。否则应采取图 4-18（b）或（c）所示的工艺措施，或者先进行弯曲，然后再加工出孔或槽。对于开口制件，可以在弯曲变形后再切除缺口，如图 4-19 所示。

6. 定位工艺孔

采用孔定位能够有效防止毛坯在弯曲过程中产生偏移，有利于保证制件质量。如果毛坯上没有适合于定位的孔，最好能增添定位用的工艺孔。

7. 对称弯曲

弯曲件的形状应对称，弯曲半径左右一致，以防止坯料在弯曲时由于受力不平衡而产生偏移。

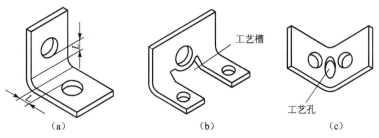

图 4-18 孔与槽的位置

(a) $h \geqslant t$ 时；(b)、(c) $h < t$ 时

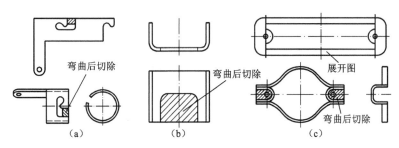

图 4-19 开口制件弯曲后再切除缺口

8. 弯曲件的精度

弯曲件线型尺寸 A 能够达到的精度见表 4-3，弯曲中心角 α 能达到的精度见表 4-4。

表 4-3 弯曲的公差等级

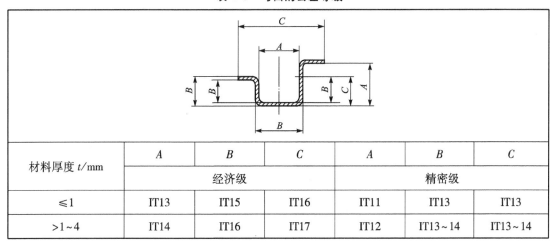

材料厚度 t/mm	A	B	C	A	B	C
	经济级			精密级		
≤1	IT13	IT15	IT16	IT11	IT13	IT13
>1~4	IT14	IT16	IT17	IT12	IT13~14	IT13~14

表 4-4 弯曲件的角度公差

弯角短边尺寸	>1~6	>6~10	>10~25	>25~63	>63~160	>160~400
经济级	±1°30′~3°	±1°30′~3°	±50′~2°	±50′~2°	±25′~1°	±15′~30′
精密级	±1°	±1°	±30′	±30′	±20′	±10′

弯曲件的尺寸精度见表 4-3，表中代号 A，B，C 表示基本尺寸的部位与三种不同类别的

公差等级：A 部位表示尺寸公差与模具公差有关；B 部位表示尺寸公差与模具公差、弯曲件材料厚度偏差有关；C 部位表示尺寸公差与模具公差、材料厚度偏差及展开误差有关。表 4-4 为弯曲件角度公差值。要达到弯曲件的精密级角度公差必须在工艺上增加校正工序。

4.3.2 弯曲模具设计及计算

1. 模具结构设计要点

对于不同形状、尺寸、精度要求和复杂程度的弯曲件，弯曲模具的结构形式和复杂程度都有很大的差异。因此，弯曲模具设计难以达到标准化。针对弯曲工序的工艺特点，弯曲模具设计的要点如下：

① 毛坯的定位要准确、可靠，尽可能是水平放置；尽可能采用毛坯上的孔定位；多次弯曲时，最好用同一定位基准。
② 模具结构上应能防止毛坯在弯曲过程中发生偏移。
③ 坯料的变形尽可能是简单的变形，避免毛坯厚度变薄、断面畸变、表面拉伤。
④ 尽可能采用对称弯曲和校正弯曲。
⑤ 毛坯的安放和制件的取出要方便、迅速，操作简单、安全。
⑥ 模具结构简单，模具便于修理。弯曲回弹较大的材料时，模具结构上应便于试模时对凸、凹模工作部分进行修整。

2. 弯曲件的中性层位置及毛坯长度计算

弯曲模设计除了考虑模具设计要点确定模具结构外，还要计算毛坯长度，回弹及补偿，弯曲力及凸、凹模圆角半径及相关尺寸。

1）中性层的位置

根据中性层在弯曲前后长度保持不变的特性，可将其作为弯曲件毛坯展开长度计算的依据。其曲率半径可由下式计算：

$$\rho = r + kt \tag{4-8}$$

式中 ρ——中心层曲率半径（mm）；
r——弯曲件内圆角半径（mm）；
k——中性层偏移量系数，见表 4-5～表 4-6；
t——材料厚度（mm）。

板料弯曲时，中性层一般向内侧偏移，如图 4-20（a）所示，中性层偏移量系数 $k \leq 0.5$，系数 k 的值见表 4-5。

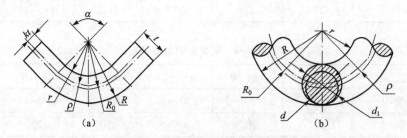

图 4-20 弯曲中性层位置示意图
(a) 板料弯曲中性层位置；(b) 圆杆形弯曲件中性层位置

表 4-5 系数 k 的值

r/t	0~0.5	0.5~0.8	0.8~2	2~3	3~4	4~5
k	0.16~0.25	0.25~0.30	0.30~0.35	0.35~0.40	0.40~0.45	0.45~0.50

圆杆形件的弯曲如图 4-20（b）所示。当弯曲半径 $r \geq 1.5d$ 时，其断面几乎没有变化，中性层系数为 0.5；若弯曲半径 $r<1.5d$ 时，弯曲后其断面将发生畸变，中性层向外侧外移，偏移量系数查表 4-6。

表 4-6 系数 k 的值（$r<1.5d$）

r/t	0~0.6	>0.6~0.8	>0.8~1	>1~1.2	>1.2~1.5	>1.5~1.8	>1.8~2	>2~2.2	>2.2
k	0.76	0.73	0.7	0.67	0.64	0.61	0.58	0.54	0.5

2）弯曲件毛坯长度的计算

弯曲件的毛坯长度可以通过中性层长度不变的特性或弯曲前后体积不变的原则进行计算。但是，计算结果往往存在一定的误差。应该先行设计、制造弯曲模，用按照计算结果预先制备的试弯毛坯进行试弯，按试弯结果修正、确定毛坯的长度，然后再设计制造弯曲毛坯的冲裁模。

（1）圆角半径 $r \geq 0.5t$ 的弯曲件毛坯长度计算

弯曲件圆角半径 $r \geq 0.5t$ 时，由于圆角半径较大，弯曲变形区料厚变薄不严重，断面畸变较少，可以按毛坯长度等于中性层展开长度的原则计算毛坯长度。图 4-21（a）所示弯曲件，毛坯长度为：

$$L = L_1 + L_2 + A \\
= L_1 + L_2 + \pi\alpha(r + kt)/180° \quad (4-9)$$

式中　　L——弯曲件毛坯长度（mm）；

L_1、L_2——弯曲件直边部分长度（mm）；

A——弯曲变形区中性层弧长（mm）；

α——弯曲中心角；

r——弯曲件内圆角半径（mm）；

k——中性层偏移量系数；

t——弯曲件材料厚度（mm）。

（2）圆角半径 $r<0.5t$ 的弯曲件毛坯长度计算

弯曲件圆角半径 $r<0.5t$ 时，由于圆角半径很小，弯曲变形区断面发生畸变，应采用毛坯体积与弯曲件体积相等的原则计算毛坯长度。对于图 4-21（b）所示弯曲件，毛坯长度计算的方法如下：

弯曲前的毛坯体积　　　　$V_0 = LBt$

弯曲件的体积　　　　$V = (l_1+l_2)Bt+\pi t^2 B/4 = \left[(l_1+l_2)+\dfrac{\pi t}{4}\right]Bt$

由　　　　　　　　　　$V = V_0$

得　　　　　　　　　　$L = l_1+l_2+0.785t$ （4-10）

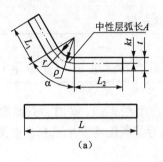 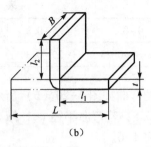

图 4-21 弯曲件毛坯长度计算
(a) $r \geq 0.5\,t$ 时；(b) $r < 0.5\,t$ 时

考虑到弯曲变形时圆角部分以及与圆角部分相邻的直边部分材料将会变薄，材料沿长度方向有一定的伸长，应对上式进行修正，得到下式：

$$L = l_1 + l_2 + x' t \tag{4-11}$$

式中　L——弯曲件毛坯长度（mm）；

　　　l_1、l_2——弯曲件直边部分长度（mm）；

　　　x'——修正系数，一般取 $x' = 0.4 \sim 0.6$；

　　　t——弯曲件材料厚度（mm）。

表 4-7 为部分形状的弯曲件在 $r < 0.5\,t$ 时的毛坯长度计算公式。

表 4-7　$r < 0.5\,t$ 时弯曲件展开长度的计算公式

序号	弯曲特点	简　图	计算公式
1	单直角弯曲		$L = a + b + 0.4\,t$
2	单角弯曲		$L = a + b + \dfrac{\alpha}{90°} \times 0.5\,t$
3	对折弯曲		$L = a + b - 0.43\,t$
4	一次弯两个角		$L = a + b + c + 0.6\,t$

续表

序号	弯曲特点	简图	计算公式
5	一次弯三个角		$L=a+b+c+d+0.75t$
	分两次弯三个角		$L=a+b+c+d+t$
6	一次弯四个角		$L=a+2b+2c+t$
	分两次弯四个角		$L=a+2b+2c+1.2t$

(3) 铰链式弯曲件毛坯长度计算

铰链式弯曲件通常采用凸模对毛坯一端施加压力进行卷圆弯曲成形，其变形区外表面与模具工作面接触，变形后材料厚度不是变薄而是增厚，即中性层位置由板料中心向外侧偏移。

铰链式弯曲件的常见形式如图 4-22 所示，毛坯展开长度的计算方法为：

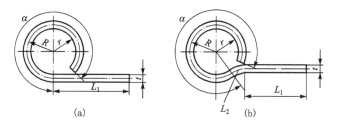

图 4-22 铰链式弯曲件的形式

对于图 4-22（a）图：
$$L = L_1 + \pi(r + kt)\alpha/180° \tag{4-12}$$

对于图 4-22（b）图：
$$L = L_1 + L_2 + \pi(r + kt)\alpha/180° \tag{4-13}$$

式中 k——中性层偏移量系数。

(4) 圆杆弯曲件毛坯长度计算

公式与 $r \geq 0.5t$ 毛坯长度计算公式相同，中性层偏移系数见表 4-6。

3. 弯曲力的计算

(1) 自由弯曲时弯曲力的计算

弯曲件自由弯曲时弯曲力的经验计算公式见表 4-8。

第4章 弯曲及弯曲模具设计

表4-8 弯曲力的计算公式

弯曲方式	简图	经验公式	备注
V形自由弯曲		$F = \dfrac{cbt^2\sigma_b}{2L} = Kbt\sigma_b$	b——弯曲件宽度；t——弯曲件厚度；σ_b——抗拉强度；K——系数，$K \approx \left(1+\dfrac{2t}{L}\right)\dfrac{t}{2L}$；$2L$——支点间距离
V形接触弯曲		$F = 0.6\dfrac{cbt^2\sigma_b}{r_p+t}$	c——系数，取 1.0~1.3；r_p——冲头圆角半径（弯曲半径）；余同上
U形自由弯曲		$F = Kbt\sigma_b$	K——系数，取 $K = 0.3~0.6$；余同上
U形接触弯曲		$F = 0.7\dfrac{cbt^2\sigma_b}{r_p+t}$	c——系数，取 1.0~1.3；余同上
校正弯曲		$F = A \cdot q$	A——校正部分的投影面积；q——单位校正力，见表4-9

自由弯曲时，除了弯曲力以外，有时还有压料力、顶件力等其他工艺力，弯曲的工艺总力应为：

$$F_\Sigma = F + F_1 + F_2 + \cdots\cdots \quad (4-14)$$

式中 F_Σ——弯曲工艺总力(kN)；

F——弯曲力（kN）；

F_1——压料力（kN），常取 $F_1 = (0.3~0.8)F$；

F_2——顶件力（kN），常取 $F_2 = (0.3~0.8)F$；

（2）校正弯曲时的弯曲力计算

校正弯曲时，由于校正力远大于压弯力，因而一般只计算校正力，计算公式为：

$$F = q \cdot A/1\,000 \quad (4-15)$$

式中 F——校正力（kN）；

q——单位校正力（MPa），其值查表4-9；

A——弯曲件上被校正部分在垂直于弯曲力方向的平面上的投影面积（mm²）。

（3）压力机的选择

压力机的规格按下式选取：

自由弯曲
$$F_g = \dfrac{F_\Sigma}{0.7~0.8} \quad (4-16)$$

表 4-9　单位校正力 q

材料	不同材料厚度下的单位校正力 q/MPa			
	$t \leqslant 1$ mm	$t > 1 \sim 2$ mm	$t > 2 \sim 5$ mm	$t > 5 \sim 10$ mm
铝	10~15	15~20	20~30	30~40
黄铜	15~20	20~30	30~40	40~60
10~20 钢	20~30	30~40	40~60	60~80
25~35 钢	30~40	40~50	50~70	70~100

校正弯曲
$$F_g \leqslant \frac{F}{0.7 \sim 0.8} \quad (4-17)$$

式中　F_Σ——弯曲工艺总力(kN)；
　　　F_g——压力机公称压力(kN)；
　　　F——校正力(kN)。

按上式选取压力机后，还需对压力机封闭高度、行程和模具安装尺寸等进行校核，必要时还需校核压力机的行程—负荷曲线。

4.4　弯曲工艺方案的确定

确定弯曲件的工艺方案就是确定多工序的弯曲工序安排及各工序的模具结构，要合理确定弯曲工艺方案，必须先掌握常用弯曲模具结构及工作原理，再根据模具结构、工作原理及特点确定工序安排及工艺方案。

4.4.1　弯曲模具结构

1. V形件弯曲模

图 4-23 所示为 V 形弯曲模。该模具的优点是结构简单，在压力机上安装、调整方便，对材料厚度公差要求不严格，可作校正弯曲，制件误差小。

图 4-24 所示为 L 形弯曲模的常用结构，毛坯由定位钉 7 定位，弯曲过程中顶板 3 和凸模 5 将材料压紧，定位可靠性高，能有效防止偏移，同时也有利于保证孔至竖直边的尺寸精度。该模具的缺点是不能对竖直边进行校正。

图 4-25 是带有校正作用的 L 形弯曲模，使弯曲件的两条直边都能得到校正。弯曲薄料时取 $\alpha = 10°$，弯曲厚料时取 $\alpha = 5°$。

图 4-26 所示为 V 形件通用弯曲模，适用于弯曲件的多品种小批量生产。凹模 4 由两块组成，每块具有不同角度的四个工作面，组合起来能够弯曲多种 V 形弯曲件。凸模 5 按弯曲件弯曲角和圆角半径更换。定位板 3 能根据需要作横向和纵向调节。

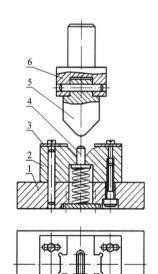

图 4-23　V形弯曲模
1—下模座；2—凹模；3—定位板；
4—顶杆；5—凸模；6—模柄

2. U形件弯曲模

图 4-27 所示为 U 形件弯曲模的典型结构。凹模 3 由左右两件构成，用螺栓 1 固定在下模座 2 的槽中。毛坯由定位钉 7 定位，弯曲时毛坯底部由凸模 6 和顶板 8 压紧，顶板由凹模的侧面导向。弯曲终了时，能对弯曲件进行校正。凸模回程时，弹顶器通过顶杆使顶板复位。该模具的凸、凹模间隙可以调整。

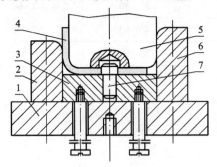

图 4-24　L 形弯曲模

1—下模座；2—凹模；3—顶板；
4—弯曲件；5—凸模；6—挡块；7—定位钉

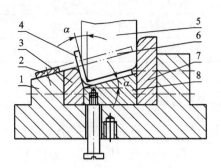

图 4-25　L 形校正弯曲模

1—下模座；2—定位板；3—凹模；4—弯曲件；
5—凸模；6—毛坯；7—挡块；8—顶板

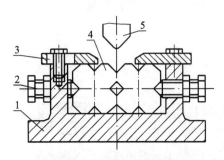

图 4-26　V 形件通用弯曲模

1—下模座；2—调节螺钉；3—定位板；4—凹模；5—凸模

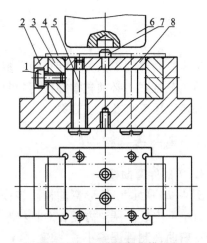

图 4-27　U 形件弯曲模

1—螺栓；2—下模座；3—凹模；4—毛坯；
5—顶杆；6—凸模；7—定位钉；8—顶板

图 4-28 所示为弯曲圆杆件的 U 形件弯曲模。滚轮 3 起弯曲凹模的作用。弯曲时滚轮转动，与坯料间的摩擦力大为减小。在滚轮和凸模 6 上开有半圆形槽，可有效防止毛坯在弯曲过程中因偏移、错位而出现扭曲和表面擦伤。滚轮式凹模的磨损小，模具寿命高，因而在弯曲合金钢板料时，往往也采用滚轮式凹模。

3. Z形件弯曲模

图 4-29 为 Z 形件弯曲模。由于 Z 形件两直边的弯曲方向相反，为了防止单边翘曲，弯曲前活动凸模 4 和固定凸模 9 的端面平齐。弯曲开始时，活动凸模与顶板 1 先将坯件夹紧，然后，当橡胶垫 6 的弹压力大于弹顶器的弹顶力时，顶板被迫向下运动，活动凸模与凹模 2 一起完成左角

的弯曲。待顶板与下模座10接触后,活动凸模停止下行,而固定凸模与上模座8一起继续向下运动,由固定凸模与顶板一起完成右角的弯曲,直至限位块7与上模座接触,对弯曲件进行校正后,上模回程。如果橡胶垫的弹压力小于弹顶器的弹顶力,则先弯右角,后弯左角。

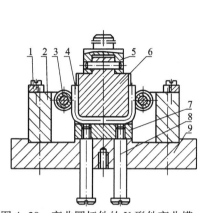

图4-28 弯曲圆杆件的U形件弯曲模
1—定位板；2—滚轮支座；
3—滚轮；4—弯曲件；5—模柄；
6—凸模；7—顶板；8—顶杆；9—下模座

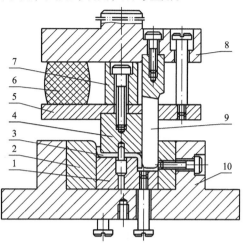

图4-29 Z形件弯曲模
1—顶板；2—凹模；3—弯曲件；4—活动凸模；
5—托板；6—橡胶垫；7—限位块；
8—上模座；9—固定凸模；10—下模座

4. 圆形件弯曲模

圆形件采用简单弯曲模弯曲成形时,一般需要两次弯曲。直径 $d \leqslant 5$ mm 的小圆形弯曲件,一般是先弯成U形,然后再弯成圆形,如图4-30所示。直径 $d \geqslant 20$ mm 的大圆形弯曲件,第一次弯曲先弯成波浪形,第二次弯曲再弯成圆形,如图4-31所示。

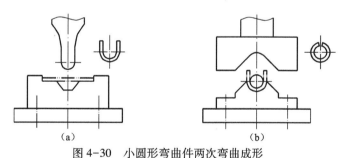

图4-30 小圆形弯曲件两次弯曲成形

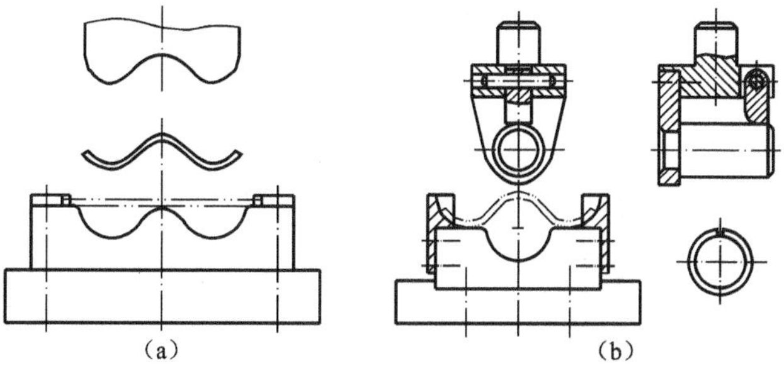

图4-31 大圆形弯曲件两次弯曲

中小型弯曲件为便于操作,提高生产效率,可以采用圆形件一次弯曲模。圆形件一次弯曲模的类型较多,图 4-32 所示为其中的一种。

这种模具弯成的圆形件,因上部得不到校正,回弹较大。

5. 四直角形件弯曲模

图 4-33 为两种四角形件一次弯曲模的示意图。

图 4-33(a)所示模具结构简单,但弯曲时坯料的变形不是简单的弯曲变形,易出现厚度变薄,长度拉长,表面拉伤等缺陷。

图 4-33(b)所示弯曲模,使用一对摆动凹模完成弯曲工作,能避免图 4-33(a)所示模具的缺点。

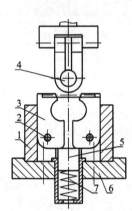
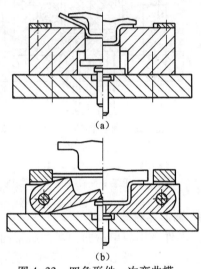

图 4-32 圆形件一次弯曲模   图 4-33 四角形件一次弯曲模

1—凹模座;2—轴销;3—摆动凹模;4—凸模;
5—顶杆;6—下模座;7—弹簧

6. 铰链弯曲模

铰链类制件应先将头部预压成弧形($\alpha=75°\sim 80°$),如图 4-34(a)所示,然后再使用铰链弯曲模进行卷圆弯曲。铰链弯曲模的典型结构有两种,如图 4-34(b)、(c)所示。

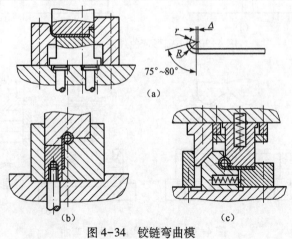

图 4-34 铰链弯曲模

7. 其他弯曲模

对于复杂弯曲件，特别是尺寸很小的复杂弯曲件，应尽可能采用高效率的复杂弯曲模弯曲成形。此外，多工位级进模的设计制造技术已经成熟，在生产中的应用已很普遍，对于大批量生产的中、小型弯曲件，利用多工位级进模一次完成冲裁、弯曲和其他冲压加工，能大大提高生产效率。图 4-35～图 4-39 所示为特殊和复杂结构弯曲模的一些实例，供参考。

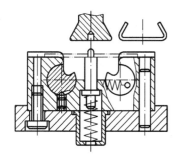

图 4-35 转轴凹模式弯曲模

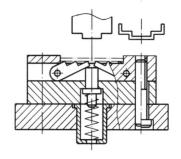

图 4-36 摆动凹模式弯曲模

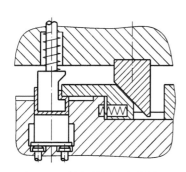

图 4-37 斜楔滑块式弯曲模

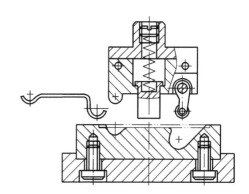

图 4-38 摆动凸模式弯曲模

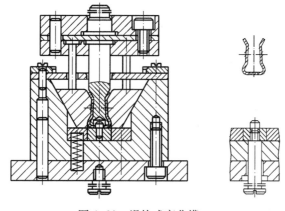

图 4-39 滑块式弯曲模

4.4.2 弯曲件的工序安排

弯曲件需要经过几道工序才能弯曲成形，每道工序的工序内容及各道工序的先后顺序如何安排，是弯曲工艺设计的重要环节。工序安排合理，可以保证制件质量，提高生产效率，简化模具结构、提高模具寿命，降低制件生产成本，取得良好的经济技术效果。

1. 弯曲件工序安排原则

弯曲件工序安排需要综合考虑弯曲件的形状、尺寸、精度要求、生产批量、材料性能，以及模具结构等各方面的因素。

① 简单形状的弯曲件，如V形件、L形件、U形件等只需一次弯曲。

② 尺寸特别小的弯曲件，应尽可能用一副复杂弯曲模一次弯曲成形，以便于毛坯的定位和生产操作，保证弯曲件的尺寸精度，提高生产效率。

③ 大批量生产的中、小型弯曲件，应尽可能用一副多工位级进模完成冲裁、弯曲等所有冲压加工任务，以提高生产效率。

④ 在能够保证弯曲件弯曲成形的前提下，应尽量减少弯曲工序数量。

⑤ 每次弯曲成形的部位不宜过多，以防止弯曲件变薄、翘曲或拉伤，简化模具结构。

⑥ 多次弯曲时，弯曲工序顺序安排的原则为：先弯外角，后弯内角；必须保证后续工序坯料的可靠定位；后续工序的弯曲不能影响已成形部位的形状和尺寸。

2. 多次弯曲工序安排实例

图4-40~图4-42为弯曲件多次弯曲成形的工序安排实例，供弯曲件工艺设计时参考。

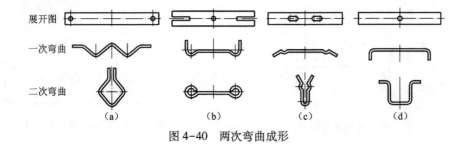

图4-40　两次弯曲成形

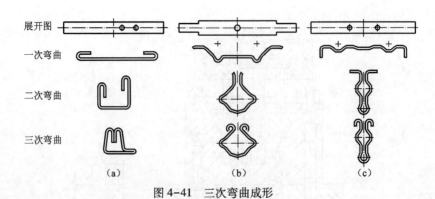

图4-41　三次弯曲成形

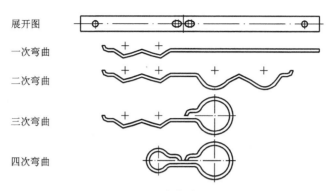

图 4-42 四次弯曲成形

4.4.3 弯曲模工作部分的尺寸设计

弯曲模工作部分的尺寸是指与工件弯曲成形直接有关的凸、凹模尺寸和凹模的深度，如图 4-43 所示。

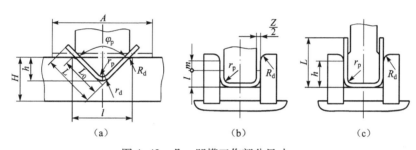

图 4-43 凸、凹模工作部分尺寸

1. 凸模工作尺寸

一般情况下，凸模圆角半径 r_P 取等于或略小于工件内侧的圆角半径 r，但不能小于允许的最小弯曲半径。当工件的 r 较大（$r/t>10$），而且精度较高时，则应通过回弹计算予以修正。

当弯曲件的相对圆角半径 $r/t>5$ 时，r_p、α_p 或 φ_p 由回弹计算决定。

当 $5>r/t>r_{min}/t$ 时，一般取 $r_p=r$，$\alpha_p=\alpha+\Delta\alpha$ 或 $\varphi_p=\varphi-\Delta\varphi$。

当 $r/t<r_{min}/t$ 时，取 $r_p \geqslant r_{min}$，弯曲后通过整形工序使 r 达到要求。

2. 凹模工作尺寸

凹模圆角半径 R_d 不能过小，否则会使弯矩的力臂减小，毛坯沿凹模圆角滑进时的阻力增大，从而增加弯曲力，并使毛坯表面擦伤。对称弯曲时两边凹模的圆角半径 R_d 应一致，否则毛坯会产生偏移。生产中，常根据材料厚度按下式选取：

$t<0.5$ mm 时，　　　　　　　　$R_d = (6 \sim 12) t$

$t = (0.5 \sim 2)$ mm 时，　　　　$R_d = (3 \sim 6) t$

$t = (2 \sim 4)$ mm 时，　　　　　$R_d = (2 \sim 3) t$

$t > 4$ mm 时，　　　　　　　　$R_d = (1.5 \sim 2.5) t$

上列数值中,当板料厚度较小时取大值,反之取小值。但当弯曲件直边长度较大和凹模深度较大时,也取大值,甚至还可以再放大。

V形件作自由弯曲时,凹模底部圆角半径 r_d 无特殊要求,需要时甚至可在凹模底部开退刀槽。V形件作校正弯曲时,凹模底部圆角半径取:

$$r_d = (0.6 \sim 0.8)(r_p + t) \tag{4-18}$$

弯曲凹模直壁段长度 L_0 不宜太大或太小。

弯曲V形件的凹模深度 L_0 和底部最小厚度 h 可按表4-10选取;弯曲U形件的凸模进入凹模深度 L_0 和 h_0 可按表4-11~表4-12选取。

表4-10 弯曲V形件的凹模深度 L_0 及底部最小厚度 h mm

弯曲件边长 L	材料厚度 t					
	<2		2~4		>4	
	h	L_0	h	L_0	h	L_0
>10~25	20	10~15	22	15	—	—
>25~50	22	15~20	27	25	32	30
>50~75	27	20~25	32	30	37	35
>75~100	32	25~30	37	35	42	40
>100~150	37	30~35	42	40	47	50

表4-11 弯曲U形件的凹模深度 L_0 mm

直边长度 L	材料厚度 t				
	<1	1~2	>2~4	>4~6	>6~10
<50	15	20	25	30	35
50~75	20	25	30	35	40
75~100	25	30	35	40	40
100~150	30	35	40	50	50
150~200	40	45	55	65	65

表4-12 弯曲U形件凹模的 h_0 值   mm

板料厚度 t	≤1	1~2	2~3	3~4	4~5	5~6	6~7	7~8	8~10
h_0	3	4	5	6	8	10	15	20	25

3. 弯曲凸模和凹模的间隙

弯曲V形件时,凸、凹模间隙是通过调节压力机的闭合高度来控制的。

弯曲U形类弯曲件时,凸、凹模间隙取值如下:

(1) 弯曲有色金属

$$\frac{Z}{2} = t_{\min} + nt \qquad (4-19)$$

(2) 弯曲黑色金属

$$\frac{Z}{2} = t + nt \qquad (4-20)$$

式中　Z——弯曲凸、凹模的双面间隙（mm）；
　　　t——材料厚度的基本尺寸（或中间尺寸）（mm）；
　　　$t_{\min}$——材料厚度的最小厚度（mm）；
　　　n——间隙系数。

4. 凸模与凹模的工作尺寸及公差

弯曲 U 形件时，应根据弯曲件的使用要求、尺寸精度和模具的磨损规律来确定凸、凹模的工作尺寸及公差。

如图 4-44（a）所示，弯曲件标注外形尺寸时，应以凹模为计算基准件，间隙取在凸模上，计算公式为：

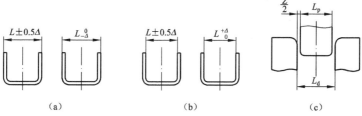

图 4-44　凸、凹模工作部分尺寸计算

弯曲件尺寸标注双向对称偏差时，取 $L_d = (L_{\max} - 0.5\Delta)^{+\delta_d}_{0}$ （4-21）

弯曲件标注单向负偏差时，取 $L_d = (L_{\max} - 0.75\Delta)^{+\delta_d}_{0}$ （4-22）

$$L_p = (L_d - Z)^{0}_{-\delta_p} \qquad (4-23)$$

如图 4-44（b）所示，弯曲件标注内形尺寸时，应以凸模为计算基准件，间隙取在凹模上，计算公式为：

弯曲件尺寸标注双向对称偏差时，取 $L_p = (L_{\min} + 0.5\Delta)^{0}_{-\delta_p}$ （4-24）

弯曲件标注单向正偏差时，取 $L_p = (L_{\min} + 0.75\Delta)^{0}_{-\delta_p}$ （4-25）

$$L_d = (L_p + Z)^{+\delta_d}_{0} \qquad (4-26)$$

式中　L_p——凸模的基本尺寸（mm）；
　　　L_d——凹模的基本尺寸（mm）；
　　　$L_{\max}$——弯曲件的最大极限尺寸（mm）；
　　　$L_{\min}$——弯曲件的最小极限尺寸（mm）；
　　　Δ——弯曲件的尺寸公差（mm）；
　　　δ_p、δ_d——凸、凹模的制造公差（mm），按 IT7~IT9 级确定，或取 (1/4~1/3)Δ；
　　　Z——凸、凹模双面间隙（mm）。

思考题与习题

4-1 弯曲的概念。
4-2 在弯曲变形区内，弯曲长度、宽度、厚度是如何变化的？
4-3 弯曲中性层的概念是什么？有何作用？
4-4 工件弯曲半径与最小允许弯曲半径是什么关系？
4-5 当弯曲件的孔边距小于允许的弯曲孔边距尺寸时，应该先冲孔还是先压弯？
4-6 落料件的毛刺应放在弯曲件的哪一侧？
4-7 已知零件的形状和尺寸如图4-45所示。

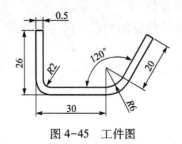

图4-45 工件图

(1) 计算毛坯长度。
(2) 计算凸模角度和半径。

第 5 章 拉伸工艺与模具设计

拉深（又称拉延）是利用拉深模在压力机的压力作用下，将平板坯料或空心工序件制成开口空心零件的加工方法。它是冲压基本工序之一，广泛应用于汽车、电子、日用品、仪表、航空和航天等各种工业部门的产品生产中，不仅可以加工旋转体零件，还可加工盒形零件及其他形状复杂的薄壁零件，如图 5-1 所示。日常生活中常见的拉深制品有：旋转体零件，如搪瓷脸盆、铝锅、汽车灯壳；方形零件，如饭盒、汽车油箱、拖拉机工具箱；复杂零件，如汽车覆盖件。

拉深可分为不变薄拉深和变薄拉深。前者拉深成形后的零件，其各部分的壁厚与拉深前的坯料相比基本不变；后者拉深成形后的零件，其壁厚与拉深前的坯料相比有明显的变薄，这种变薄是产品要求的，零件呈现是底厚、壁薄的特点。在实际生产中，应用较多的是不变薄拉深。

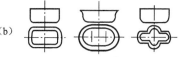

图 5-1 拉深件类型
（a）轴对称旋转体拉深件；
（b）盒形件；（c）不对称拉深件

本章在分析拉深变形过程及拉深件质量影响因素的基础上，介绍拉深工艺计算、工艺方案制定和拉深模设计。涉及拉深变形过程分析、拉深件质量分析、拉深系数及最小拉深系数影响因素、圆筒形件的工艺计算、其他形状零件的拉深变形特点、拉深工艺性分析与工艺方案确定、拉深模典型结构、拉深模工作零件设计、辅助工序等。

5.1 拉深过程变形与应力分析

5.1.1 拉深变形过程

圆筒形件是最典型的拉深件。平板圆形坯料拉深成为圆筒形件的变形过程如图 5-2 所示。其变形过程是：随着凸模的不断下行，留在凹模端面上的毛坯外径不断缩小，圆形毛坯逐渐被拉进凸、凹模间的间隙中形成直壁，而处于凸模下面的材料则成为拉深件的底，当板料全部进入凸、凹模间的间隙时拉深过程结束，平板毛坯就变成具有一定的直径和高度的开口空心件。与冲裁相比，拉深凸、凹模的工作部分不应有锋利的刃口，而应具有一定的圆角，凸、凹模间的单边间隙稍大于料厚。

为了说明金属的流动过程,可以作坐标网格试验。即拉深前在毛坯上画一些由等距离的同心圆和等角度的辐射线组成的网格(图5-3),然后进行拉深,通过比较拉深前后网格的变化来了解材料的流动情况。拉深后筒底部的网格变化不明显,而侧壁上的网格变化很大,拉深前等距离的同心圆拉深后变成了与筒底平行的不等距离的水平圆周线,越到口部圆周线的间距越大,即:$a_1>a_2>a_3>a_4>a_5$,原来等分的放射线变成了筒壁上的垂直平行线,其间距相等。

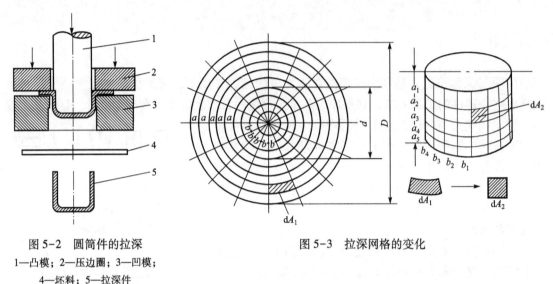

图5-2 圆筒件的拉深
1—凸模;2—压边圈;3—凹模;
4—坯料;5—拉深件

图5-3 拉深网格的变化

为分析金属是如何往高度方向流动的现象,可从变形区任选一个扇形格子来分析,如图5-3所示。从图中可看出,扇形的宽度大于矩形的宽度,而高度却小于矩形的高度,因此扇形格拉深后要变成矩形格,必须宽度减小而长度增加。很明显扇形格只有切向受压产生压缩变形,径向受拉产生伸长变形就能产生这种情况。而在实际的变形过程中,由于有多余材料存在,拉深时材料间的相互挤压产生了切向压应力(图5-3),凸模提供的拉深力产生了径向拉应力。

综上所述,拉深变形过程可描述为:处于凸缘底部的材料在拉深过程中变化很小,变形主要集中在处于凹模平面上的($D-d$)圆环形部分。该处金属在切向压应力和径向拉应力的共同作用下沿切向被压缩,且越到口部压缩得越多,沿径向伸长,且越到口部伸长得越多。该部分是拉深的主要变形区。

5.1.2 拉深过程中毛坯各部分的应力、应变状态分析

从实际生产中可知,拉深件各部分的厚度是不一致的。一般是:底部略为变薄,但基本上等于原毛坯的厚度;壁部上段增厚,越靠上缘增厚越大;壁部下段变薄,越靠下部变薄越多;在壁部向底部转角上处,则出现严重的变薄,甚至断裂。此外,沿高度方向,零件各部分的硬度也不同,越到上缘硬度越高。这些说明在拉深过程中,坯料内各区的应力、应变状态是不同的,因而出现的问题也不同。为了更好地解决上述问题,有必要研究拉深过程中坯料内各区的应力与应变状态。

现以带压边圈的直壁圆筒形件的首次拉深为例,说明在拉深过程中的某一时刻(图5-4)

毛坯的变形和受力情况。假设，σ_1、ε_1 为毛坯的径向应力与应变；σ_2、ε_2 为毛坯的厚向应力与应变；σ_3、ε_3 为毛坯的切向应力与应变。

根据应力与应变状态不同，可将坯料划分为五个部分。

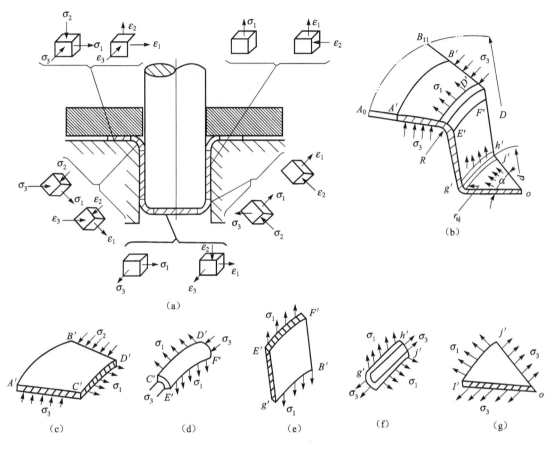

图 5-4 拉深过程的应力与应变状态

1. 凸缘部分（主要变形区）

这是拉深的主要变形区，材料在径向拉应力 σ_1 和切向压应力 σ_3 的共同作用下产生切向压缩与径向伸长变形而逐渐被拉入凹模。由于压边圈的作用，在厚度方向上产生压应力 σ_2。

通常，σ_1 和 σ_3 的绝对值比 σ_2 大得多，材料的流动主要是向径向延展，同时也向毛坯厚度方向流动而加厚。越接近于外缘，板料增厚越多。如果不压料（$\sigma_2=0$），或压料力较小（σ_2 小），这时板料增厚比较大。当拉深变形程度较大，板料又比较薄时，则在坯料的凸缘部分，特别是外缘部分，在切向压应力作用下可能失稳而拱起，产生起皱现象。该区域是主要变形区，变形最剧烈。拉深所做的功大部分消耗在该区材料的塑性变形上。

2. 凸缘圆角部分（过渡区）

与凸缘部分一样，切向被压缩，产生切向压应力；径向被拉伸，产生径向拉应力。同时，接触凹模圆角的一侧还受到弯曲压力，且凹模圆角半径越小，则弯曲变形越大，当凹模圆角半径小到一定数值时，就会出现弯曲开裂，故凹模圆角半径应有一个适当值。

3. 筒壁部分（传力区）

这部分是凸缘部分材料经塑性变形后形成的筒壁，它将凸模的作用力传递给凸缘变形区，因此是传力区。该部分受单向拉应力作用，发生少量的纵向伸长和厚度变薄。

4. 凸模圆角部分（过渡区）

此部分是筒壁和圆筒底部的过渡区。拉深过程一直承受径向拉应力和切向拉应力的作用，同时厚度方向受到凸模圆角的压力和弯曲作用，形成较大的压应力，因此这部分材料变薄严重，尤其是与筒壁相切的部位，此处最容易出现拉裂，是拉深的"危险断面"。原因是：此处传递拉深力的截面积较小，因此产生的拉应力较大。同时，该处所需要转移的材料较少，故该处材料的变形程度很小，冷作硬化较低，材料的屈服极限也较低。而与凸模圆角部分相比，该处又不像凸模圆角处那样，存在较大的摩擦阻力。因此在拉深过程中，此处变薄便最为严重，是整个零件强度最薄弱的地方，易出现变薄超差甚至拉裂。

5. 筒底部分

这部分材料与凸模底面接触，直接接收凸模施加的拉深力传递到筒壁。该处材料在拉深开始时即被拉入凹模，并在拉深的整个过程中保持其平面形状。它受到径向和切向双向拉应力作用，变形为径向和切向伸长、厚度变薄，但变形量很小。从拉深过程坯料的应力应变的分析中可见：坯料各区的应力与应变是很不均匀的。即使在凸缘变形区内也是这样，越靠近外缘，变形程度越大，板料增厚也越多。从拉深成形后制件壁厚和硬度分布情况可以看出，拉深件下部壁厚略有变薄，壁部与圆角相切处变薄严重，口部最厚。由于坯料各处变形程度不同，加工硬化程度也不同，表现为拉深件各部分硬度不一样，越接近口部，硬度越大。

综上分析可知，拉深时毛坯各区的应力、应变是不均匀的，且时刻在变化，因而拉深件的壁厚也是不均匀的。拉深凸缘区在切向压应力作用下可能产生"起皱"和筒壁传力区上危险断面可能被"拉裂"是拉深工艺能否顺利完成的关键所在。

5.1.3 拉深变形的力学分析

1. 凸缘变形区的应力分析

（1）拉深中某时刻凸缘变形区的应力分布

设用半径为 R 的板料毛坯拉深半径为 r 的圆筒形零件，采用有压边圈（图5-5）拉深时，变形区材料径向受拉应力 σ_1，的作用，切向受压应力 σ_3 的作用，厚度方向受压边圈所加的不大的压应力 σ_2 的作用。若 σ_2 忽略不计，则只需求 σ_1 和 σ_3 的值，即可知变形区的应力分布。塑性力学的分析结果表明，径向拉应力 σ_1 和切向压应力 σ_3 的关系为：

$$\sigma_1 = 1.1 \overline{\sigma}_m \ln \frac{R_t}{R} \quad (5-1)$$

$$\sigma_3 = -1.1 \overline{\sigma}_m \left(1 - \ln \frac{R_t}{R}\right) \quad (5-2)$$

式中 $\overline{\sigma}_m$ ——变形区材料的平均抗力（MPa）；

R_t ——拉深中某时刻的凸缘半径（mm）；

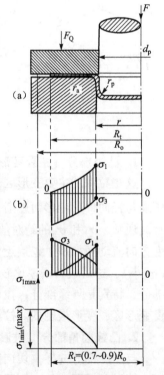

图 5-5 圆筒件拉深时的应力分布

R——凸缘区内任意点的半径（mm）。

当拉深进行到某瞬时，把变形区内不同点的半径 R 值代入公式（5-1）和公式（5-2），就可以算出各点的应力（图 5-5（b）），它是按对数曲线规律分布的，从分布曲线可看出，在变形区的内边缘（即 $R=r$ 处）径向拉应力 σ_1 最大，其值为：

$$\sigma_{1\max} = 1.1\,\overline{\sigma}_m \ln\frac{R_t}{r}$$

而 $|\sigma_3|$ 最小，为 $|\sigma_3| = 1.1\,\overline{\sigma}_m \ln\left(1-\ln\dfrac{R_t}{r}\right)$。在变形区外边缘 $R=R_t$ 处压应力 $|\sigma_3|$ 最大，其值为：$|\sigma_3| = 1.1\sigma_m$

2. 筒壁传力区的受力分析

因此，从筒壁传力区传过来的力至少应等于上述各力之和。上述各附加阻力可根据各种假设条件，并考虑拉深中材料的硬化来求出。

拉深时，凸缘内线处的径向拉应力为最大值，即 σ_1。因此，筒壁所受的拉应力主要由 σ_1 引起。筒壁还存在因压边力产生的摩擦阻力、坯料绕过凹模圆角的摩擦力和弯曲力等。

5.1.4 拉深时的主要工艺问题

凸缘变形区的"起皱"和筒壁传力区的"拉裂"是拉深工艺能否顺利进行的主要障碍。为此，必须了解起皱和拉裂的原因，在拉深工艺和拉深模设计等方面采取适当的措施，保证拉深工艺的顺利进行，提高拉深件的质量。

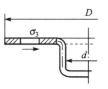
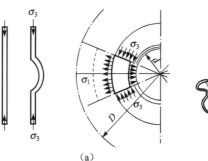
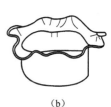

图 5-6　凸缘变形区的起皱

1. 凸缘变形区的起皱

拉深过程中，凸缘区变形区的材料在切向压应力的作用下，可能会产生失稳起皱，如图 5-6（b）所示。凸缘区会不会起皱，主要决定于两个方面：一方面是切向压应力的大小，越大越容易失稳起皱；另一方面是凸缘区板料本身的抵抗失稳的能力，凸缘宽度越大，厚度越薄，材料弹性模量和硬化模量越小，抵抗失稳能力越小。这类似于材料力学中的压杆稳定问题。压杆是否稳定不仅取决于压力而且取决于压杆的粗细。在拉深过程中是随着拉深的进行而增加的，但凸缘变形区的相对厚度也在增大。这说明拉深过程中失稳起皱的因素在增加而抗失稳起皱的能力也在增加。

2. 筒壁的拉裂

拉深时，坯料内各部分的受力关系如图 5-7 所示。筒壁所受的拉应力除了与径向拉应力有关之外，还与由于压料力引起的摩擦阻力、坯料在凹模圆角表面滑动所产生的摩擦阻力和弯曲变形所形成的阻力有关。筒壁会不会拉裂主要取决于两个方面：一方面是筒壁传力区中的拉应力；另一方面是筒壁传力区的抗拉强度。当筒壁拉应力超过筒壁材料的抗拉强度时，拉深件就会在底部圆角与筒壁相切处"危险断面"产生破裂，如图 5-8（b）所示。要防止筒壁的拉裂，一方面要通过改善材料的力学性能，提高筒壁抗拉强度；另一方面是通过正确制定拉深工艺和设计模具，合理确定拉深变形程度、凹模圆角半径、合理改善条件润滑等，以降低筒壁传力区中的拉应力。

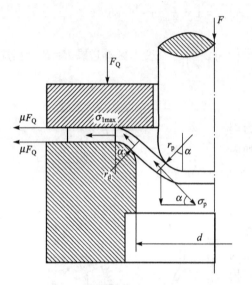

图 5-7 拉深毛坯内各部分的受力分析

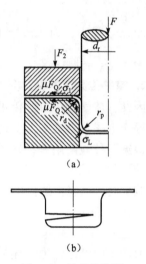

图 5-8 筒壁的拉裂

5.2 筒形件的拉深

圆筒形件是最典型的拉深件，掌握了它的工艺计算方法后，其他零件的工艺计算可以借鉴其计算方法。下面介绍如何计算毛坯尺寸、拉深系数、拉深次数、半成品尺寸等。

5.2.1 旋转体拉深件毛坯尺寸的计算

1. 毛坯尺寸计算的理论依据

拉深件坯料形状和尺寸是以冲件形状和尺寸为基础，按体积不变原则和相似原则确定。体积不变原则，即对于不变薄拉深，假设变形前后料厚不变，拉深前坯料表面积与拉深后冲件表面积近似相等，得到坯料尺寸；相似原则，即利用拉深前坯料的形状与冲件断面形状相似，得到坯料形状。当冲件的断面是圆形、正方形、长方形或椭圆形时，其坯料形状应与冲件的断面形状相似，但坯料的周边必须是光滑的曲线连接。对于形状复杂的拉深件，利用相似原则仅能初步确定坯料形状，必须通过多次试压，反复修改，才能最终确定出坯料形状，因此，拉深件的模具设计一般是先设计拉深模，坯料形状尺寸确定后再设计冲裁模。

由于金属板料具有板平面方向性和模具几何形状等因素的影响，会造成拉深件口部不整齐，因此在多数情况下采取加大工序件高度或凸缘宽度的办法，拉深后再经过切边工序以保证零件质量。切边余量可参考表 5-1 和表 5-2。当零件的相对高度 H/d 很小，并且高度尺寸要求不高时，也可以不用切边工序。

表 5-1 无凸缘拉深件的修边余量   mm

拉深高度 h	拉深相对高度 h/d 或 h/B			
	>0.5~0.8	>0.8~1.6	>1.6~2.5	>2.5~4
≤10	1.0	1.2	1.5	2
>10~20	1.2	1.6	2	2.5
>20~50	2	2.5	3.3	4
>50~100	3	3.8	5	6
>100~150	4	5	6.5	8
>150~200	5	6.3	8	10
>200~250	6	7.5	9	11
>250	7	8.5	10	12

注：1. B 为正方形的边宽或长方形的短边宽度。
    2. 对于高拉深件必须规定中间修边工序。
    3. 对于材料厚度小于 0.5mm 的薄材料作多次拉深时，应按表值增加 30%。

表 5-2 有凸缘拉深件的修边余量   mm

凸缘直径 d_i（或 B_i）	相对凸缘直径 d_i/d（或 B_i/B）			
	<1.5	1.5~2	2~2.5	2.5~3
<25	1.8	1.6	1.4	1.2
>25~50	2.5	2.0	1.8	1.6
>50~100	3.5	3.0	2.5	2.2
>100~150	4.3	3.6	3.0	2.5
>150~200	5.0	4.2	3.5	2.7
>200~250	5.5	4.6	3.8	2.8
>250	6.0	5.0	4.0	3.0

2. 简单几何形状拉深件的毛坯尺寸

对于简单几何形状的拉深件求其毛坯尺寸时，一般先将拉深件划分为若干个简单的便于计算的几何体，并分别求出各简单几何体的表面积。把各简单几何体面积相加即为零件总面积，然后根据表面积相等原则，求出坯料直径。具体求解步骤如下：

（1）确定修边余量。由于材料的各向异性以及拉深时金属流动条件的差异，拉深后工件口部不平，通常拉深后需切边，因此计算毛坯尺寸时应在工件高度方向上（无凸缘件）或凸缘上增加修边余量 δ。修边余量的值可根据零件的相对高度查表 5-1、表 5-2。

（2）计算工件表面积。为了便于计算，把零件分解成若干个简单几何体，分别求出其表面积后再相加。

（3）求出毛坯尺寸。设毛坯的直径为 D，根据毛坯表面积等于工件表面积的原则：

$$\frac{\pi}{4}D^2 = A_1 + A_2 + A_3 = \sum A_i$$

故

$$D = \sqrt{\frac{4}{\pi}\sum A_i} \qquad (5\text{-}3)$$

注意：对于上式，若毛坯的厚度 $t<1$ mm，且以外径和外高或内部尺寸来计算时，毛坯尺寸的误差不大。若毛坯的厚度 $t \geq 1$ mm，则各个尺寸应以零件厚度的中线尺寸代入而进行计算。

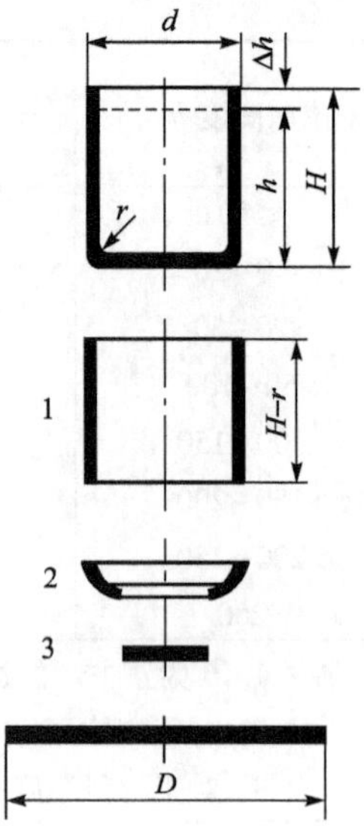

在图 5-9 上部所示拉深件可划分为三部分：

$$A_1 = \pi d(H-r)$$
$$A_2 = \frac{\pi}{4}[2\pi r(d-2r) + 8r^2]$$
$$A_3 = \frac{\pi}{4}(d-2r)^2$$

把以上各部分的面积相加后代入式 5-3，整理后可得到坯料直径为：

$$D = \sqrt{(d-2r)^2 + 4d(H-r) + 2\pi r(d-2r) + 8r^2}$$
$$= \sqrt{d^2 + 4dH - 1.72dr - 0.56r^2}$$

式中　　D——坯料直径；

　　　d、H、r——拉深件直径、高度、圆角半径。

图 5-9　毛坯尺寸计算图

3. 复杂旋转体拉深件的毛坯尺寸

该类拉深零件的坯料尺寸，可用久里金法则求出其表面积，即任何形状的母线绕轴旋转一周所得到的旋转体面积，等于该母线的长度与其重心绕该轴线旋转所得周长的乘积。如图 5-10 所示，旋转体表面积为 A。

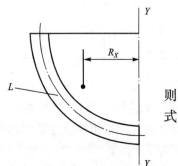

图 5-10　旋转体表面积计算图

由于拉深前后面积相等，所以坯料直径可按下式求出：

$$A = 2\pi R_X L$$
$$\frac{\pi D^2}{4} = 2\pi R_X L$$

则

$$D = \sqrt{8 R_X L} \qquad (5\text{-}4)$$

式中　　A——旋转体面积；

　　　R_X——旋转体母线重心到旋转轴线的距离（称旋转半径）；

　　　L——旋转体展开长度；

　　　D——坯料直径。

由式（5-4）可知，只要知道旋转体母线及其重心的旋转半径，就可以求出坯料半径。

5.2.2　拉深系数

1. 拉深系数的概念和意义

当拉深件由板料拉深成制件时，往往一次拉深不能够使板料达到制件所要求的尺寸和形状，否则制件就会因为变形太大而产生破裂或起皱。必须经过多次拉深，每次拉深变形都在允许范围之内，才能制成合格的制件。因此，在制定拉深件的工艺过程和设计拉深模时，必须首先确定所需要的拉深次数。为了用最少的拉深次数制成一个拉深件，每次拉深既要使板料的应力不超过强度极限，又要充分利用板料的塑性潜力，变形程度尽可能大。拉深时板料允许的变形量通常用拉深系数 m 表示。拉深系数是指拉深后圆筒形件的直径与拉深前毛坯（或半成品）的直径之比。图 5-11 所示是用直径为 D 的毛坯拉成直径为 d_n、高度为 h_h 工件的工艺顺序。第一次拉成的尺寸为 d_1，第二次半成品尺寸为 d_2，依此最后一次即得工件的尺寸。其各次的拉深系数为：

$$m_1 = d_1/D$$
$$m_2 = d_2/d_1$$
$$\cdots\cdots$$
$$m_{n-1} = \frac{d_{n-1}}{d_{n-2}} \tag{5-5}$$
$$m_n = \frac{d_n}{d_{n-1}}$$

工件的直径与毛坯直径 D 之比称为总拉深系数，即工件所需要的拉深系数。

$$m_{总} = \frac{d_n}{D} = \frac{d_1 d_2}{D d_1} = \cdots\cdots = \frac{d_{n-1} d_n}{d_{n-2} d_{n-1}} = m_1 m_2 \cdots\cdots m_{n-1} m_n \tag{5-6}$$

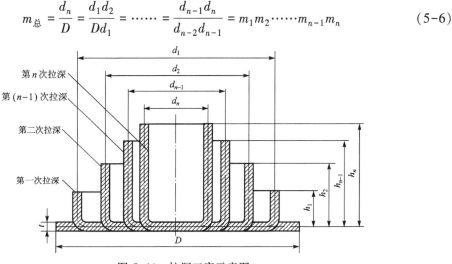

图 5-11　拉深工序示意图

由此可知，拉深系数是一个小于 1 的数值，其值越大表示拉深前后毛坯的直径变化越小，即变形程度小。其值越小则毛坯的直径变化越大，即变形程度大。拉深系数是一个重要的工艺参数，它是拉深工艺计算的基础。知道了拉深系数就知道工件总的变形量和每道拉深的变形量，工件需拉深的次数及各次半成品的尺寸也就可以求出。

在实际生产中采用的拉深系数值的合理与否更关系到拉深工艺的成败。假如采用的拉深系数过大，则拉深变形程度小，材料的塑性潜力未被充分利用，每次毛坯只能产生很小的变形，拉深次数就要增加，冲模套数增多，成本增加而不经济。

但是，如拉深系数取得过小，则拉深变形程度过大，工件局部严重变薄甚至材料被拉破，得不到合格的工件。因此，拉深时采用的拉深系数既不能太大，也不能太小，应使材料的塑性被充分利用的同时又不致被拉破。生产上为了减少拉深次数，一般希望采用小的拉深系数。根据上面的分析，拉深系数的减少有一个限度，这个限度称之为极限拉深系数。极限拉深系数就是使拉深件不破裂的最小拉深系数。

2. 影响极限拉深系数的因素

在不同的条件下极限拉深系数是不同的，影响极限拉深系数的因素有以下诸方面：

(1) 材料方面

① 材料的力学性能。屈强比 σ_s/σ_b 越小对拉深越有利。因屈服强度小表示变形区抗力小，材料容易变形。而大则说明危险断面处强度高而不易破裂，因而小的材料拉深系数可取小些。材料的塑性差即伸长率值小时，因塑性变形能力差，则拉深系数要取大些。材料的厚向异性系数 r 和硬化指数 n 大时易于拉深，可以采用较小的拉深系数。这是由于 r 大时，板平面方向比厚度方向变形容易，即板厚方向变形较小，不易起皱，传力区不易拉破。n 大表示加工硬化程度大，则抗局部颈缩失稳能力强，变形均匀，因此板料的总体成形极限提高。

② 材料的相对厚度。材料的相对厚度大时，凸缘抵抗失稳起皱的能力增强，因而所需压边力减小（甚至不需要），这就减小了因压边力而引起的摩擦阻力，从而使总的变形抗力减少，故极限拉深系数可减小。

③ 材料的表面质量。材料的表面光滑，拉深时摩擦力小而容易流动，所以极限拉深系数可减小。

(2) 模具方面

① 模具间隙。模具间隙小时，材料进入间隙后的挤压力增大，摩擦力增加，拉深力大，故极限拉深系数提高。

② 凹模圆角半径。凹模圆角半径过小，则材料沿圆角部分流动时的阻力增加，引起拉深力加大，故极限拉深系数应取较大值。

③ 凸模圆角半径。凸模圆角半径过小时，毛坯在此处的弯曲变形程度增加，危险断面强度过多地被削弱，故极限拉深系数应取大值。

但凸、凹模圆角半径也不宜过大，过大的圆角半径，会减少板料与凸模和凹模端面的接触面积及压料圈的压料面积，板料悬空面积增大，容易产生失稳起皱。

④ 模具表面质量。模具表面光滑，粗糙度小，则摩擦力小，极限拉深系数低。

⑤ 凹模形状。图 5-12 所示的锥形凹模，因其支撑材料变形区的面是锥形而不是平面，防皱效果好，可以减小包角 α，从而减少材料流过凹模圆角时的摩擦阻力和弯曲变形力，因而极限拉深系数降低。

(3) 拉深条件

① 是否采用压边圈。拉深时若不用压边圈，变形区起皱的倾向增加，每次拉深时变形不能太大，故极限拉深系数应增大。

② 拉深次数。第一次拉深时材料还没硬化，塑性好，极限拉深系数可小些。以后的拉深因材料已经硬化，塑性越来越低，变形越来越困难，故一道比一道的拉深系数大。

③ 润滑情况。凹模和压料圈与板料接触的表面应当光滑，润滑条件要好，以减少摩擦阻力和筒壁传力区的拉应力。而凸模表面不宜太光滑，也不宜润滑，以减小由于凸模与材料的相对滑动而使危险断面变薄破裂的危险。

④ 工件形状。工件的形状不同，则变形时应力与应变状态不同，极限变形量也就不同，因而极限拉深系数不同。

此外，影响极限拉深系数的因素还有拉深方法、拉深速度等。采用反拉深、软模拉深等可以降低极限拉深系数；首次拉深极限拉深系数比后次拉深极限拉深系数小；拉深速度慢，有利于拉深工作的正常进行，盒形件角部拉深系数比相应的圆筒形件的拉深系数小。

在这些影响拉深系数的因素中，对于一定的材料和零件来说，相对厚度是主要因素，其次是凹模圆角半径。在生产中则应注意润滑以减少摩擦力。

总结上述影响极限拉深系数的因素可知：凡是能增加筒壁传力区危险断面的强度，降低筒壁传力区拉应力的因素，均会使极限拉深系数减小；反之将使极限拉深系数增加。

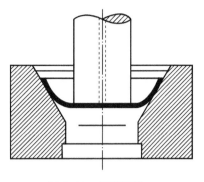

图 5-12　锥形凹模

3. 极限拉深系数的确定

由于影响极限拉深系数的因素很多，目前仍难采用理论计算方法准确确定极限拉深系数。在实际生产中，极限拉深系数值一般是在一定的拉深条件下用实验方法得出的。表 5-3 和 表 5-4 是圆筒形件在不同条件下各次拉深的极限拉深系数。另外，并不是在所有情况下都采用极限拉深系数。为了提高工艺稳定性和零件质量，适宜采用稍大于极限拉深系数的值。表 5-5 给出了其他金属板料的拉深系数。

表 5-3　无凸缘筒形件带压边圈时的极限拉深系数

拉深系数	毛坯相对厚度 t/D（%）					
	0.08~0.15	0.15~0.3	0.3~0.6	0.6~1.0	1.0~1.5	1.5~2.0
m_1	0.60~0.63	0.58~0.60	0.55~0.58	0.53~0.55	0.50~0.53	0.48~0.50
m_2	0.80~0.82	0.79~0.80	0.78~0.79	0.76~0.80	0.75~0.76	0.73~0.75
m_3	0.82~0.84	0.81~0.82	0.80~0.81	0.79~0.80	0.78~0.79	0.76~0.78
m_4	0.85~0.86	0.83~0.85	0.82~0.83	0.81~0.82	0.80~0.81	0.78~0.80
m_5	0.87~0.88	0.86~0.87	0.85~0.86	0.84~0.85	0.82~0.83	0.80~0.82

注：1. 表中数据适用于 08，10 和 15Mn 等普通拉深钢及 H62。对拉深性能较差的材料 20，25，Q235 钢，硬铝等应比表中数值大 1.5%~2.0%。而对塑性较好的 05，08，10 钢及软铝应比表中数值小 1.5%~2.0%。
　　2. 表中数据运用于未经中间退火的拉深。若采用中间退火，表中数值应小 2%~3%。
　　3. 表中较小值适用于大的凹模圆角半径 $r_d=(8\sim15)t$，较大值适用于小的圆角半径 $r_d=(4\sim8)t$。

表 5-4　无凸缘筒形件不带压边圈时的极限拉深系数

拉深系数	毛坯相对厚度 t/D（%）				
	1.5	2.0	2.5	3.0	>3
m_1	0.65	0.60	0.55	0.53	0.50
m_2	0.80	0.75	0.75	0.75	0.70
m_3	0.84	0.80	0.80	0.80	0.75
m_4	0.87	0.84	0.84	0.84	0.78
m_5	0.90	0.87	0.87	0.87	0.82
m_6	—	0.90	0.90	0.90	0.85

注：此表适合于 08，10 及 15Mn 等材料，其余各项目同表 5-3。

表 5-5 其他金属板料的拉深系数

材料名称	牌 号	首次拉深 m_1	以后逐次拉深 $m_{均}$
铝和铝合金	L_3M、L_4M、$LF_{21}M$	0.52~0.55	0.70~0.75
黄铜	H62	0.52~0.54	0.70~0.72
黄铜	H68	0.50~0.52	0.68~0.72
紫铜	T3、T2、T4	0.50~0.55	0.72~0.80
无氧铜		0.50~0.58	0.75~0.82
镍、镁镍、硅镍		0.48~0.53	0.70~0.75
康铜（铜镍合金）		0.50~0.56	0.74~0.84
白皮铁		0.58~0.65	0.80~0.85
不锈钢	Cr13	0.52~0.56	0.75~0.78
不锈钢	Cr18Ni	0.50~0.52	0.70~0.75
不锈钢	Cr18Ni11Nb	0.52~0.55	0.78~0.80
不锈钢	Cr23Ni18	0.52~0.55	0.78~0.80
不锈钢	Cr18Ni9Ti	0.52~0.55	0.78~0.81
钛合金	BT1	0.58~0.60	0.80~0.85
钛合金	BT4	0.60~0.70	0.80~0.85
钛合金	BT5	0.60~0.65	0.80~0.85

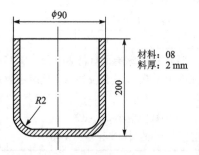

注：查表 5-1 得修边余量 $\delta = 8$ mm，
按式（5-3）计算得 $D = 283$ mm。

图 5-13 拉深零件图

5.2.3 拉深次数的确定

（1）判断能否一次拉出。判断零件能否一次拉出，仅需比较实际所需的总拉深系数和第一次允许的极限拉深系数的大小即可。若 $m_总 > m_1$，说明拉深该工件的实际变形程度比第一次容许的极限变形程度要小，所以工件可以一次拉成。若 $m_总 < m_1$，则需要多次拉深才能够成形零件。对于图 5-13 所示的零件，由毛坯的相对厚度：

$$t/D \times 100 = 2 \times 100/283 = 0.7$$

从表 5-4 中查出各次的拉深系数：$m_1 = 0.54$，$m_2 = 0.77$，$m_3 = 0.80$，$m_4 = 0.82$。则零件的总拉深系数 $m_总 = d/D = 88/283 = 0.31$。即：$m_总 = 0.31$，小于 $m_1 = 0.54$，故该零件需经多次拉深才能够达到所需尺寸。

（2）计算拉深次数。计算拉深次数 n 的方法有多种，生产上经常用推算法辅以查表法进行计算。就是把毛坯直径或中间工序毛坯尺寸依次乘以查出的极限拉深系数 m_1，m_2，…，m_n 得各次半成品的直径，直到计算出的直径 d_n 小于或等于工件直径 d 为止。则直径 d_n 的下角标 n 即表示拉深次数。例如由：

$$d_1 = m_1 D = 0.54 \times 283 \text{ mm} = 153 \text{ mm}$$

$$d_2 = m_2 d_1 = 0.77 \times 153 \text{ mm} = 117.8 \text{ mm}$$
$$d_3 = m_3 d_2 = 0.80 \times 117.8 \text{ mm} = 94.2 \text{ mm}$$
$$d_4 = m_4 d_3 = 0.82 \times 94.2 \text{ mm} = 77.2 \text{ mm}$$

可知该零件要拉深四次才行。计算结果是否正确可用表 5-6 校核一下。零件的相对高度 $h/d = 207/88 = 2.36$，相对厚度为 0.7，从表中可知拉深次数在 3~4 之间，和推算法得出的结果相符，这样零件的拉深次数就确定为 4 次。

表 5-6　无凸缘筒形件拉深的相对高度 h/d 与拉深次数的关系（材料 08F，10F）

拉深次数	毛坯相对厚度 t/D（%）					
	0.08~0.15	0.15~0.3	0.3~0.6	0.6~1.0	1.0~1.5	1.5~2.0
1	0.38~0.46	0.45~0.52	0.5~0.62	0.57~0.71	0.65~0.84	0.77~0.94
2	0.7~0.9	0.83~0.96	0.94~1.13	1.1~1.36	1.32~1.60	1.54~1.88
3	1.1~1.3	1.3~1.6	1.5~1.9	1.8~2.3	2.2~2.8	2.7~3.5
4	1.5~2.0	2.0~3.3	2.4~2.9	2.9~3.6	3.5~4.3	4.3~5.6
5	2.0~2.7	2.7~3.3	3.3~4.1	4.1~5.2	5.1~6.6	6.6~8.9

注：大的 h/d 适用于首次拉深工序的大凹模圆角 $[r_d \approx (8\sim15)t]$。小的 h/d 适用于首次拉深工序的小凹模圆角 $[r_d \approx (4\sim8)t]$。

5.2.4　筒形件各次拉深的半成品尺寸计算

当筒形件需分若干次拉深时，就必须计算各次半成品的尺寸作为设计模具及选择压力机的依据。

1. 各次半成品的直径

根据多次拉深时，变形程度应逐次减小的原则，重新调整各次拉深系数。然后根据调整后的各次拉深系数计算各次半成品直径，使 d_n 等于工件直径 d 为止。即：

$$d_1 = m_1 D$$
$$d_2 = m_2 d_1$$
$$\cdots$$
$$d_n = m_n d_{n-1}$$

2. 各次半成品的高度

各次半成品的高度可根据半成品零件的面积与毛坯面积相等的原则求得（图 5-14）。

$$D = \sqrt{d^2 + 4dh - 1.72rd - 0.56r^2} \quad (5-7)$$

$$h = 0.25\left(\frac{D^2}{d} - d\right) + 0.43\frac{r}{d}(d + 0.32r) \quad (5-8)$$

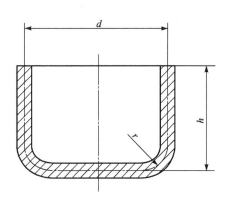

图 5-14　筒形件的高度

例 5-1　计算图 5-15 所示筒形件的毛坯直径、拉深次数及各半成品尺寸。材料为 08 钢，料厚 $t = 1$ mm。

解　$t = 1$ mm，下面均按中线计算

(1) 确定修边余量 Δh。由表 5-1 查得：
$$h/d = 67.5/20 \approx 3.4, \text{ 取 } \Delta h = 6 \text{ mm}$$

(2) 计算毛坯直径 D。
$$D = \sqrt{d^2 + 4dh - 1.72rd - 0.56r^2}$$
$$= \sqrt{20^2 + 4 \times 20 \times (67.5 + 6) - 1.72 \times 4 \times 20 - 0.56 \times 4^2} \text{ mm}$$
$$\approx 78 \text{ mm}$$

(3) 确定拉深次数。先判断能否一次拉出。
零件所要求的拉深系数（即总拉深系数）$m_{总}$：
$$m_{总} = d/D = 20/78 = 0.256$$

由表 5-4，取 $m_1 = 0.55$，$m_2 = 0.75$。

可见，$m_{总} = 0.256 \ll m_1 = 0.55$，判断一次拉不出。

① 由计算法确定拉深次数：
$$n = 1 + \frac{\lg 20 - \lg(0.55 \times 78)}{\lg 0.75} = 3.65$$

取较大整数：$n = 4$

② 由查表法确定拉深次数：由表 5-6 查得 $n = 4$ 次
$$t/D = 1/78 = 1.28\%$$
$$h/d = 73.5/20 = 3.7$$

③ 由推算法确定拉深次数：由表 5-3 查得 $m_1 = 0.50$，$m_2 = 0.75$，$m_3 = 0.78$，$m_4 = 0.80$，$m_5 = 0.82$。

则各次拉深直径推算为：
$$d_1 = 0.50 \times 78 = 39 \text{ (mm)}$$
$$d_2 = 0.75 \times 39 = 29.3 \text{ (mm)}$$
$$d_3 = 0.78 \times 29.3 = 22.8 \text{ (mm)}$$
$$d_4 = 0.80 \times 22.8 = 18.3 \text{ (mm)}$$

因为 $d_4 = 18.3$ mm 已小于 $d = 20$ mm（工件直径），不必再推算下去，需拉 4 次即能拉出。

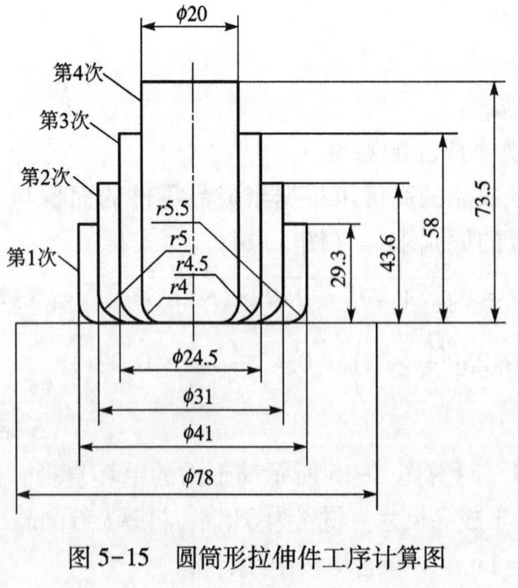

(4) 确定各次拉深半成品尺寸。

① 各次半成品直径计算：调整各次拉深系数，使各次拉深系数均大于表 5-3 查得的相应极限拉深系数。调整后，实际选取 $m_1 = 0.53$，$m_2 = 0.75$，$m_3 = 0.79$，$m_4 = 0.80$。所以各次拉深的直径确定为：
$$d_1 = 0.53 \times 78 = 41 \text{ (mm)}$$
$$d_2 = 0.75 \times 41 = 31 \text{ (mm)}$$
$$d_3 = 0.79 \times 31 = 24.5 \text{ (mm)}$$
$$d_4 = 0.80 \times 24.5 = 20 \text{ (mm)}$$

② 各次半成品的高度计算：取各次的 $r_凸$（即半成品底部的内圆角半径）分别为：

图 5-15 圆筒形拉伸件工序计算图

$r_1 = 5$ mm，$r_2 = 4.5$ mm，$r_3 = 4$ mm，$r_4 = 3.5$ mm。

计算各次 h：（计算时均取中线处的 r 值）

$$h_1 = \left[0.25\left(\frac{78^2}{41} - 41\right) + 0.43\frac{5.5}{41}(41 + 0.32 \times 5.5)\right]$$

$$= 29.3(\text{mm})$$

$$h_2 = \left[0.25\left(\frac{78^2}{31} - 31\right) + 0.43\frac{5}{31}(31 + 0.32 \times 5)\right]$$

$$= 43.6(\text{mm})$$

$$h_3 = \left[0.25\left(\frac{78^2}{24.5} - 24.5\right) + 0.43\frac{4.5}{24.5}(24.5 + 0.32 \times 4.5)\right]$$

$$= 58(\text{mm})$$

$$h_4 = 73.5 \text{ mm}$$

5.3 筒形件在以后各次拉深时的特点及其方法

5.3.1 以后各次拉深的特点

后续各次拉深所用的毛坯与首次拉深时不同，不是平板而是筒形件。因此，它与首次拉深比，有许多不同之处：

（1）首次拉深时，平板毛坯的厚度和力学性能都是均匀的，而后续各次拉深时筒形毛坯的壁厚及力学性能都不均匀。

（2）首次拉深时，凸缘变形区是逐渐缩小的，而后续各次拉深时，其变形区保持不变，只是在拉深终了以后才逐渐缩小。

（3）首次拉深时，拉深力的变化是变形抗力增加与变形区减小两个相反的因素互相消长的过程，因而在开始阶段较快地达到最大的拉深力，然后逐渐减小到零。而后续各次拉深变形区保持不变，但材料的硬化及厚度增加都是沿筒的高度方向进行的，所以其拉深力在整个拉深过程中一直都在增加，直到拉深的最后阶段才由最大值下降至零（图5-16）。

（4）后续各次拉深时的危险断面与首次拉深时一样，都是在凸模的圆角处，但首次拉深的最大拉深力发生在初始阶段，所以破裂也发生在初始阶段，而后续各次拉深的最大拉深力发生在拉深的终了阶段，所以破裂往往发生在结尾阶段。

（5）后续各次拉深变形区的外缘有筒壁的刚性支持，所以稳定性较首次拉深为好。只是在拉深的最后阶段，筒壁边缘进入变形区以后，变形区的外缘失去了刚性支持，这时才易起皱。

（6）后续各次拉深时由于材料已冷作硬化，加上变形复杂（毛坯的筒壁必须经过两次弯曲才被凸模拉入凹模内），所以它的极限拉深系数要比首次拉深大得多，而且通常后一次都大于前一次。

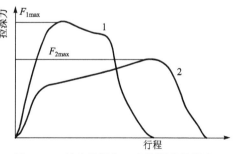

图 5-16　首次拉深与二次拉深的拉深力
1—首次拉深；2—二次拉深

5.3.2 以后各次拉深的方法

以后各次拉深有正拉深与反拉深两种方法：正拉深的拉深方向与上一次拉深方向一致；反拉深的拉深方向与上一次方向相反，工件的内外表面相互转换。反拉深有如下特点：材料的流动方向有利于相互抵消拉深时形成的残余应力；材料的弯曲与反弯曲次数较少，加工硬化也少，有利于成形；毛坯与凹模接触面积大，材料的流动阻力也大，材料不易起皱，因此一般反拉深可不用压边圈，这就避免了由于压边力不适当或压边力不均匀而造成的拉裂；其拉深力比正拉深力大 20% 左右。

反拉深的主要缺点是：拉深凹模壁厚不是任意的，它是受拉深系数的影响，如拉深系数很大的话，凹模壁厚又不大，强度就会不足，因而限制其应用。反拉深的圆筒直径也不能太小，最小直径大于 $(30\sim60)t$。反拉深的拉深系数比正拉深时可降低 10%~15%。反拉深可以用于圆筒形件的以后各次拉深，也可用于锥形、球面和抛物面等较复杂旋转体零件的拉深。

5.4 压边力与拉深力的计算

5.4.1 压边形式与压边力

1. 压边装置的应用

在拉深过程中，如果板料的相对厚度 t/D 较小，变形程度较大，在凸缘变形区容易起皱。防止起皱的主要方法是采用压边装置，对板料施加压力，使变形区周围的板料始终保持平整。是否采用压边装置可按下列条件确定：

采用锥形凹模拉深时，首次拉深 $t/D \geqslant 0.03(1-m)$；采用平端面凹模拉深时，首次拉深 $t/D \geqslant (0.09\sim0.17)(1-m)$；如果满足上列条件，拉深模可不采用压边装置。否则，必须采用压边装置。

2. 压边力计算

压边装置的压边力大小必须适当。如果选择的压边力过大，将会增大拉深应力，导致危险断面破裂。如果压边力过小，将使凸缘或侧壁起皱。因此，压边力的大小要使拉深件既不起皱又不破裂，在试模中加以调整。压边装置的结构应便于压边力的调整，在凸缘不起皱的前提下，达到最小压边力。

总压边力：

$$F_Q = Aq \tag{5-9}$$

筒形件第一次拉深时：

$$F_Q = \frac{\pi}{4}[D^2 - (d_1 + 2r_d)^2]q \tag{5-10}$$

筒形件后续各道拉深时：

$$F_{Qn} = \frac{\pi}{4}[d_{n-1}^2 - (d_n + 2r_d)^2]q \tag{5-11}$$

式中　　A——为在开始拉深瞬间不考虑凹模圆角时的压边面积（mm^2）。

q——单位压边力（MPa），可按表 5-7 选用；

d_1，…，d_n——第一次及以后各次工件的外径（mm）；

r_d——凹模洞口的圆角半径（mm）。

表 5-7 单位压边力 q　　　　　　　　　　　　　　　　MPa

材料	软钢		黄铜	紫铜硬铝 （已退火或 刚淬火）	铝	高合金钢 高锰钢 不锈钢
	$t<0.5$	$t>0.5$				
单位压边力 q	2.5~3	2~2.5	1.5~2	1.2~1.8	0.8~1.2	3~4.5

3. 压边装置的形式

目前在生产实际中常用的压边装置有以下两大类：

（1）弹性压边装置

这种装置多用于普通冲床，通常有三种：橡皮压边装置（图 5-17（a））；弹簧压边装置（图 5-17（b））；气垫式压边装置（图 5-17（c））。这三种压边装置压边力的变化曲线如图 5-17（d）所示。另外氮气弹簧技术也逐渐在模具中使用。

随着拉深深度的增加，需要压边的凸缘部分不断减少，故需要的压边力也就逐渐减小。从图 5-17（d）可以看出橡皮及弹簧压边装置的压边力恰好与需要的相反，随拉深深度的增加而增加。因此橡皮及弹簧结构通常只用于浅拉深。

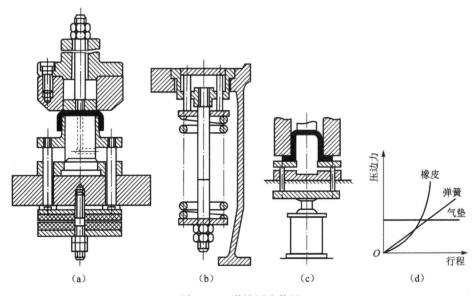

图 5-17 弹性压边装置

(a) 橡皮压边；(b) 弹簧压边；(c) 气垫式压边；(d) 三种压边装置比较

气垫式压边装置的压边效果较好，但也不是十分理想。它结构复杂，制造、使用及维修都比较困难。弹簧与橡皮压边装置虽有缺点，但结构简单，对单动的中小型压力机采用橡皮或弹簧装置还是很方便的。根据生产经验，只要正确地选择弹簧规格及橡皮的牌号和尺寸，就能尽量减少它们的不利方面，充分发挥它们的作用。

当拉深行程较大时，应选择总压缩最大、压边力随压缩量缓慢增加的弹簧。橡皮应选用软橡皮（冲裁卸料是用硬橡皮）。橡皮的压边力随压缩量增加很快，因此橡皮的总厚度应选大些，以保证相对压缩量不致过大。建议所选取的橡皮总厚度不小于拉深行程的5倍。

（2）定距装置

整个拉深过程，压边力需要保持均匀、稳定，且避免压边力过大，特别是带宽凸缘薄制件的拉深，必须解决由弹簧和橡皮的缺点带来的不利影响。为此，压边可采用如图5-18所示的定距装置，它使压边圈和凹模之间保持一定的间隙，间隙 s 大小视板料而定。拉深宽凸缘件，$s=t+(0.05\sim0.1)$ mm，拉深铝合金件，$s=1.1t$。拉深钢制件，$s=1.2t$。

如图5-18（a）所示定距装置用于首次拉深模。图5-18（b）、（c）所示装置用于后次拉深模。定距装置多用于后次拉深（特别深拉深）。采用弹性压边装置时，如不采用定距装置，很容易因压边力过大而导致拉裂。

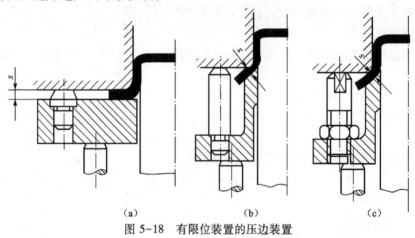

图 5-18　有限位装置的压边装置

（3）刚性压边装置

这种装置的特点是压边力不随行程变化，拉深效果较好，且模具结构简单。这种结构用于双动压力机，凸模装在压力机的内滑块上，压边装置装在外滑块上。

5.4.2　拉深力的计算

拉深力可根据塑性力学的理论进行计算。但影响拉深力的因素非常复杂，计算结果往往和实际情况相差较大。因此，在实际生产中多采用经验公式计算，这些公式以制件危险断面的应力小于板料强度极限为强度条件。经过长期生产实践证明，其计算结果与实际情况符合得较好。

圆筒形工件采用压边拉深时可用下式计算拉深力：

第一次拉深

$$F_1 = \pi d_1 t \sigma_b k_1 \tag{5-12}$$

第 n 次拉深

$$F_n = \pi d_n t \sigma_b k_n \tag{5-13}$$

无压边圈的首次拉深

$$P = 1.25\pi(D - d_1)t\sigma_b (\text{N}) \tag{5-14}$$

无压边圈的后次拉深

$$P = 1.3\pi(d_{t-1} - d_t)t\sigma_b(\text{N}) \tag{5-15}$$

式中 　　　　t——板料厚度（mm）；

　　　　　　D——板料直径（mm）；

　　　$d_1,\cdots,d_n$——第一次及以后各次工件的外径（mm）；

　　　　　　σ_b——板料的强度极限（MPa）；

K_1和K_2的值——取决于拉深系数$m_1,m_2,\cdots,m_n$的修正系数，见表5-8。

表5-8　K_1和K_2的值

m_1	0.55	0.57	0.60	0.62	0.65	0.67	0.70	0.72	0.75	0.77	0.80			
K_1	1.0	0.93	0.86	0.86	0.72	0.66	0.6	0.55	0.5	0.45	0.40			
λ_1	0.80		0.77		0.74		0.70		0.67		0.64			
$m_1,m_2\cdots,m_n$							0.70	0.72	0.75	0.77	0.80	0.85	0.90	0.95
K_2							1.0	0.95	0.90	0.85	0.80	0.70	0.60	0.50
λ_2							0.80		0.80		0.75		0.70	

表中数值，适用于大、中型拉深制件。对于较小的制件，若相对厚度较大，允许有较大的变形，因此可采用较小的拉深系数（0.4~0.45）。这时，对于同样大小的拉深系数$m_1,m_2,\cdots,m_n$，对应的K_1和K_2的值可比表中所列数值略小。

5.4.3　拉深时压力机吨位选择

1. 压力机吨位的选取

对于单动压力机用于浅拉深，即拉深施力行程小于压力机公称压力行程的拉深，所选压力机的吨位应大于拉深力和压边力的总和，即

$$F_{机} \geq F_{总} = F + F_Q \tag{5-16}$$

式中　$F_{机}$——压力机公称压力；

　　　$F_{总}$——拉深力和压边力的总和，如采用复合拉深模时，还应包括其他工艺力。

拉深施力行程大于压力机公称压力行程的深拉深，应查阅压力机说明书的许用压力曲线图。图5-19为国产J23-40型开式双柱可倾压力机的许用压力曲线图。

冲裁工艺力曲线和弯曲工艺力曲线位于许用压力曲线之下，在允许范围内。拉深工艺力曲线部分已超过许用压力曲线的值，是不允许的。尤其是当使用落料拉深复合模时，先落料，后拉深，落料拉深工艺力曲线已大大超出许用压力曲线的值，这种情况更是不允许出现的。必须另选较大吨位的压力机，否则，将导致压力机超载损坏。

必须强调指出，深拉深和采用落料拉深复合模的冲裁、拉深，不能简单地按工艺力或工艺力总和选取压力机吨位。这是因为压力机的公称压力仅仅是指压力机滑块接近下死点时所容许承受的最大作用力。而对于复杂工况，除了应满足该位置的冲压力条件之外，还必须充分注意到在冲压行程的各个位置处，都得满足上述条件，即各工艺力曲线是否位于压力机滑块许用负荷曲线之下。如果手头资料不够，无法获得所需要的冲压工艺力曲线时，可按下列各式选用压力机吨位。

对于浅拉深

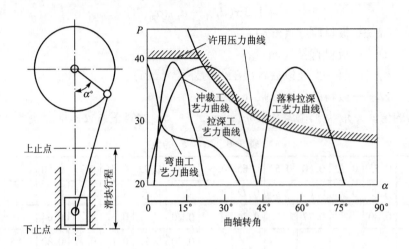

图 5-19 J23-40 型压力机许用压力曲线

$$F_{机} \geq (1.6 \sim 1.8) F_{总} \quad (5-17)$$

对于深拉深

$$F_{机} \geq (1.8 \sim 2) F_{总} \quad (5-18)$$

对于双动压力机吨位的选取,应满足

$$F_1 > F, F_2 > F_Q \quad (5-19)$$

式中　F_1——双动压力机内滑块的压力;

F_2——双动压力机外滑块的压力。

2. 拉深功的计算

当拉深行程较大,特别是采用落料、拉深复合模时,不能简单地将落料力与拉深力叠加来选择压力机,(因为压力机的公称压力是指在接近下死点时的压力机压力)。因此,应该注意压力机的压力曲线,否则很可能由于过早地出现最大冲压力而使压力机超载损坏(图 5-20)。一般可按下式做概略计算:

浅拉深时: $\sum F \leq (0.7 \sim 0.8) F_0$

深拉深时: $\sum F \leq (0.5 \sim 0.6) F_0$

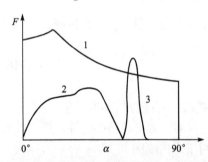

图 5-20 拉深力与压力机的压力曲线
1—压力机的压力曲线;2—拉深力;3—落料力

式中　$\sum F$——为拉深力和压边力的总和,在用复合冲压时,还包括其他力;

F_0——为压力机的公称压力。

拉深功可按下式计算:

第一次拉深:

$$A_1 = \frac{\lambda_1 F_{1\max} h_1}{1\,000} \quad (5-20)$$

后续各次拉深:

$$A_n = \frac{\lambda_1 F_{n\max} h_n}{1\,000} \quad (5-21)$$

式中　$F_{1\max}, F_{n\max}$——第一次和以后各次拉深的最大拉深力(N),如图 5-21 所示;

λ_1，λ_2——平均变形力与最大变形力的比值；

h_1，h_n——第一次和以后各次的拉深高度（mm）。

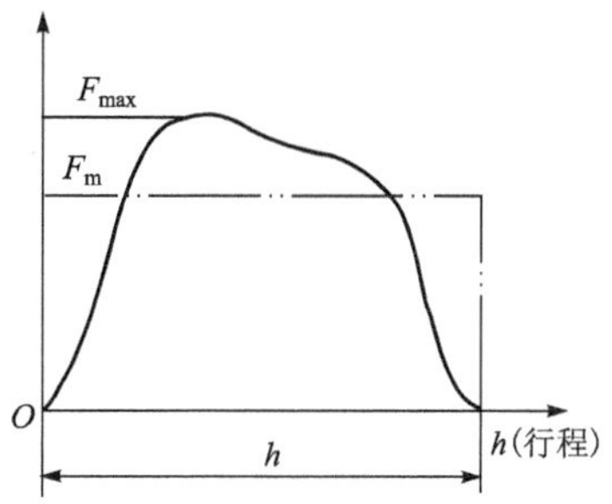

3. 压力机功率的校核

拉深所需压力机的电动机功率为：

$$N = \frac{A\xi n}{60 \times 75 \times \eta_1 \eta_2 \times 1.36 \times 10} \text{ (kW)} \quad (5-22)$$

式中　　A——拉深功（N·m）；

　　　　ξ——不均衡系数，取 $\xi = 1.2 \sim 1.4$

　　η_1，η_2——压力机效率、电动机效率，取 $\eta_1 = 0.6 \sim 0.8$，$\eta_2 = 0.9 \sim 0.95$

　　　　n——取压力机每分钟的行程次数。

若所选压力机的电动机功率小于计算值，则应另选功率较大的压力机。

图 5-21　F_{1max}，F_{nmax} 和 F_m

5.5　拉深模工作部分结构参数的确定

拉深模工作部分的尺寸指的是凸、凹模的间隙 Z，凸模圆角半径 r_p，凹模圆角半径 r_d，凸模直径 D_p，凹模直径 D_d 等，如图 5-22 所示。

5.5.1　拉深模的间隙

拉深模间隙是指单面间隙。间隙的大小对拉深力、拉深件的质量、拉深模的寿命都有影响。若间隙值太小，凸缘区变厚的材料通过间隙时，校直与变形的阻力增加，与模具表面间的摩擦、磨损严重，使拉深力增加，零件变薄严重，甚至拉破，模具寿命降低。间隙小时得到的零件侧壁平直而光滑，质量较好，精度较高。间隙过大时，对毛坯的校直和挤压作用减小，拉深力降低，模具的寿命提高，但零件的质量变差，冲出的零件侧壁不直。

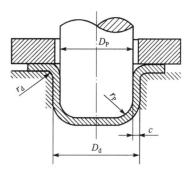

图 5-22　拉深模工作部分的尺寸

因此，生产中应根据板料厚度及公差、拉深过程板料的增厚情况、拉深次数、零件的形状及精度要求等，正确确定拉深模间隙。确定间隙的原则是：既要考虑板材本身的公差，又要考虑毛坯口部的增厚。

1. 无压料圈的拉深模

其间隙为

$$Z = (1 \sim 1.1) t_{max} \quad (5-23)$$

式中　　Z——为拉深模单边间隙

　　t_{max}——板料厚度的最大极限尺寸

对于系数 1~1.1，小值用于末次拉深或精密零件的拉深；大值用于首次和中间各次拉深或精度要求不高零件的拉深。

2. 有压料圈的拉深模

采用压边拉深时，其间隙应根据板料厚度、拉深次数和拉深顺序确定，其值可按下式计算：

$$Z = t_{max} + \eta t \tag{5-24}$$

式中　t——材料的名义厚度；

　　　η——增大系数，考虑材料的增厚以减少摩擦。

表 5-9　有压边时的单向间隙 Z

总的拉深次数	拉深工序	单边间隙 Z
1	第一次	$(1\sim1.1)\,t$
2	第一次 第二次	$1.1t$ $(1\sim1.05)\,t$
3	第一次 第二次 第三次	$1.2t$ $1.1t$ $(1\sim1.05)\,t$
4	第一、二次 第三次 第四次	$1.2t$ $1.1t$ $(1\sim1.05)\,t$
5	第一、二次 第三次 第四次 第五次	$1.2t$ $1.2t$ $1.1t$ $(1\sim1.05)\,t$

注：1. 表中数值适用于一般精度（自由公差）零件的拉深。
　　2. t 为材料厚度，取材料允许偏差的中间值。
　　3. 当拉深精密工件时，对最末一次拉深间隙取 $Z=t$。

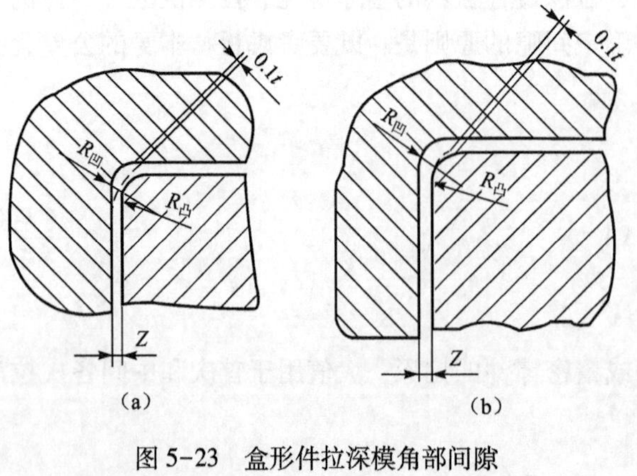

3. 盒形件拉深模的间隙

拉深矩形制件或方形制件，拉深间隙分直边形间隙和圆角形间隙。直边间隙一般取 $Z=(1\sim1.1)t$，最末次拉深为 $Z=t$。圆角间隙一般比直边间隙要大些，因为圆角部位金属变形量大，在拉深过程中板料将变厚。最后一次拉深圆角部位间隙比直边间隙大 $0.1t$，此值是在实践中通过修整模具得到的。如图 5-23 所示，制件要求的外形尺寸由修磨凹模圆角半径得到的，制件要求的内形尺寸由修磨凸模圆角半径得到的。

图 5-23　盒形件拉深模角部间隙
(a) 制件要求的内形尺寸；(b) 制件要求的外形尺寸

5.5.2 拉深凹模和凸模的圆角半径

1. 凹模圆角半径

拉深时,材料在经过凹模圆角时不仅因为发生弯曲变形需要克服弯曲阻力,还要克服因相对流动引起的摩擦阻力,所以凹模圆角的大小对拉深工作的影响非常大。主要有以下影响:

(1) 拉深力的大小。凹模圆角小时材料流过凹模时产生较大的弯曲变形,结果需承受较大的弯曲变形阻力,此时凹模圆角对板料施加的厚向压力加大,引起摩擦力增加。当弯曲后的材料被拉入凸、凹模间隙进行校直时,又会使反向弯曲的校直力增加,从而使筒壁内总的变形抗力增大,拉深力增加,变薄严重,甚至在危险断面处拉破。在这种情况下,材料变形受限制,必须采用较大的拉深系数。

(2) 拉深件的质量。当凹模圆角过小时,坯料在滑过凹模圆角时容易被刮伤,结果使工件的表面质量受损。而当凹模圆角太大时,拉深初期毛坯没有与模具表面接触的宽度加大,由于这部分材料不受压边力的作用,因而容易起皱。在拉深后期毛坯外边缘也会因过早脱离压边圈的作用而起皱,使拉深件质量不好,在侧壁下部和口部形成皱褶。尤其当毛坯的相对厚度小时,这个现象更严重。在这种情况下,也不宜采用大的变形程度。

(3) 拉深模的寿命。凹模圆角小时,材料对凹模的压力增加,摩擦力增大,磨损加剧,使模具的寿命降低。所以凹模圆角的值既不能太大也不能太小。在生产上一般应尽量避免采用过小的凹模圆角半径,在保证工件质量的前提下尽量取大值,以满足模具寿命的要求。通常可按经验公式计算:

$$r_d = 0.8\sqrt{(D-d)t} \tag{5-25}$$

式中　D——为毛坯直径或上道工序拉深件直径(mm);

　　　d——为本道拉深后的直径(mm)。

首次拉深的凹模圆角可按表 5-10 选取。

后续各次拉深时 r_d 应逐步减小,其值可按关系式 $r_{dn} = (0.6 \sim 0.8) r_{d(n-1)}$ 确定,但应大于或等于 $2t$。若其值小于 $2t$,一般很难拉出,只能靠拉深后整形得到所需零件。

表 5-10　首次拉深的凹模圆角半径

	t/mm				
	2.0~1.5	1.5~1.0	1.0~0.6	0.6~0.3	0.3~0.1
无凸缘拉深	(4~7) t	(5~8) t	(6~9) t	(7~10) t	(8~13) t
有凸缘拉深	(6~10) t	(8~13) t	(10~16) t	(12~18) t	(15~22) t

注:表中数据当材料性能好,且润滑好时可适当减小。

2. 凸模圆角半径

凸模圆角半径对拉深工序的影响没有凹模圆角半径大,但其值也必须合适。圆角半径太小,拉深初期毛坯在圆角半径处弯曲变形大,危险断面受拉力增大,工件易产生局部变薄或拉裂,且局部变薄和弯曲变形的痕迹在后续拉深时将会遗留在成品零件的侧壁上,影响零件的质量。而且多工序拉深时,由于后继工序的压边圈圆角半径应等于前道工序的凸模圆角半径,所以当圆角半径过小时,在以后的拉深工序中毛坯沿压边圈滑动的阻力会增大,这对拉深过程是不利的。因而,凸模圆角半径不能太小。若凸模圆角半径过大,会使圆角处材料在拉深初期不与凸模表面接触,易产生底部变薄和内皱,如图5-8所示。

一般首次拉深时凸模的圆角半径为:$r_p = (0.7 \sim 1.0) r_d$,以后各次r_p可取为各次拉深中直径减小量的一半,即:

$$r_{p(n-1)} = \frac{d_{n-1} - d_n - 2t}{2} \tag{5-26}$$

式中 $r_{p(n-1)}$——为本道拉深的凸模圆角半径;
d_{n-1}——为本道拉深直径;
d_n——为下道拉深的工件直径。

若零件的圆角半径要求小于t,则最后一次拉深凸模圆角半径仍应该取t。然后增加一道整形来获得零件要求的圆角半径。

5.5.3 拉深凸模和凹模的结构形式

拉深凸模与凹模的结构形式取决于工件的形状、尺寸以及拉深方法、拉深次数等工艺要求,不同的结构形式对拉深的变形情况、变形程度的大小及产品的质量均有不同的影响。

1. 无压边圈的拉深模

当毛坯的相对厚度较大,不易起皱,不需用压边圈压边时,应采用锥形凹模(参见图5-12)。这种模具在拉深的初期就使毛坯呈曲面形状,因而较平端面拉深凹模具有更大的抗失稳能力,故可以采用更小的拉深系数进行拉深。

2. 有压边圈的拉深模

当毛坯的相对厚度较小,必须采用压边圈进行多次拉深时,应该采用图5-22所示的模具结构。图5-24(a)中凸、凹模具有圆角结构,用于拉深直径$d \leq 100$ mm的拉深件。图5-24(b)中凸、凹模具有斜角结构,用于拉深直径$d \geq 100$ mm的拉深件。采用这种有斜角的凸模和凹模,除具有改善金属的流动、减少变形抗力、材料不易变薄等一般锥形凹模的特点外,还可减轻毛坯反复弯曲变形的程度,提高零件侧壁的质量,使毛坯在下次工序中容易定位。

不论采用哪种结构,均需注意前后两道工序的冲模在形状和尺寸上的协调,使前道工序得到的半成品形状有利于后道工序的成形。比如压边圈的形状和尺寸应与前道工序凸模的相应部分相同,拉深凹模的锥面角度α也要与前道工序凸模的斜角一致,前道工序凸模的锥顶径d_1应比后续工序凸模的直径d_2小,以避免毛坯在A部可能产生不必要的反复弯曲,使工件筒壁的质量变差等(图5-25)。

为了使最后一道拉深后零件的底部平整,如果是圆角结构的冲模,其最后一次拉深凸模圆角半径的圆心应与倒数第二道拉深凸模圆角半径的圆心位于同一条中心线上。如果是斜角的冲模结构,则倒数第二道工序($n-1$道)凸模底部的斜线应与最后一道的凸模圆角半径相切,如图5-26所示。

凸模与凹模的锥角α对拉深有一定的影响。α大对拉深变形有利,但α过大时相对厚度小的材料可能要引起皱纹,因而α的大小可根据材料的厚度确定。一般当料厚为$0.5 \sim 1.0$ mm时,为了便于取出工件,拉深凸模应钻通气孔,如图5-24所示。其尺寸可查表 5-11。

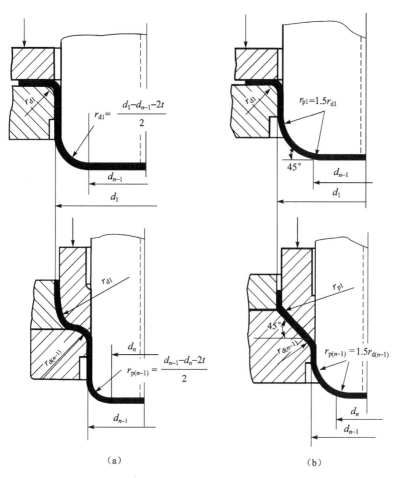

图 5-24 拉深模工作部分的结构
(a) 圆角的结构形式; (b) 斜角的结构形式

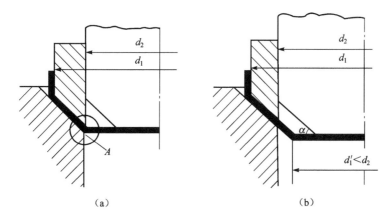

图 5-25 斜角尺寸的确定

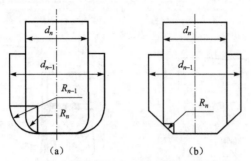

图 5-26 最后拉深中毛坯底部尺寸的变化

表 5-11 通气孔尺寸

凸模直径 mm	~50	>50~100	>100~200	>200
出气孔直径 d mm	5	6.5	8	9.5

5.5.4 凸模、凹模工作部分尺寸及其公差

工件的尺寸精度由末次拉深的凸、凹模的尺寸及公差决定,因此除最后一道拉深模的尺寸公差需要考虑外,首次及中间各道次的模具尺寸公差和拉深半成品的尺寸公差没有必要作严格限制,这时模具的尺寸只要取等于毛坯的过渡尺寸即可。若以凹模为基准时,凹模尺寸为 $D_d = D^{+\delta_d}$,凸模尺寸为 $D_p = (D-2c)_{-\delta_p}$。

对于最后一道拉深工序,拉深凹模及凸模的尺寸和公差应按零件的要求来确定。

当工件的外形尺寸及公差有要求时(如图 5-27(a)所示),以凹模为基准,先确定凹模尺寸,因凹模尺寸在拉深中随磨损的增加而逐渐变大,故凹模尺寸开始时应取小些。其值为:

$$D_d = (D - 0.75\Delta)^{+\delta_d}_{0} \quad (5-27)$$

凸模尺寸为:
$$D_p = (D - 0.75\Delta - 2c)^{0}_{-\delta_p} \quad (5-28)$$

当工件的内形尺寸及公差有要求时(如图 5-27(b)所示),以凸模为基准,先定凸模尺寸。考虑到凸模基本不磨损,以及工件的回弹情况,凸模的开始尺寸不要取得过大。其值为:

$$D_p = (d + 0.4\Delta)^{0}_{-\delta_p} \quad (5-29)$$

凹模尺寸为:
$$D_d = (d + 0.4\Delta + 2c)^{+\delta_d}_{0} \quad (5-30)$$

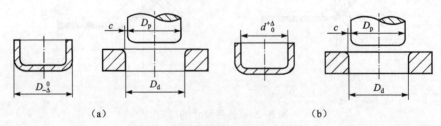

图 5-27 拉深零件尺寸与模具尺寸
(a) 外形有要求时;(b) 内形有要求时

凸、凹模的制造公差 δ_p 和 δ_d 可根据工件的公差来选定。工件公差为 IT13 级以上时，δ_p 和 δ_d 可按 IT6~8 级取，工件公差在 IT14 级以下时，δ_p 和 δ_d 按 IT10 级取或查表 5-12。

表 5-12 拉深凸、凹模制造公差　　　　　　　　　　mm

材料厚度	拉深件直径 d					
	≤20		20~100		>100	
	δ_d	δ_p	δ_d	δ_p	δ_d	δ_p
≤0.5	0.02	0.01	0.03	0.02	—	—
>0.5~1.5	0.04	0.02	0.05	0.03	0.08	0.05
>1.5	0.06	0.04	0.08	0.05	0.10	0.06

5.5.5 拉深凸模和凹模的制造

1. 拉深模工作零件的加工特点

（1）凸、凹模的断面形状和尺寸精度是选择加工方法的主要依据。对于圆形断面，一般先采用车削加工，经热处理淬硬后再磨削达到图样要求，圆角部分和某些表面还需进行研磨、抛光；对于非圆形断面，一般按划线进行铣削加工，再热处理淬硬后进行研磨或抛光；对于大、中型零件的拉深凸、凹模，必要时先做出样板，然后按样板进行加工。

（2）凸、凹模的圆角半径是一个十分重要的参数，凸模圆角半径通常根据拉深件要求确定，可一次加工而成。而凹模圆半径一般与拉深件尺寸没有直接关系，往往要通过试模修正才能达到较佳的数值，因此凹模圆角的设计值不宜过大，要留有修模时由小变大的余地。

（3）因为拉深凸、凹模的工作表面与坯料之间产生一定的相对滑动，因此其表面粗糙度要求比较高，一般凹模工作表面粗糙度 Ra 应达到 $0.8\eta m$，凹模圆角处 Ra 应达到 $0.4\eta m$；凸模工作表面粗糙度 Ra 也应达到 $0.8\eta m$，凸模圆角处 Ra 值可以大一点，但一般也应达到 $1.6~0.8\eta m$。为此，凸、凹模工作表面一般都要进行研磨、抛光。

（4）拉深凸、凹模的工作条件属磨损型，凹模受径向胀力和摩擦力，凸模受轴向压力和摩擦力，所以凸、凹模材料应具有良好的耐磨性和抗黏附性，热处理后一般凸模应达到 58~62 HRC，凹模应达到 60~64 HRC。有时还需采用表面化学热处理来提高其抗黏附能力。

（5）拉深凸、凹模的淬硬处理有时可在试模后进行。在拉深工作中，特别是复杂零件的拉深，由于材料的回弹或变形不均匀，即使拉深模各个零件按设计图样加工得很精确，装配得也很好，但拉深出来的零件不一定符合要求。因此，装配后的拉深模，有时要进行反复的试冲和修整加工，直到冲出合格件后再对凸、凹模进行淬硬、研磨、抛光。

（6）由于拉深过程中，材料厚度变化、回弹及变形不均匀等因素影响，复杂拉深件的坯料形状和尺寸的计算值与实际值之间往往存在误差，需在试模后才能最终确定。所以，模具设计与加工的顺序一般是先拉深模后冲裁模。

2. 凸模的加工工艺过程

拉深凸模的一般加工工艺过程是：坯料准备（下料、锻造）→退火→坯料外形加工→（划线）→型面粗加工、半精加工→通气孔、（螺孔、销孔）加工→淬火与回火→型面精加工→研磨或抛光。（注：是否安排划线工序和螺孔、销孔加工，要视凸模轮廓形状与结构而定,非圆断面型面精加工通常有仿形刨削和成形磨削等。)

3. 凹模的加工工艺过程

拉深凹模的一般加工工艺过程是:坯料准备(下料、锻造)→退火→坯料外形加工→划线→型孔粗加工、半精加工→螺孔、销孔或穿丝孔加工→淬火与回火→型孔精加工→研磨或抛光。(注:非圆形型孔精加工通常有仿形铣、电火花、线切割等。)

5.6 拉深模具的典型结构

拉深模的结构随拉深工作情况及使用设备的不同而不同。根据拉深模使用的压力机类型,拉深模可分为单动压力机用拉深模和双动压力机用拉深模及三动压力机用拉深模,它们的本质区别在于压边装置的不同(弹性压边和刚性压边);根据工序顺序可分为首次拉深模和以后各次拉深模,它们之间的本质区别是压边圈的结构和定位方式上的差异;根据工序组合可分为单工序拉深模、复合工序拉深模和连续工序拉深模;根据压料情况可分为有压边装置和无压边装置拉深模。

5.6.1 首次拉深模

1. 无压边装置的简单拉深模

如图5-28所示,此模具结构简单,常用于板料塑性好、相对厚度$t/D \geq 0.03$ $(1-m)$、$m_1 > 0.6$时的拉深。工件以定位板2定位,拉深结束后的卸件工作由凹模底部的台阶完成,拉深凸模要深入到凹模下面,所以该模具只适合于浅拉深。

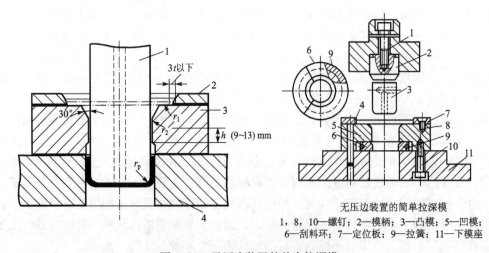

无压边装置的简单拉深模
1,8,10—螺钉;2—模柄;3—凸模;5—凹模;
6—刮料环;7—定位板;9—拉簧;11—下模座

图5-28 无压边装置的首次拉深模
1—凸模;2—定位板;3—凹模;4—下模座

2. 有压边装置的拉深模

(1)弹性压边装置

这是最广泛采用的首次拉深模结构形式(图5-29),压边力由弹性元件的压缩产生。这种装置多用于普通的单动压力机上。通常有如下三种:

① 橡皮压边装置;

② 弹簧压边装置；

③ 气垫式压边装置。

随着拉深深度的增加，凸缘变形区的材料不断减少，需要的压边力也逐渐减少。而橡皮与弹簧压边装置所产生的压边力恰与此相反，随拉深深度增加而始终增加，尤以橡皮压边装置更为严重，如图5-30所示。这种工作情况使拉深力增加，从而导致零件拉裂，因此橡皮及弹簧结构通常只适用于浅拉深。气垫式压边装置的压边效果比较好，但其结构、制造、使用与维修都比较复杂一些。

在普通单动的中、小型压力机上，由于橡皮、弹簧使用十分方便，还是被广泛使用。这就要正确选择弹簧规格及橡皮的牌号与尺寸，尽量减少其不利方面。如弹

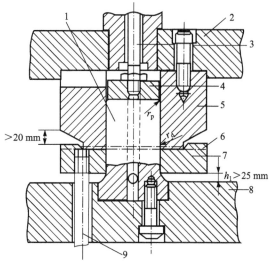

图 5-29 有压边装置的首次拉深模
1—凸模；2—上模座；3—打料杆；4—推件块；5—凹模；
6—定位板；7—压边圈；8—下模座；9—卸料螺钉

簧，则应选用总压缩量大、压边力随压缩量缓慢增加的弹簧；而橡皮则应选用较软橡皮。为使其相对压缩量不致过大，应选取橡皮的总厚度不小于拉深行程的五倍。

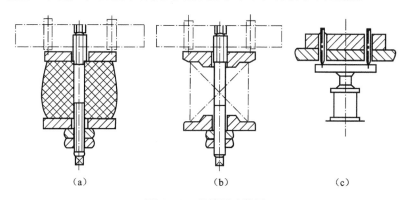

图 5-30 弹簧压边装置
(a) 橡皮；(b) 弹簧；(c) 气垫

(2) 刚性压边装置

图 5-31 为带固定压边圈的拉深模。板料毛坯由定位板的缺口送进定位，固定压边圈兼有卸料作用。其他与前相同。

3. 带可动压边圈和打料装置的拉深模

图 5-32 为带可动压边圈和打料装置拉深模，这是中小型制件最多采用的模具形式。凹模固定在上模座上，并设有刚性打料装置。凸模固定在下模座上，并设有弹性压边装置。拉深操作为：平板毛坯放在压边圈上，并由挡料销定位，开动压力机，上模上行，凹模将板料毛坯压在制件上，继续下行，凸模使其拉入凹模内。拉深成形后，上模上行，顶杆在弹簧、橡皮或气垫的作用下，通过压边圈将制件从凸模上顶下。如果制件卡在凹模洞内，打料杆在

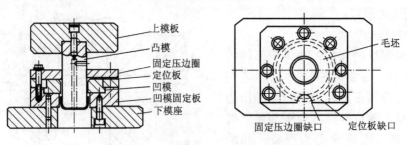

图 5-31 刚性压边装置的首次拉深模

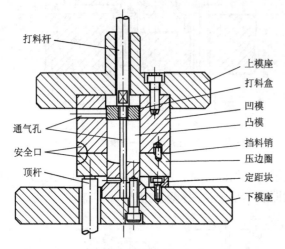

图 5-32 带可动压边圈和打料装置的拉深模

横杆作用下,通过打料盘将其推出。

5.6.2 后续各工序拉深模

后续拉深用的毛坯是已经过首次拉深的半成品筒形件,而不再是平板毛坯。因此其定位装置、压边装置与首次拉深模是完全不同的。后续各工序拉深模的定位方法常用的有三种:第一种采用特定的定位板(图 5-33);第二种是凹模上加工出供半成品定位的凹窝;第三种为利用半成品内孔,用凸模外形或压边圈的外形来定位(图 5-34)。此时所用压边装置已不再是平板结构,而应是圆筒形结构。

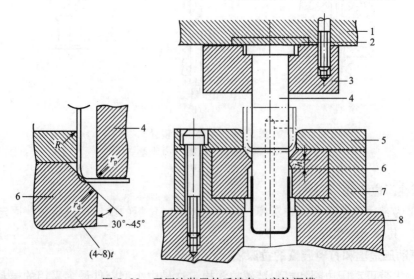

图 5-33 无压边装置的后续各工序拉深模
1—上模座;2—垫板;3—凸模固定板;4—凸模;5—定位板;6—凹模;7—凹模固定板;8—下模座

1. 无压边装置的后续各工序拉深模

如图 5-33 所示,此拉深模因无压边圈,故不能进行严格的多次拉深,用于直径缩小较少的拉深或整形等，要求侧壁料厚一致或要求尺寸精度高时采用该模具。

2. 带压料装置的后续各工序拉深模

此结构是广泛采用的形式。压边圈兼作毛坯的定位圈。由于再次拉深工件一般较深，为了防止弹性压边力随行程的增加而不断增加，可以在压边圈上安装限位销来控制压边力的增长。图 5-34 为带压边圈的后次拉深模。拉深操作为：将毛坯套在定位压边圈上，通过装在下模座上的弹顶器（图中未画出）的卸料螺钉使定位压边圈获得压边力。上模下降，将毛坯拉入凹模，从而得到所需要的制件。当上模返回，制件或者被定位压边圈从凸模上顶出，或者被打料盘从凹模洞口中推出。定位压边圈的外径应比毛坯的内径小 0.05~0.1mm，其工作部分比毛坯高出 2~4mm，定

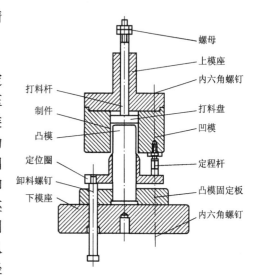

图 5-34 有压边装置的后续各工序拉深模

位压边圈顶部的圆角半径等于毛坯的底部半径。模具装配时，要注意定位压边圈圆角部与凹模圆角部之间的最小距离保持在 $t+3$mm，该距离通过调整定程杆的高度来实现。

5.6.3 其他典型的拉深模具结构

1. 落料拉深复合模

图 5-35 为球形制件落料拉深复合模。模具中凸凹模为落料的凸模、拉深的凹模（凸凹模外缘是落料凸模刃口，内孔是拉深凹模刃口）。为防止拉深起皱，落料凸模刃口处有锥面。定程块安装在压边圈和下模座之间，以此确定拉深制件的高度和凸缘的大小。

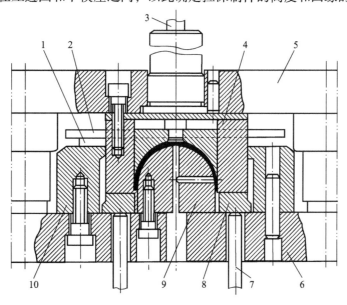

图 5-35 落料拉深复合模

1—导料板；2—卸料板；3—打料杆；4—凸凹模；5—上模座；6—下模座；

7—顶杆；8—压边圈；9—拉深凸模；10—落料凹模

2. 落料拉深压形模

图 5-36 为落料拉深压形模。上模下压时，凸凹模与落料凹模完成落料。上模继续下压凸凹模与拉深凸模完成拉深。当行程终了时，压形凸模和拉深凸模镦压制件，进行压形。

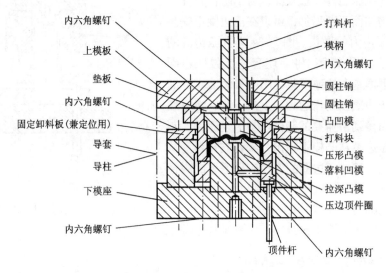

图 5-36　落料拉深压形模

5.7　其他形状零件的拉深特点

5.7.1　带凸缘筒形件的拉深

有凸缘筒形件的拉深变形原理与一般圆筒形件是相同的，但由于带有凸缘，其拉深方法及计算方法与一般圆筒形件有一定的差别。

有凸缘拉深件可以看成是一般圆筒形件在拉深未结束时的半成品，即只将毛坯外径拉深到等于法兰边（即凸缘）直径 d_f 时拉深过程就结束，因此其变形区的应力状态和变形特点应与圆筒形件相同。

带凸缘圆筒形件按其凸缘尺寸的大小分为窄凸缘（$d_f/d<1.1\sim1.4$）和宽凸缘 $d_f/d>1.4$）两种类型，如图 5-37 所示。

1. 窄凸缘圆筒形件的拉深

对于窄凸缘圆筒形件拉深，有两种拉深方法。第一种方法是，在前几道工序中按无凸缘圆筒形件拉深及尺寸计算，而在最后两道工序中，将制件拉深成为口部带锥形的拉深件，最终将锥形凸缘校平，如图 5-38 所示。

第二种方法是，一开始就拉深成带凸缘形状，凸缘直径为 d_f+t+2R，以后各次拉深一直保持这样的形状，只是改变各部分尺寸，直至拉到所要求的最终尺寸和形

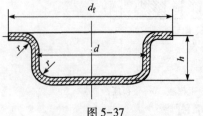

图 5-37

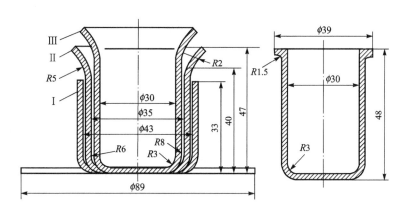

图 5-38 窄凸缘圆筒形件第一种拉深方法

状,如图 5-39 所示。

2. 宽凸缘圆筒形件的拉深

(1) 宽凸缘圆筒形件的拉深系数

宽凸缘圆筒形件的首次拉深,相当于按无凸缘圆筒形件拉深,只是拉深到凸缘板料并未全部进入凹模而已。此时两者的应力状态和变形的特点是一致的。拉深系数仍然沿用 $m=d/D$ 表示。当各次拉深半成品件的筒底部圆角半径相等、筒顶部圆角半径相等,并且上、下圆角半径也相等,均用 r 表示时,板料直径 D 为宽凸缘件毛坯直径的计算公式为:

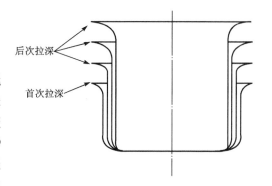

图 5-39 窄凸缘圆筒形件第二种拉深方法

$$D = \sqrt{d_f^2 + 4dh - 3.44dr} \tag{5-31}$$

根据拉深系数的定义,宽凸缘件总的拉深系数仍可表示为:

$$m = \frac{d}{D} = \frac{1}{\sqrt{(d_f/d)^2 + 4h/d - 3.44r/d}} \tag{5-32}$$

式中 D——毛坯直径(mm)

d_f——凸缘直径(mm);

d——筒部直径(中径)(mm);

r——底部和凸缘部的圆角半径(当料厚大于 1 mm 时,r 值按中线尺寸计算)。

由上式可知,凸缘件的拉深系数决定于三个尺寸因素:相对凸缘直径 d_f/d,相对拉深高度 h/d 和相对圆角半径 r/d。其中 d_f/d 的影响最大,而 r/d 的影响最小。d_f/d 和 h/d 越大,表示拉深变形程度越大,拉深的难度也越大,因此影响变形程度的变量有两个。

由于宽凸缘拉深时材料并没有被全部拉入凹模,因此同圆形件相比这种拉深具有自己的特点:

(1) 宽凸缘件的拉深变形程度不能用拉深系数的大小来衡量。

(2) 宽凸缘件的首次极限拉深系数比圆筒件要小。

(3) 宽凸缘件的首次极限拉深系数值与零件的相对凸缘直径 d_f/d 有关。

由此可看出，宽凸缘件的首次极限拉深系数不能仅根据 d_f/d 的大小来选用，还应考虑毛坯的相对厚度，如表 5-13 所示。由表 5-13 可见，当 $d_f/d<1.1$ 时，有凸缘筒形件的极限拉深系数与无凸缘圆筒形件的基本相同。随着 d_f/d 的增加，拉深系数减小，到 $d_f/d=3$ 时，拉深系数为 0.33。这并不意味着拉深变形程度很大。因为此时 $d_f/d=3$，即 $d_f=3d$，而根据拉深系数又可得出 $D=d/0.33=3d$，二者相比较即可得出 $d_f=D$，说明凸缘直径与毛坯直径相同，毛坯外径不收缩，零件的筒部是靠局部变形而成形，此时已不再是拉深变形了，变形的性质已经发生变化。

当凸缘件总的拉深系数一定，即毛坯直径 D 一定，工件直径一定时，用同一直径的毛坯能够拉出多个具有不同 d_f/d 和 h/d 的零件，但这些零件的 d_f/d 和 h/d 值之间要受总拉深系数的制约，其相互间的关系是一定的。由表 5-14 可见，d_f/d 大则 h/d 小，d_f/d 小则 h/d 大。因此也常用 h/d 来表示第一次拉深时的极限变形程度。如果工件的 d_f/d 和 h/d 都大，则毛坯的变形区就宽，拉深的难度就大，一次不能拉出工件，只有进行多次拉深才行。表 5-15 给出了凸缘件后续各次的拉深系数。

表 5-13　凸缘件的第一次拉深系数（适用于 08, 10 钢）

凸缘相对直径 d_f/d	毛坯相对厚度 $t/D\times100$				
	>0.06~0.2	>0.2~0.5	>0.5~1	>1~1.5	>1.5
~1.1	0.59	0.57	0.55	0.53	0.50
>1.1~1.3	0.55	0.54	0.53	0.51	0.49
>1.3~1.5	0.52	0.51	0.50	0.49	0.47
>1.5~1.8	0.48	0.48	0.47	0.46	0.45
>1.8~2.0	0.45	0.45	0.44	0.43	0.42
>2.0~2.2	0.42	0.42	0.42	0.41	0.40
>2.2~2.5	0.38	0.38	0.38	0.38	0.37
>2.5~2.8	0.35	0.35	0.34	0.34	0.33
>2.8~3.0	0.33	0.33	0.32	0.32	0.31

表 5-14　凸缘件第一次拉深的最大相对高度 h/d（适用于 08, 10 钢）

凸缘相对直径 d_f/d	毛坯相对厚度 $t/D\times100$				
	>0.06~0.2	>0.2~0.5	>0.5~1	>1~1.5	>1.5
~1.1	0.45~0.52	0.50~0.62	0.57~0.70	0.60~0.80	0.75~0.90
>1.1~1.3	0.40~0.47	0.45~0.53	0.50~0.60	0.56~0.72	0.65~0.80
>1.3~1.5	0.35~0.42	0.40~0.48	0.45~0.53	0.50~0.63	0.58~0.70
>1.5~1.8	0.29~0.35	0.34~0.39	0.37~0.44	0.42~0.53	0.48~0.58
>1.8~2.0	0.25~0.30	0.29~0.34	0.32~0.38	0.36~0.46	0.42~0.51

续表

凸缘相对直径 d_f/d	毛坯相对厚度 $t/D\times100$				
	>0.06~0.2	>0.2~0.5	>0.5~1	>1~1.5	>1.5
>2.0~2.2	0.22~0.26	0.25~0.29	0.27~0.33	0.31~0.40	0.35~0.45
>2.2~2.5	0.17~0.21	0.20~0.23	0.22~0.27	0.25~0.32	0.28~0.35
>2.5~2.8	0.14~0.18	0.15~0.19	0.17~0.21	0.19~0.24	0.22~0.27
>2.8~3.0	0.10~0.13	0.12~0.15	0.14~0.17	0.16~0.20	0.18~0.22

注：较大值适用于零件圆角半径较大的情况，即 r_d，r_p 为 (10~20) t。较小值适用于零件圆角半径较小的情况，即 r_d，r_p 为 (4~8) t。（r_d 为制件凹模圆角，r_p 制件凸模圆角）

表 5-15　凸缘件后续各次的拉深系数（适用于 08，10 钢）

拉深系数 m	毛坯的相对厚度 $t/D\times100$				
	2.0~1.5	1.5~1.0	1.0~0.6	0.6~0.3	0.3~0.15
m_2	0.73	0.75	0.76	0.78	0.80
m_3	0.75	0.78	0.79	0.80	0.82
m_4	0.78	0.80	0.82	0.83	0.84
m_5	0.80	0.82	0.84	0.85	0.86

（2）宽凸缘圆筒形件的拉深方法

1）宽凸缘圆筒形件拉深应遵循的规律

① 宽凸缘圆筒形件拉深时，只要凸缘尺寸微量减小，就意味着筒壁产生较大的拉应力增量。为避免危险断面处破裂，第一次拉深就应使凸缘直径达到最终值。而在以后各次拉深中，保持凸缘直径不变，仅使筒部直径和高度变化，由筒部板料的转移流动来达到所要求的尺寸。

② 为了使后次拉深凸缘直径保持不变，首次拉入凹模的板料应比制件最后实际所需板料多 3%~10%（拉深次数多的取上限，拉深次数少的取下限）。在后次拉深时，用挤压的方法将多进入凹模的板料每次按 1.5%~3% 返回到凸缘，使凸缘增厚，减小拉裂倾向，同时可以补偿计算误差，为调试模具留有余地，以保证中间板料的凸缘外径不减小。

当拉深厚料时，板料允许有一定的变薄量，因而可不采用这一方法，只是在调试模具时，注意精确控制拉深高度即可。而薄板拉深，容易破裂，尤其对 0.5mm 以下的薄板，采用此法，效果显著。

2）宽凸缘圆筒形件的拉深方法

宽凸缘件的拉深方法有两种：一种是中小型（d_f<200 mm）、料薄的零件，通常靠减小筒形直径，增加高度来达到尺寸要求，即圆角半径 r_p 及 r_d 在首次拉深时就与 d_f 一起成形到工件的尺寸，在后续的拉深过程中基本上保持不变，如图 5-40（a）所示。这种方法拉深时不易起皱，但制成的零件表面质量较差，容易在直壁部分和凸缘上残留中间工序形成的圆角部分弯曲和厚度局部变化的痕迹，所以最后应加一道压力较大的整形工序。

另一种方法如图 5-40（b）所示。常用在 $d_f > 200$ mm 的大型拉深件中。零件的高度在第一次拉深时就基本形成，在以后的整个拉深过程中基本保持不变，通过减小圆角半径 r_d，r_p，逐渐缩小筒形部分的直径来拉成零件。此法对厚料更为合适。用本法制成的零件表面光滑平整，厚度均匀，不存在中间工序中圆角部分的弯曲与局部变薄的痕迹。但在第一次拉深时，因圆角半径较大，容易发生起皱，当零件底部圆角半径较小，或者对凸缘有不平度要求时，也需要在最后加一道整形工序。在实际生产中往往将上述两种方法综合起来用。

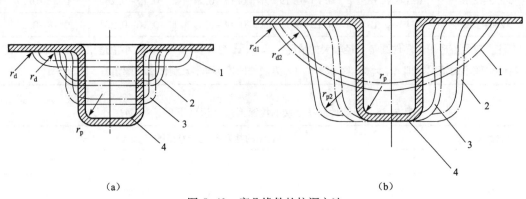

图 5-40 宽凸缘件的拉深方法

5.7.2 阶梯圆筒形零件的拉深

阶梯圆筒形件（图 5-41）从形状来说相当于若干个直壁圆筒形件的组合，因此它的拉深同直壁圆筒形件的拉深基本相似，每一个阶梯的拉深即相当于相应的圆筒形件的拉深。但由于其形状相对复杂，因此拉深工艺的设计与直壁圆筒形件有较大的差别。主要表现在拉深次数的确定和拉深方法上。

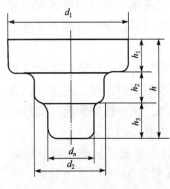

图 5-41 阶梯圆筒形件

1. 拉深次数的确定

判断阶梯形件能否一次拉成，主要根据零件的总高度与其最小阶梯筒部的直径之比（图 5-42），是否小于相应圆筒形件第一次拉深所允许的相对高度，即：

$$(h_1 + h_2 + h_3 + \cdots + h)/d_n \leqslant h/d_n \quad (5-33)$$

式中 $h_1, h_2, h_3, \cdots, h_n$——各个阶梯的高度（mm）；

d_n——最小阶梯筒部的直径（mm）；

h——直径为 d_n 的圆筒形件第一次拉深时可能得到的最大高度（mm）；

h/d_n——第一次拉深允许的相对高度，由表 5-12 查出。

若上述条件不能满足，则该阶梯件需多次拉深。

2. 拉深方法的确定

常用的阶梯形件的拉深方法有如下几种：

（1）若任意两个相邻阶梯的直径比 d_n/d_{n-1} 都大于或等于相应的圆筒形件的极限拉深系数（表 5-3），则先从大的阶梯拉起，每次拉深一个阶梯，逐一拉深到最小的阶梯，如

图 5-42 所示。阶梯数也就是拉深次数。

（2）相邻两阶梯直径 d_n/d_{n-1} 之比小于相应的圆筒形件的极限拉深系数，则按带凸缘圆筒形件的拉深进行，先拉小直径 d_n，再拉大直径 d_{n-1}，即由小阶梯拉深到大阶梯，如图 5-43 所示。图中 d_2/d_1 小于相应的圆筒形件的极限拉深系数，故先拉 d_2，再用工序 V 拉出 d_1。

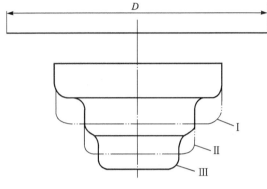

图 5-42 由大阶梯到小阶梯
（Ⅰ，Ⅱ，Ⅲ为工序顺序）

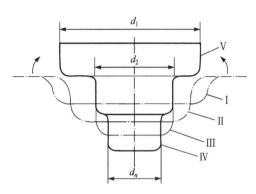

图 5-43 由小直径到大直径
（Ⅰ，Ⅱ，Ⅲ，Ⅳ，Ⅴ为工序顺序）

（3）若最小阶梯直径 d_n 过小，即 d_n/d_{n-1} 过小，h_n 又不大时，最小阶梯可用胀形法得到。

（4）若阶梯形件较浅，且每个阶梯的高度又不大，但相邻阶梯直径相差又较大而不能一次拉出时，可先拉成圆形或带有大圆角的筒形，最后通过整形得到所需零件，如图 5-44 所示。

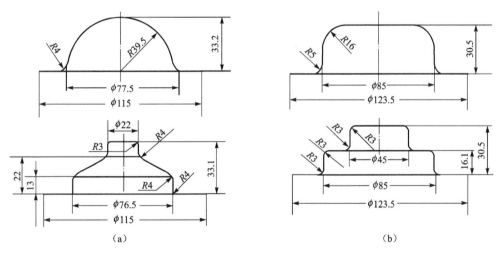

图 5-44 浅阶梯形件的拉深方法
（a）球面形状；（b）大圆角形状

5.7.3 曲面形状零件的拉深

1. 拉深变形特点

曲面形状（如球面、锥面及抛物面）零件的拉深，其变形区的位置、受力情况、变形特点等都与圆筒形件不同，所以在拉深中出现的各种问题和解决方法也与圆筒形件不同。例如，对于这类零件就不能简单地用拉深系数衡量成形的难易程度，也不能用它作为模具设计和工艺过程设计的依据。

在拉深圆筒形件时，毛坯的变形区仅仅局限于压边圈下的环形部分。而拉深球面零件时，为使平面形状的毛坯变成球面零件形状，不仅要求毛坯的环形部分产生与圆筒形件拉深时相同的变形，而且还要求毛坯的中间部分也应成为变形区，由平面变成曲面。因此在拉深球面零件时，毛坯的凸缘部分与中间部分都是变形区，而且在很多情况下中间部分反而是主要变形区。拉深球面零件时，毛坯凸缘部分的应力状态和变形特点与圆筒形件相同，而中间部分的受力情况和变形情况却比较复杂。在凸模力的作用下，位于凸模顶点附近的金属处于双向受拉的应力状态。随着其与顶点距离的加大，切向应力减小，而超过一定界限以后变为压应力。

锥形零件的拉深与球面零件一样。除具有凸模接触面积小、压力集中、容易引起局部变薄及自由面积大、压边圈作用相对减弱、容易起皱等特点外，还由于零件口部与底部直径差别大，回弹特别严重，因此锥形零件的拉深比球面零件更为困难。

抛物面零件，是母线为抛物线的旋转体空心件，以及母线为其他曲线的旋转体空心件。其拉深时和球面以及锥形零件一样，材料处于悬空状态，极易发生起皱。抛物面零件拉深时和球面零件又有所不同。半球面零件的拉深系数为一常数，只需采取一定的工艺措施防止起皱。而抛物面零件等曲面零件，由于母线形状复杂，拉深时变形区的位置、受力情况、变形特点等都随零件形状、尺寸的不同而变化。

由此可见，其他旋转体零件拉深时，毛坯环形部分和中间部分的外缘具有拉深变形的特点，切向应力为压应力；而毛坯最中间的部分却具有胀形变形的特点，材料厚度变薄，其切向应力为拉应力；这两者之间的分界线即为应力分界圆。所以，可以说球面零件、锥形零件和抛物面零件等其他旋转体零件的拉深是拉深和胀形两种变形方式的复合，其应力、应变既有拉伸类、又有压缩类变形的特征。

这类零件的拉深是比较困难的。为了解决该类零件拉深的起皱问题，在生产中常采用增加压边圈下摩擦力的办法，例如加大凸缘尺寸、增加压边圈下的摩擦系数和增大压边力、采用拉深筋以及采用反拉深的方法等等，借以增加径向拉应力和减小切向压应力。

2. 球面冲件的拉深

球面零件可分为半球形件（图5-45（a））和非半球形件（图5-45（b），（c），（d））两大类。不论哪一种类型，均不能用拉深系数来衡量拉深成形的难易程度。

（1）半球形制件的拉深

半球形制件的极限拉深系数是一个定值，按下列方法确定

$$m = \frac{d}{D} = \frac{d}{\sqrt{2}d} = 0.71 \qquad (5-34)$$

式中 d——球形直径；

D——半球形对应的板料直径。

0.71的拉深系数显然意味着变形量很小，不可能拉破。因此，不再用拉深系数作为设计拉深工艺的参数，而影响球形制件拉深质量的主要因素是起皱。所以，板料的相对厚度（t/D）就成为决定拉深成败和选取拉深方法的主要参数。

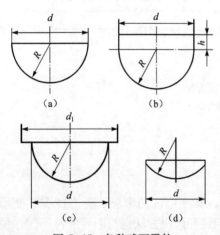

图5-45 各种球面零件

取不同的相对厚度（t/D），半球形制件的拉深有以下三种方法：

① 当（t/D）>3%时，不用压边圈即可拉成，但凹模必须采用球面形腔，在行程末了进行校形。这种拉深最好在摩擦压力机上进行。

② 当（t/D）= 0.5%～3%时，需用带压边圈的拉深模或反拉深模进行拉深，以防止起皱。

③ 当（t/D）<0.5%时，必须采用带有拉深筋的凹模或反拉深法进行拉深，以增加板料流动的阻力，在板料内部造成较大的拉应力，从而减小压应力，减小起皱倾向。

当球形制件带有高度为（0.1～0.2）d 的直边，如图 5-45（b）所示，或带有宽为（0.1～0.15）d 的凸缘，如图 5-45（c）所示，虽然相当于降低了拉深系数，但有利于制件的拉深。尤其是对于无直边或无凸缘、而且表面质量和尺寸精度要求较高的半球形制件，应当采用加上修边余量从而形成凸缘。除了修边以外，更重要的是人为地制造拉深阻力，防止起皱，以确保拉深质量。

采用压边圈时，不仅要保证板料凸缘不起皱，同时还要保证板料中间部分不起皱。压边力按下式计算

$$Q = \pi d t K \sigma_s \qquad (5-35)$$

式中　d——制件球面部分直径；
　　　t——板料厚度；
　　　σ_s——板料的屈服极限；
　　　K——系数，其值取决于在拉深过程中，制件的球面部分已成形，滞留在压边圈下的板料凸缘直径函数，如图 5-45（c）所示，其值见表 5-16。

表 5-16　系数 K 的值

d_1/d	1.1	1.2	1.3	1.4	1.5
K	2.26	2.04	1.84	1.65	1.48

（2）浅球形制件的拉深

① 当板料直径 $D \leq 9\sqrt{Rt}$ 时，用有底面的凹模压，板料不起皱。但在冲压接近结束时，即凸模和凹模将要和制件全面接触时，板料容易横向移位，也可能产生回弹。当球面半径尺寸较大，而制件的深度和厚度较小时，模具的设计必须考虑回弹量。

② 当板料直径 $D \geq 9\sqrt{Rt}$ 时，由于起皱倾向严重，这时应加上有一定宽度的凸缘，并且采用强力压边装置或用带有拉深筋的模具。这样，就可以获得回弹小的拉深制件，并且具有较高的尺寸精度和表面质量。

3. 锥面零件的拉深

锥形件的拉深次数及拉深方法取决于锥形件的几何参数，即相对高度 h/d、锥角 α 和相对料厚 t/D，如图 5-46 所示。一般当相对高度较大，锥角较大，而相对料厚较小时，变形困难，需进行多次拉深。根据上述参数值的不同，拉深锥形件的方法有如下几种：

（1）对于浅锥形件（$h/d_2 < 0.25 \sim 0.30$，$\alpha = 50° \sim 80°$），可一次拉成，但精度不高，因回弹较严重。可采用带拉深筋的凹模或压边圈，或采用软模进行拉深。

（2）对于中锥形件（$h/d_2 = 0.30 \sim 0.70$，$\alpha = 15° \sim 45°$），拉深方法取决于相对料厚：

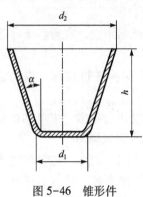

图 5-46 锥形件

当 $t/D>0.025$ 时，可不采用压边圈一次拉成。为保证工件的精度，最好在拉深终了时增加一道整形工序。

当 $t/D=0.015\sim0.025$ 时，也可一次拉成，但需采用压边圈、拉深筋、增加工艺凸缘等措施提高径向拉应力，防止起皱。

当 $t/D<0.015$ 时，因料较薄而容易起皱，需采用压边圈经多次拉深成形。

（3）对于高锥形件（$h/d_2>0.70\sim0.80$，$\alpha\leqslant10°\sim30°$），因大小直径相差很小，变形程度更大，很容易产生变薄严重而拉裂和起皱。这时常需采用特殊的拉深工艺，通常有下列方法：

① 阶梯拉深成形法（图 5-47）。这种方法是将毛坯分数道工序逐步拉成阶梯形。阶梯与成品内形相切，最后在成形模内整形成锥形件。

② 锥面逐步成形法（图 5-48）。这种方法先将毛坯拉成圆筒形，使其表面积等于或大于成品圆锥表面积，而直径等于圆锥大端直径，以后各道工序逐步拉出圆锥面，使其高度逐渐增加，最后形成所需的圆锥形。若先拉成圆弧曲面形，然后过渡到锥形将更好些。

③ 整个锥面一次成形法（图 5-49）。这种方法先拉出相应的圆筒形，然后锥面从底部开始成形，在各道工序中锥面逐渐增大，直至最后锥面一次成形。

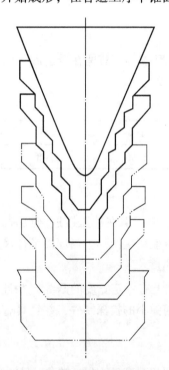

图 5-47 阶梯拉深成形法

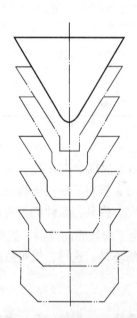

图 5-48 逐步拉深成形法

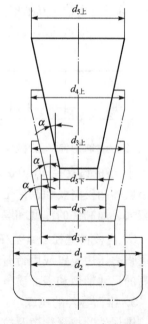

图 5-49 锥面一次成形法

4. 抛物面零件的拉深

抛物面零件拉深时的受力及变形特点与球形件一样，但由于曲面部分的高度 h 与口部直径 d 之比大于球形件，故拉深更加困难。

抛物面零件常见的拉深方法有下面几种：

(1) 浅抛物面形件（$h/d<0.50\sim0.60$）因其高径比接近球形，因此拉深方法同球形件。

(2) 深抛物面形件（$h/d>0.50\sim0.60$）其拉深难度有所提高。这时为了使毛坯中间部分紧密贴模而又不起皱，通常需采用具有拉深筋的模具以增加径向拉应力。如汽车灯罩的拉深（图5-50）就是采用有两道拉深筋的模具成形的。

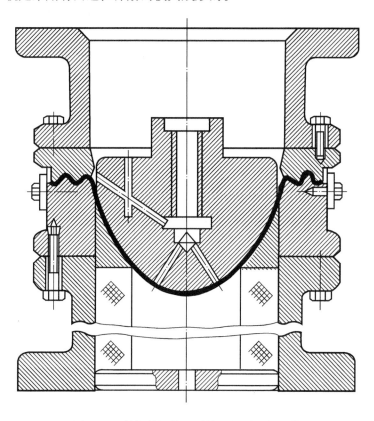

图5-50　较深的抛物面零件（灯罩）拉深模

但这一措施往往受到毛坯顶部承载能力的限制，所以需采用多工序逐渐成形，特别是当零件深度大而顶部的圆角半径又较小时，更应如此。多工序逐渐成形的主要要点是采用正拉深或反拉深的办法，在逐步增加高度的同时减小顶部的圆角半径。为了保证零件的尺寸精度和表面质量，在最后一道工序里应保证一定的胀形成分。应使最后一道工序所用中间毛坯的表面积稍小于成品零件的表面积。

对形状复杂的抛物面零件，广泛采用液压成形方法。

5.7.4　盒形件的拉深

盒形件是非旋转体零件，包括方形盒、矩形盒以及椭圆形盒。与旋转体零件的拉深相比，其拉深变形要复杂些。盒形件的几何形状是由四个圆角部分和四条直边组成，拉深变形时，圆角部分相当于圆筒形件拉深，而直边部分相当于弯曲变形。但是，由于直边部分和圆角部分是联在一块的整体，因而在变形过程中相互受到牵制，圆角部分的变形与圆筒形件拉深不完全一样，直边变形也有别于简单弯曲。

1. 盒形件的拉深变形特点

若在盒形件毛坯上画上方格网，其横向间距为 $\Delta L_1 = \Delta L_2 = \Delta L_3$，纵向间距也相等。拉深后方格网的形状和尺寸发生变化（图5-51）：横向间距缩小，而且越靠近角部缩小越多，即 $\Delta L'_3 < \Delta L'_2 < \Delta L'_1 < \Delta L_1$；纵向间距增大，而且越向上，间距增大越多，即 $\Delta h'_3 > \Delta h'_2 > \Delta h'_1 > \Delta h_1$。这说明，直边部分不是单纯的弯曲，因为圆角部分的材料要向直边部分流动，故使直边部分还受挤压。同样，圆角部分也不完全与圆筒形零件的拉深相同，由于直边部分的存在，圆角部分的材料可以向直边部分流动，这就减轻圆角部分材料的变形程度（与相同圆角半径的圆筒形冲件比）。

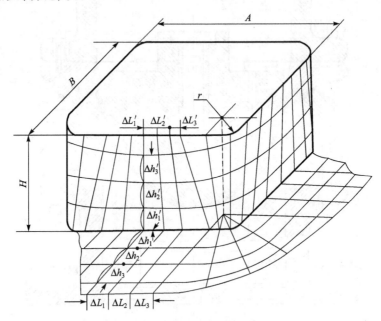

图 5-51 盒形件的拉深变形特点

从拉深力观点看，由于直边部分和圆角部分的内在联系，直边部分除承受弯曲应力外，还承受挤压应力；而圆角部分则由于变形程度减小（与相应圆筒形件比），则需要克服的变形抗力也就减小。可以认为：由于直边部分分担了圆角部分的拉深变形抗力，而使圆角部分所承担的拉深力较相应圆筒形件的拉深力为小。其应力分布如图 5-52 所示。由以上分析可知，盒形件拉深的特点如下：

（1）盒形件拉深的变形性质与圆筒件一样，也是径向伸长，切向缩短。沿径向越往口部伸长越多，沿切向圆角部分变形大，直边部分变形小，圆角部分的材料向直边流动。即盒形件的变形是不均匀的。

（2）变形的不均匀导致应力分布不均匀（图 5-52）。在圆角部的中点 σ_1 和 σ_3 最大，向两边逐渐减小，到直边的中点处 σ_1 和 σ_3 最小。故盒形件拉深时破坏首先发生在圆角处。又因圆角部材料在拉深时容许向直边流动，所以盒形件与相应的圆筒件比较，危险断面处受力小，拉深时可采用小的拉深系数也不容易起皱。

（3）盒形件拉深时，由于直边部分和圆角部分实际上是联系在一起的整体，因此两部分的变形相互影响，影响的结果是：直边部分除了产生弯曲变形外，还产生了径向伸长、切向

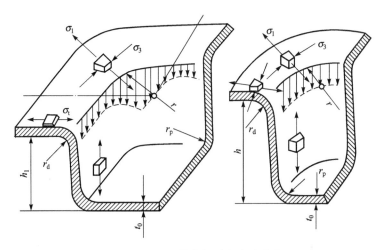

图 5-52 盒形件拉深时的应力分布

压缩的拉深变形。两部分相互影响的程度随盒形件形状的不同而不同，也就是说随相对圆角半径 r/B 和相对高度 H/B 的不同而不同。r/B 越小，圆角部分的材料向直边部分流得越多，直边部分对圆角部分的影响越大，使得圆角部分的变形与相应圆筒件的差别就大。当 $r/B=0.5$ 时，直边不复存在，盒形件成为圆筒件，盒形件的变形与圆筒件一样。

当相对高度 H/B 大时，圆角部分对直边部分的影响就大，直边部分的变形与简单弯曲的差别就大。因此盒形件毛坯的形状和尺寸必然与 r/B 和 H/B 的值有关。对于不同的 r/B 和 H/B，盒形件毛坯的计算方法和工序计算方法也就不同。

2. 毛坯尺寸计算

盒形件拉深毛坯计算的原则是：在保证毛坯的面积等于加上修边量后的工件面积的前提下，应使材料的分配尽可能满足口部平齐的要求。遵循这一原则设计的毛坯，将有助于降低盒形件拉深时的不均匀变形和减小材料不必要的浪费，也有利于提高盒形件拉深成形极限和保证零件的质量。

毛坯形状和尺寸的确定应根据零件的 r/B 和 H/B 的值来进行，因为这两个因素决定了圆角和直边在拉深时的影响程度。一次拉深成形的低盒形件与多次拉深成形的高盒形件，计算毛坯的方法是不同的。下面主要介绍这两种零件毛坯的确定方法。

1）一次拉深成形的低盒形件（$H \leqslant 0.3B$，B 为盒形件的短边长度）毛坯的计算

低盒形件是指一次可拉深成形，或虽两次拉深，但第二次仅用来整形的零件。这种零件拉深时仅有微量材料从角部转移到直边，即圆角与直边间的相互影响很小，因此可以认为直边部分只是简单的弯曲变形，毛坯按弯曲变形展开计算。圆角部分只发生拉深变形，按圆筒形拉深展开，再用光滑曲线进行修正即得毛坯，如图 5-53 所示。计算步骤如下：

（1）按弯曲计算直边部分的展开长度 l_0。

$$l_0 = H + 0.57 r_p$$
$$H = H_0 + \Delta H \tag{5-36}$$

式中 H_0 为工件高度；ΔH 为盒形件修边余量（见表 5-17）。

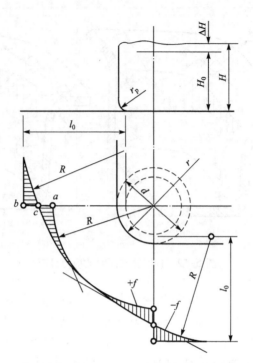

图 5-53 低盒形件毛坯的作图法

表 5-17 盒形件修边余量 ΔH

所需拉深次数	1	2	3	4
修边余量 ΔH	$(0.03\sim0.05)H$	$(0.04\sim0.06)H$	$(0.05\sim0.08)H$	$(0.06\sim0.1)H$

（2）把圆角部分看成是直径为 $d=2r$、高为 H 的圆筒件，则展开的毛坯半径为：

$$R = \sqrt{r^2 + 2rH - 0.86r_p(r + 0.16r_p)} \tag{5-37}$$

当 $r=r_p$ 时，则 $R=\sqrt{2rH}$

（3）通过作图用光滑曲线连接直边和圆角部分，即得毛坯的形状和尺寸。具体作图步骤如下：

① 按上述公式求出直边部分毛坯的展开长度 l_0 和圆角部位的展开长度 R；

② 按 1∶1 比例画出盒形件平面图，并过 r 圆心画水平线 ab，再以 r 圆心为圆心，以 R 为半径画弧，交 ab 于 a 点；

③ 画直边展开线交 ab 于 b 点，展开线距 r_p 圆心迹线的长度为 l_0；

④ 过线段 ab 的中点 c 作圆弧 R 的切线，再以此为半径作圆弧与直边及切线相切，使阴影部分面积 $-f$ 与 $+f$ 基本相等。这样修正后即得毛坯的外形。

2）高盒形件（$H\geq 0.5B$）毛坯的计算

毛坯尺寸仍根据工件表面积与毛坯表面积相等的原则计算。当零件为方盒形且高度比较大，需要多道工序拉深时，可采用圆形毛坯，其直径为：

$$D = 1.13\sqrt{B^2 + 4B(H - 0.43r_p) - 1.72(H + 0.5r) - 0.4r_p(0.1r_p - 0.18r)} \tag{5-38}$$

公式中的符号见图 5-54。

对高度和圆角半径都比较大的盒形件（$H/B \geqslant 0.7 \sim 0.8$），拉深时圆角部分有大量材料向直边流动，直边部分拉深变形也大，这时毛坯的形状可做成长圆形或椭圆形，如图 5-55 所示。将尺寸为 $A \times B$ 的盒形件，看作两个宽度为 B 的半方形盒和中间为（$A-B$）的直边部分连接而成，这样，毛坯的形状就是由两个半圆弧和中间两平行边所组成的长圆形，长圆形毛坯的圆弧半径为：$R_b = \dfrac{D}{2}$。

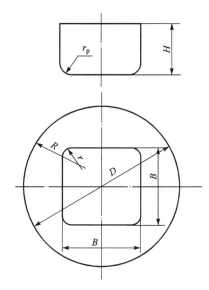

图 5-54　方盒件毛坯的形状与尺寸

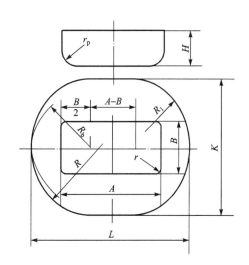

图 5-55　高盒形件的毛坯形状与尺寸

式中 D 是宽为 B 的方形件的毛坯直径，按式 5-38 计算。圆心距短边的距离为 $B/2$，则长圆形毛坯的长度为：

$$L = 2R_b + (A - B) = D + (A - B) \tag{5-39}$$

长圆形毛坯的宽度为：

$$K = \frac{D(B - 2r) + [B + 2(H - 0.43r_p)](A - B)}{A - 2r} \tag{5-40}$$

然后用 $R = K/2$ 过毛坯长度两端作弧，既与 R_b 弧相切，又与两长边的展开直线相切，则毛坯的外形即为一长圆形。

如 $K \approx L$，则毛坯做成圆形，半径为 $R = 0.5K$。

3. 盒形件拉深的变形程度

由于盒形件初次拉深时圆角部分的受力和变形比直边大，起皱和拉破易在圆角部发生，故盒形件初次拉深时的极限变形量由圆角部传力的强度确定。

拉深时圆角部分的变形程度仍用拉深系数表示：

$$m = d/D \tag{5-41}$$

式中　d 为与圆角部相应的圆筒体直径；D 为与圆角部相应的圆筒体展开毛坯直径。

当 $r = r_p$ 时，与圆角部相应的圆筒体毛坯直径为：

$$D = 2\sqrt{2rH} \tag{5-42}$$

则：$m = \dfrac{d}{D} = \dfrac{2r}{2\sqrt{2rH}} = \dfrac{1}{\sqrt{\dfrac{2H}{r}}}$

式中　r 为工件底部和角部的圆角半径；H 为工件的高。

由上式可知初次拉深的变形程度可用盒形件相对高度 H/r 来表示，这在使用中比较方便。H/r 越大，表示变形程度越大。用平板毛坯一次能拉出的最大相对高度值见表 5-18。若零件的 H/r 小于表 5-18 中的值，则可一次拉成，否则必须采用多道拉深。

表 5-18　盒形件初次拉深的最大相对高度

相对角部圆角半径 r/B	0.4	0.3	0.2	0.1	0.05
相对高度 H/r	2~3	2.8~4	4~6	8~12	10~15

5.8　拉深工艺设计

5.8.1　拉深件的工艺性

拉深件工艺性是指零件拉深加工的难易程度。良好的工艺性应该保证材料消耗少、工序数目少、模具结构简单、产品质量稳定、操作简单等。在设计拉深零件时，由于考虑到拉深工艺的复杂性，应尽量减少拉深件的高度，使其有可能用一次或两次拉深工序来完成，以减少工艺复杂性和模具设计制造的工作量。

拉深件工艺性应包括以下几个方面：

1. 拉深件结构形状的要求

由于拉深过程中应力应变的复杂情况，拉深后材料各部位的厚度有较大变化，一般来讲，底部厚度基本不变，底部圆角部分变薄，凸缘部分变厚，盒形件四周圆角部分也变厚，通常拉深件允许壁厚变化范围为 $0.6t \sim 1.2t$。在设计拉深件时，产品图上的尺寸，应明确标注清楚必须保证的是外形尺寸还是内形尺寸，不能同时标注内、外形尺寸。

轴对称零件在圆周方向上的变形是均匀的，而且模具加工也最方便，所以其工艺性好；过高或过深的空心零件需要多次拉深工序，所以应尽量减少其高度；在距离边缘较远位置上的局部凹坑与突起的高度不宜过大；应尽量避免曲面空心零件的尖底形状，尤其高度大时其工艺性更差；对于盒形件，应避免底平面与壁面的连接部分出现尖的转角；外形较复杂的空心拉深件，必须考虑留有工序间固定毛坯的同一工艺基准；此外，除非在结构上有特殊要求，一般应尽量避免异常复杂及非对称形状的拉深件设计，即使有半敞开的或非对称的空心拉深件，也应尽量考虑设计成能成对地进行拉深加工的结构，使之在拉深后，再将其切开成两个或多个零件。

2. 拉深件圆角半径的要求

（1）凸缘圆角半径 r_d：壁与凸缘的转角半径应取 $r_d > 2t$。为了使拉深工作能顺利进行，

一般取 $r_d = (4\sim 8)t$。对于 $r_d<0.5\,\mathrm{mm}$ 的圆角半径，应增加整形工序。

（2）底部圆角半径 r_p：壁与底的转角半径应取 $r_p\geqslant t$。一般取 $r_p\geqslant(3\sim 5)t$；如 $r_p<t$，则应增加整形工序。每整形一次，r_p 可减小一半。

（3）盒形拉深件壁间圆角半径 r：盒形件四个壁的转角半径应取 $r\geqslant 3t$。为了减少拉深次数并简化拉深件的毛坯形状，尽可能使盒形件的高度小于或等于 $7r$。

3. 拉深件的公差

拉深件横断面的尺寸公差，一般都在 IT13 级以下。如果零件公差要求高于 IT13 级，可以增加整形工序来提高尺寸精度。

4. 拉深件的材料

拉深件的材料应具有良好的拉深性能。与拉深性能有关的材料参数介绍如下：

（1）硬化指数 n：材料的硬化指数 n 值越大。径向比例应力 σ_1/σ_b（径向拉应力 σ_1 与强度极限 σ_b 的比值）的峰值越低，传力区越不易拉裂，拉深性能越好。

（2）屈强比 σ_s/σ_b：材料的屈强比 σ_s/σ_b 值越小，一次拉深允许的极限变形程度越大，拉深的性能越好。低碳钢的屈强比 $\sigma_s/\sigma_b\approx 0.57$，其一次拉深的最小拉深系数为 $m=d/D=0.48\sim 0.50$；65Mn 的屈服比 $\sigma_s/\sigma_b\approx 0.63$，其一次拉深的最小拉深系数为 $m=d/D=0.68\sim 0.70$。所以有关材料标准规定，作为深拉深用的钢板，其屈服比不应大于 0.65。

（3）塑性应变比 r：材料的塑性应变比 t 反映了材料的厚向异性性能。正如以前所述，r 值大，拉深性能好。

5.8.2 工序设计

工序设计是拉深工艺过程的主要内容，它的合理与否直接决定拉深工艺的优劣与成败。同一个拉深件，可选择的工艺方案可能有几种，每种工艺方案往往由几种不同的基本工序组成。进行工序设计时，应考虑到压力机吨位和类型、模具制造水平、批量大小、零件大小以及零件材料等因素。选择工艺方案时，应使工序设计经济合理、适应生产条件、模具结构加工性良好、操作安全。

如图 5-56 所示零件（材料：10 钢板，厚：2.5mm），试分析其工艺方案如下：

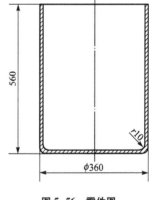

图 5-56 零件图

查表 5-1 取修边余量为 10mm，则零件高度为 570mm，因而可求得毛坯直径 $D\approx 965\,\mathrm{mm}$。

零件的总拉深系数：$m_{总}=\dfrac{357.5}{965}=0.37$

$$t/D=2.5/965=0.25\%$$

查表 5-3 需分 3 次拉深，拉深系数分别为：$m_1=0.58$　$m_2=0.79$　$m_3=0.81$

故

$$d_1=m_1 D=0.58\times 965\,\mathrm{mm}\approx 560\,\mathrm{mm}$$
$$d_2=m_2 d_1=0.79\times 560\,\mathrm{mm}\approx 442\,\mathrm{mm}$$
$$d_3=m_3 d_2=0.81\times 442\,\mathrm{mm}\approx 357.5\,\mathrm{mm}$$

因 d_1 和 d_2 为中间工序尺寸，故可取第一次拉深外径为 560mm 和第二次拉深外径为 442mm，成品外径为零件尺寸 360mm。此件可有下列几种工艺方案见表 5-19。

表 5-19　几种工艺方案

方案 1	方案 2	方案 3
（1）落料	（1）落料、首次拉深复合	（1）落料
（2）首次拉深	（2）二次拉深	（2）正、反拉深
（3）二次拉深	（3）三次拉深	
（4）三次拉深		

现将上述三种方案比较如下：

方案 1：模具结构简单，压力机吨位可较小，生产率低，适于批量不大的生产。

方案 2：复合工序的模具较复杂，且压力机吨位要求较大，生产率比方案 1 高，适宜于批量较大的生产。

方案 3：正、反拉深模具结构较复杂，这时需要采用双动压力机，生产率高，适宜于批量大而且具备双动压力机的情况。

拉深件工序安排的一般规则如下：

（1）多道工序的拉深成形，实质上是使板材毛坯按一定顺序，逐步接近并最终成为成品零件的过程。每一道工序只完成一定的加工任务，工序设计时，务使先行工序不致妨碍后续工序的完成。

（2）每道拉深工序的最大变形程度不能超过其极限值。

（3）已成形部分和待成形部分之间，r 不应再发生材料的转移。

（4）在大批量生产中，若凸凹模的模壁强度允许，应采用落料、拉深复合工艺。

（5）除底部孔有可能与落料、拉深复合冲出外、凸缘部分及侧壁部分的孔、槽均需在拉深工序完成后再冲出。修边工序一般安排在整形工序之后，并常与冲孔复合进行。

（6）当拉深件的尺寸精度要求高或带有小的圆角半径时，应增加整形工序。

（7）复杂形状零件，一般按先内后外的原则进行，即先拉深内部形状，然后再拉外部形状。

（8）多次拉深中加工硬化严重的材料，必须进行中间退火。

5.9　拉深工艺的辅助工序

为了保证拉深过程的顺利进行或提高拉深件质量和模具寿命，需要安排一些必要的辅助工序，如润滑、热处理和酸洗等。

5.9.1　润滑

在拉深过程中，板料与模具的接触面之间要产生相对滑动，因而有摩擦力存在。在图 5-57 中，F_1 为板料与凹模及压边圈之间的摩擦力；F_2 为板料与凹模角之间的摩擦力；F_3 为板料与凹模壁之间的摩擦力；F_4 为板料与凸模壁之间的摩擦

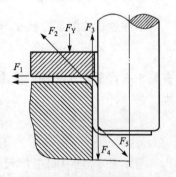

图 5-57　拉深中的摩擦力

力；F_5为板料与凸模角之间的摩擦力。其中，摩擦力 F_1、F_2 和 F_3 不但增大了侧壁传力区的拉应力，而且会刮伤模具和工件表面，特别是在拉深不锈钢、耐热钢及其合金、钛合金等易黏模的材料时更严重，因而对拉深成形不利，应采取措施尽量减少；而摩擦力 F_4、F_5 则有阻止板料在危险断面处变薄的作用，因而对拉深成形是有益的，不应过小。

由此可见，在拉深过程中，需要摩擦力小的部位，必须润滑，其表面粗糙度值也应较小，以降低摩擦系数，从而减小拉应力，提高极限变形程度（减小拉深系数），并提高拉深件质量和模具寿命；而摩擦力不必过小的部位，可不润滑。其表面粗糙度值也不宜很小。

常见的润滑剂见表 5-20 和表 5-21。

表 5-20 拉深低碳钢用的润滑剂

简称号	润滑剂成分	质量分数/%	附 注	简称号	润滑剂成分	质量分数/%	附 注
L-AN5	锭子油 鱼肝油 石墨 油酸 硫黄 钾肥皂 水	43 8 15 8 5 6 15	用这种润滑剂可收到最好的效果。硫黄应以粉末状加进去	L-AN10	锭子油 硫化蓖麻油 鱼肝油 白垩粉 油酸 苛性钠 水	33 1.6 1.2 45 5.5 0.1 13	润滑剂很容易去掉，用于单位压料力大的拉深件
L-AN6	锭子油 黄油 滑石粉 硫黄 酒精	40 40 11 8 1	硫黄应以粉末状加进去	L-AN2	锭子油 黄油 鱼肝油 白垩粉 油酸 水	12 25 12 20.5 5.5 25	这种润滑剂比以上几种略差
L-AN9	锭子油 黄油 石墨 硫黄 酒精 水	20 40 20 7 1 12	将硫黄溶于温度约为160℃的锭子油内。其缺点是保存时间太久会分层	L-AN8	钾肥皂 水	20 80	将肥皂溶在温度为60℃~70℃水里。用于球形及抛物线形工件的拉深
					乳化液 白垩粉 焙烧苏打 水	37 45 1.3 16.7	可溶解的润滑剂。加3%的硫化蓖麻油后，可改善其效用

表 5-21　拉深有色金属及不锈钢用润滑剂

材料名称	润滑剂
铝	植物油（豆油）、工业凡士林
硬铝	植物油乳浊液
紫铜、黄铜、青铜	菜油或肥皂与油的乳浊液（将油与浓的肥皂水溶液混合）
镍及其合金	肥皂与油的乳浊液
2Cr13、1Cr18Ni9Ti、耐热钢	用氯化乙烯漆（Gol-4）喷涂板料表面，拉深时另涂机油

5.9.2　热处理

在拉深过程中，由于板料因塑性变形而产生较大的加工硬化，致使继续变形困难甚至不可能。为了后续拉深或其他成形工序的顺利进行，或消除工件的内应力，必要时应进行工序间的热处理或最后消除应力的热处理。

对于普通硬化的金属（如08钢、10钢、15钢、黄铜和退火过的铝等），若工艺过程制定得正确，模具设计合理，一般可不需要进行中间退火。而对于高度硬化的金属（如不锈钢、耐热钢、退火紫铜等），一般在1~2次拉深工序后就要进行中间热处理。

不需要进行中间热处理能完成的拉深次数见表5-22。如果降低每次拉深的变形程度（即增大拉深系数），增加拉深次数，由于每次拉深后的危险断面是不断往上转移的，结果使拉裂的矛盾得以缓和，于是可以增加总的变形程度而不需要或减少中间热处理工序。

表 5-22　不需热处理所能完成的拉深次数

材　料	次　数	材　料	次　数
08、10、15	3~4	不锈钢	1~2
铝	4~5	镁合金	1
黄铜	2~4	钛合金	1
纯铜	1~2		

为了消除加工硬化而进行的热处理方法，对于一般金属材料是退火，对于奥氏体不锈钢、耐热钢则是淬火。退火又分为低温退火和高温退火。低温退火是把加工硬化的工件加热到再结晶温度，使之得到再结晶组织，消除硬化，恢复塑性。高温退火是把加工硬化的工件加热到临界点以上一定的温度，使之得到经过相变的新的平衡组织，完全消除了硬化现象，塑性得到了更好恢复。低温退火由于温度低，表面质量较好，是拉深中常用的方法。高温退火温度高，表面质量较差，一般用于加工硬化严重的情况。

不论是工序间热处理还是最后消除应力的热处理，应尽量及时进行，以免由于长期存放造成冲件在内应力作用下生产变形或龟裂，特别对不锈钢、耐热钢及黄铜冲件更是如此。

5.9.3 酸洗

经过热处理的工序件,表面有氧化皮,需要清洗后方可继续进行拉深或其他冲压加工。在许多场合,工件表面的油污及其他污物也必须清洗,方可进行喷漆或搪瓷等后续工序。有时在拉深成形前也需要对坯料进行清洗。

在冲压加工中,清洗的方法一般是采用酸洗。酸洗时先用苏打水去油,然后将工件或坯料置于加热的稀酸中浸蚀,接着在冷水中漂洗,后在弱碱溶液中将残留的酸液中和,最后在热水中洗涤并经烘干即可。各种材料的酸洗溶液见表5-23。

表5-23 酸洗溶液成分

工件材料	酸洗溶液		说明
	化学成分	含量	
低碳钢	硫酸或盐酸 水	15%~20%（质量分数） 其余	
高碳钢	硫酸 水	10%~15%（质量分数） 其余	预浸
	苛性钠或苛性钾	50~100 g/L	最后酸洗
不锈钢	硝酸 盐酸 硫化胶 水	10%（质量分数） 1%~2%（质量分数） 0.1%（质量分数） 其余	得到光亮的表面
铜及其合金	硝酸 盐酸 炭黑	200 份（质量） 1~2 份（质量） 1~2 份（质量）	预浸
	硝酸 硫酸 盐酸	75 份（质量） 100 份（质量） 1 份（质量）	光亮酸洗
铝及锌	苛性钠或苛性钾 食盐 盐酸	100~200 g/L 13 g/L 50~100 g/L	闪光酸洗

5.10 拉深模设计与制造实例

拉深图5-58所示带凸缘圆筒形零件,材料为08钢,厚度$t=1$ mm,大批量生产。试确定拉深工艺,设计拉深模,并确定主要模具零件的加工工艺。

1. 零件的工艺性分析

该零件为带凸缘圆筒形件,要求内形尺寸,料厚$t=1$ mm,没有厚度不变的要求;零件的形状简单、对称，底部圆角半径，$r=2$ mm$>t$，凸缘处的圆角半径 $R=2$ mm$=2t$，满足拉深工艺对形状和圆角半径的要求；尺寸 $\phi 20.1^{+0.2}_{0}$ mm 为 IT12 级，其余尺寸为自由公差，满足拉深工艺对精度等级的要求；零件所用材料 08 钢的拉深性能较好，易于拉深成形。

综上所述，该零件的拉深工艺性较好，可用拉深工序加工。

2. 确定工艺方案

为了确定零件的成形工艺方案，应先计算拉深次数及有关工序尺寸。

该零件的拉深次数与工序尺寸计算可参见第二节，其计算结果列于表 5-24。

表 5-24 拉深次数与各次拉深工序件尺寸/mm

拉深次数 n	凸缘直径 d_t	筒体直径 d（内形尺寸）	高度 H	圆角半径	
				R（外形尺寸）	r（内形尺寸）
1	$\phi 59.8$	$\phi 39.5$	21.2	5	5
2	$\phi 59.8$	$\phi 30.2$	24.8	4	4
3	$\phi 59.8$	$\phi 24$	28.7	3	3
4	$\phi 59.8$	$\phi 20.1$	32	2	2

根据上述计算结果，本零件需要落料（制成 $\phi 79$ mm 的坯料）、四次拉深和切边（达到零件要求的凸缘直径 $\phi 55.4$ mm）共六道冲压工序。考虑该零件的首次拉深高度较小，且坯料直径（$\phi 79$）与首次拉深后的筒体直径（$\phi 39.5$）的差值较大，为了提高生产效率，可将坯料的落料与首次拉深复合。因此，该零件的冲压工艺方案为：落料与首次拉深复合→第二次拉深→第三次拉深→第四次拉深→切边。

本例以下仅以第四次拉深为例介绍拉深模设计与主要零件的加工。

3. 拉深力与压料力计算

（1）拉深力。拉深力根据式（5-13）计算，由冲压常用金属材料的力学性能表查得 08 钢的强度极限 $\sigma_b=400$ MPa，由 $m_4=0.844$ 查表 5-8 得 $K_2=0.70$，则

$$F = K_2 \pi d_4 t \sigma_b = 0.70 \times 3.14 \times 20.1 \times 1 \times 400 = 17\,672 \text{(N)}$$

（2）压料力。压料力根据式（5-9）计算，查表 5-7 取 $q=2.5$ MPa，则

$$F_{Q4} = \pi(d_3^2 - d_4^2)p/4 = 3.14 \times (24^2 - 20.1^2) \times 2.5/4 = 338 \text{ (N)}$$

（3）压力机公称压力。根据式（5-12）和 $F_\Sigma = F + F_Q$，取 $P \geq 1.8 F_\Sigma$，则

$$P \geq 1.8 \times (17\,672 + 338) = 32\,418 \text{(N)} = 32.4 \text{ kN}$$

4. 模具工作部分尺寸的计算

（1）凸、凹模间隙。由表 5-9 查得凸、凹模的单边间隙为 $Z=(1\sim 1.05)t$，取 $Z=1.05t=1.05\times 1=1.05$（mm）。

（2）凸、凹模圆角半径。因是最后一次拉深，故凸、凹模圆角半径应与拉深件相应圆半径一致，故凸模圆角半径，$r_p=2$ mm，凹模圆角半径 $r_d=2$ mm。

（3）凸、凹模工作尺寸及公差。由于工件要求内形尺寸，故凸、凹模工作尺寸及公差分别按式（5-29）、式（5-30）计算。查表 5-12，取 $\delta_p=0.02$，占 $\delta_d=0.04$，则

$$d_p = (d_{min} + 0.4\Delta)_{-\delta_p}^{0} = (20.1 + 0.4 \times 0.2)_{-0.02}^{0} = 20.18_{-0.02}^{0} \text{(mm)}$$

$$d_d = (d_{min} + 0.4\Delta + 2Z)_{0}^{+\delta_d} = (20.1 + 0.4 \times 0.2 + 2 \times 1.05)_{0}^{+0.04} = 22.28_{0}^{+0.04} \text{(mm)}$$

5.10 拉深模设计与制造实例

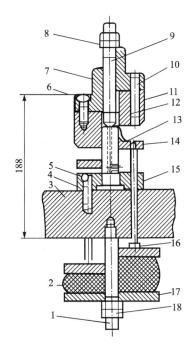

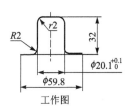

工作图

图 5-58 拉深模总装图

1—螺杆；2—橡胶；3—下模座；4, 6—螺钉；5, 10—销钉；7—模柄；8, 18—螺母；9—打杆；11—凹模；12—推件块；13—凸模；14—压料圈；15—固定板；16—顶杆；17—托板

（4）凸模通气孔。根据凸模直径大小，取通气孔直径为 $\phi 5$ mm。

5. 模具的总体设计

模具的总装图如图 5-58 所示。因为压料力不大（$F_Q = 338$ N），故在单动压力机上拉深。本模具采用倒装式结构，凹模 11 固定在模柄 7 上，凸模 13 通过固定板 15 固定在下模座 3 上。由上道工序拉深的工序件套在压料圈 14 上定位，拉深结束后，由推件块 12 将卡在凹模内的工件推出。

6. 压力机选择

根据公称压力 $P \geqslant 32.4$ kN，滑块行程 $S \geqslant 2h_{\text{工件}} = 2 \times 32 = 64$（mm）及模具闭合高度 $H = 188$ mm，查压力机表，确定选择型号为 JC23—35 的压力机。

7. 模具主要零件设计

根据模具总装图结构、拉深工作要求及前述模具工作部分的计算，设计出的拉深凸模、拉深凹模及压料圈分别如图 5-59、图 5-60 和图 5-61 所示。

8. 模具主要零件的加工工艺过程

这里仅以拉深凸模和拉深凹模为例，其加工工艺过程分别见表 5-25、表 5-26。

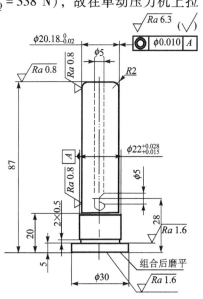

图 5-59 拉深凸模

材料：T10A 热处理：58~62HRC

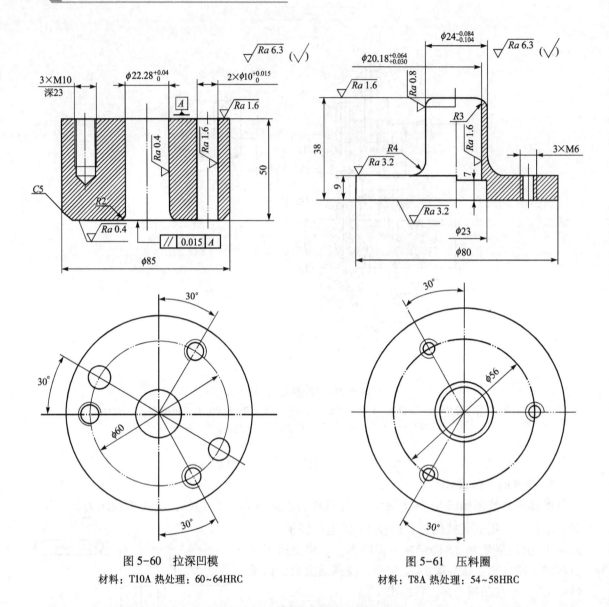

图 5-60　拉深凹模
材料：T10A　热处理：60~64HRC

图 5-61　压料圈
材料：T8A　热处理：54~58HRC

表 5-25　拉深凸模加工工艺过程

工序号	工序名称	工 序 内 容	设备
1	备料	将毛坯锻成 $\phi35$ mm×92 mm 圆料	
2	热处理	退火	
3	车	车两端面，保持长度 88 mm，钻中心孔。	车床
4	车	车外圆、圆角、切槽，$\phi5$ mm 轴向通气孔（深 60 mm），$\phi20.18$ mm 留单面磨量 0.2~0.3 mm	车床
5	钳工	钻 $\phi5$ mm 径向通气孔（深 11 mm），去毛刺	钻床
6	热处理	淬火、回火，保证 58~62HRC	
7	钳工	研中心孔	车床

续表

工序号	工序名称	工 序 内 容	设备
8	磨外圆	磨 φ22mm 及其端面到尺寸，磨 φ20.18mm 留研磨量 0.01 mm，并保轴度公差要求。	外圆磨床
9	平磨	磨 φ20.18 mm 尺寸的端面	平面磨床
10	钳工	研磨 φ20.18 mm 达要求，抛光 R2 圆角	车床
11	检验		

表 5-26 拉深凹模加工工艺过程

工序号	工序名称	工 序 内 容	设备
1	备料	将毛坯锻成 φ90 mm×56 mm 圆料	
2	热处理	退火	
3	车	车外圆、端面、倒角、内孔及圆角，φ22.28 mm 留单面磨量 0.2~0.3	车床
4	钳工	划线	
5	钳工	钻攻 3×M10 mm，钻铰 2×φ10 mm，去毛刺	钻床
6	热处理	淬火、回火，保证 60~64I-tRC	
7	磨平面	磨上、下面见光，保证平行度公差要求	平面磨床
8	磨内孔	磨 φ22.28 mm 内孔，留研磨量 0.04 mm	内圆磨床
9	研磨	研磨 φ22.28mm 达要求，抛光 R2 圆角	车床
10	检验		

5.11 其他拉深方法

5.11.1 软模拉深

用橡胶、液体或气体的压力代替刚性凸模或凹模，直接作用于毛坯上，也可进行冲压加工。它可完成冲裁、弯曲、拉深等多种冲压工序。由于软模拉深所用的模具简单且通用化，在小批量生产中获得了广泛应用。

1. 软凸模拉深

用液体代替凸模进行拉深，其变形过程如图 5-62 所示。在液压力作用下，平板毛坯中部产生胀形，当压力继续增大时使毛坯凸缘产生拉深变形，凸缘材料逐渐进入凹模而形成筒壁。毛坯凸缘拉深所需的液压力可由下列平衡条件求出：

$$\pi d^2 p_0/4 = \pi dtp$$
$$p_0 = 4tp/d$$

式中　　t——为板厚（mm）；

　　　　d——为工件直径（mm）；

p_0——为开始拉深时所需的液压应力（MPa）；

p——为板材拉深所需的拉应力（MPa）。

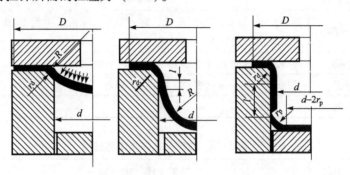

图 5-62 液体凸模拉深的变形过程

用液体凸模拉深时，由于液体与毛坯之间几乎无摩擦力，零件容易拉偏，且底部产生胀形变薄，所以该工艺方法的应用受到一定的限制。但此法模具简单，甚至不需冲压设备，故常用于大零件的小批量生产。锥形件、半球形件和抛物面件等用液体凸模拉深时，可得到尺寸精度高、表面质量好的零件。

此外，也可采用聚氨酯凸模进行浅拉深。

2. 软凹模拉深

该方法是用橡胶或高压液体代替金属拉深凹模的方法。拉深时软凹模将毛坯压紧在凸模上，增加了凸模与材料间的摩擦力，从而防止了毛坯的局部变薄，提高了筒部传力区的承载能力，同时减少了毛坯与凹模之间的滑动和摩擦，降低了径向拉应力，能显著降低极限拉深系数（m 可达 0.4~0.45），而且零件壁厚均匀，尺寸精确，表面光洁。

（1）聚氨酯橡胶凹模拉深。如图 5-63 所示，可分为带压边圈和不带压边圈拉深。不带压边圈拉深（图 5-65（a）），由于毛坯易起皱，能够拉深的极限高度一般只有板厚的 15 倍。如采用压边圈拉深（图 5-63（b）），则能够拉深的极限深度为钢模拉深的 1~2 倍。

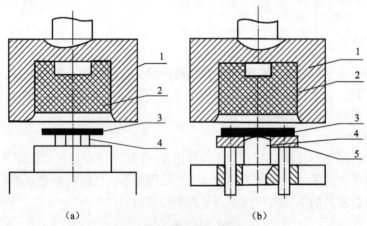

图 5-63 聚氨酯橡胶拉深模

(a) 不带压边圈的拉深模；(b) 带压边圈的拉深模

1—容框；2—聚氨酯橡胶；3—毛坯；4—凸模；5—压边圈

(2) 液体凹模拉深。如图 5-64 所示，拉深时高压液体使板材紧贴凸模成形，并在凹模与毛坯表面之间挤出，产生强制润滑，所以这种方法也叫强制润滑拉深。与液体凸模拉深比较，它有以下优点：材料变形流动阻力小；零件底部不易变薄；毛坯定位也较容易等。

液体凹模拉深时，液压力与拉深件的形状、变形程度和材料性能等有关。

(3) 橡皮液囊凹模拉深。拉深过程如图 5-65 所示，由专用设备上的橡皮液囊充当凹模，同时采用刚性凸模和压边圈。液体压力可以调节，随工件形状、材料性质和变形程度而异。

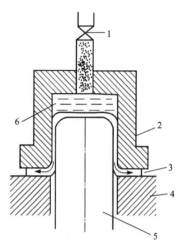

图 5-64 液体凹模拉深
1—溢流阀；2—凹模；3—毛坯；
4—模座；5—凸模；6—润滑油

5.11.2 差温拉深

差温拉深是一种强化拉深过程的有效方法。它的实质是借变形区（如毛坯凸缘区）局部加热和传力区危险断面（侧壁与底部过渡区）局部冷却的方法，一方面减小变形区材料的变形抗力，另一方面又不致减少、甚至提高传力区的承载能力，即造成两方合理的温差，而获得大的强度差，以最大限度地提高一次拉深变形的变形程度，从而降低材料的极限拉深系数。

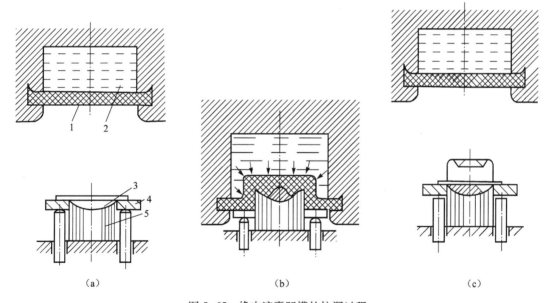

图 5-65 橡皮液囊凹模的拉深过程
(a) 原始位置；(b) 拉深工艺在进行中；(c) 拉深完了，压边圈上升推出工件
1—橡皮囊；2—液体；3—板材；5—凸模

1. 局部加热并冷却毛坯的拉深

模具结构如图 5-66 所示。在拉深过程中，利用凹模和压边圈之间的加热器将毛坯局部加热到一定温度，以提高材料的塑性，降低凸缘的变形抗力；而拉入凸凹模之间的金属，由

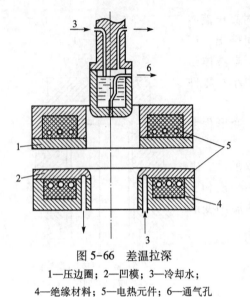

图 5-66 差温拉深

1—压边圈；2—凹模；3—冷却水；
4—绝缘材料；5—电热元件；6—通气孔

于在凹模洞口与凸模内通以冷却水，将其热量散逸，不致降低传力区的抗拉强度。故在一道工序中可获得很大的变形程度。这种方法最适宜拉深低塑性材料（如钛合金、镁合金）的零件及形状复杂的深拉深件。

2. 深冷拉深

在拉深变形过程中，用液态空气（-183℃）或液态氮气（-195℃）深冷凸模，使毛坯的传力区被冷却到-（160℃~170）℃而得到大大强化，在这样的低温下，10~20 钢的强度可提高到 1.9~2.1 倍，而 18-8 型不锈钢的强度能提高到 2.3 倍。故能显著地降低拉深系数，对于 10~20 钢，$m = 0.37 \sim 0.385$，对于 18-8 型不锈钢，$m = 0.35 \sim 0.37$。

5.11.3 变薄拉深

所谓变薄拉深，主要是在拉深过程中改变拉深件筒壁的厚度，而毛坯的直径变化很小。主要用来制造壁部与底部厚度不等而高度很大的工件，例如弹壳、子弹套、雷管套、高压容器、高压锅等或者是用作制备波纹管、多层电容等的薄壁管状毛坯。图 5-67（a）是变薄拉深的示意图，其模具的间隙小于板料厚度；图 5-67（b）是各次变薄拉深后的中间半成品及最终的零件图。

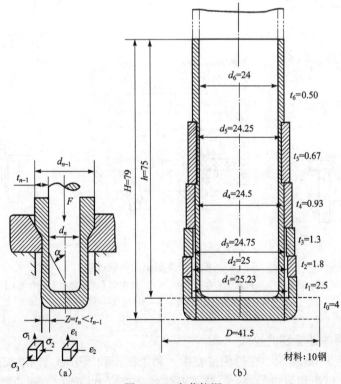

图 5-67 变薄拉深

和普通拉深相比,变薄拉深具有如下特点:

(1) 由于材料是在周向和径向的压应力及轴向的拉应力作用下变形的,材料产生很大的加工硬化,增加了强度。

(2) 拉深件的表面粗糙度小,Ra 可达 $0.2 \eta m$ 以下。

(3) 因拉深过程的摩擦严重,故对润滑及模具材料的要求较高。

变薄拉深时变形内区的应力应变状态如图 5-67(a)所示,图中 σ_1、σ_2、σ_3 分别为轴向、径向、切向应力;ε_1、ε_2 分别为轴向、径向应变。

变薄拉深的毛坯尺寸可按变形前后材料体积不变的原则计算。

变薄拉深的变形程度用变薄系数表示:

$$\varphi_n = t_n / t_{n-1}$$

式中 t_{n-1}、t_n 为前后两道工序的材料壁厚。极限变薄系数值见表 5-27。

表 5-27 极限变薄系数 φ 的极限值

材料	首次边薄系数 φ_1	中间各次变薄系数 φ_m	末次变薄系数 φ_n
铜、黄铜、(H68,H80)	0.45~0.55	0.58~0.65	0.65~0.73
铝	0.50~0.60	0.62~0.68	0.72~0.77
软铜	0.53~0.63	0.63~0.72	0.75~0.77
25~35 铜	0.70~0.75	0.78~0.82	0.85~0.90
不锈钢	0.65~0.70	0.70~0.75	0.75~0.80

注:1. * 为试用数据。
2. 厚料取较小值,薄料取较大值。

在批量不大的生产中通常采用通用模架,其结构如图 5-68 所示。由图可见,下模采用紧固圈 5 将凹模 12、定位圈 13 紧固在下模座内,凸模也以紧固环 3 及锥面套 4 紧固在上模座 1 上。不同工序的变薄拉深,只需松开紧固圈 5 和紧固环 3,更换凸模、凹模和定位圈即可,卸和装都较方便。为了装模和对模方便,可采用校模圈 14 对模。对模以后应将校模圈取出,然后再进行拉深工作,也可以用定位圈代替校模圈。该模没有导向装置,靠压力机本身的导向精度来保证。如在 13、12 处均安装凹模,便可在一次行程中完成两次变薄拉深。零件由刮件环 7 自凸模 15 上卸下后,由下面出件。

在大量生产中常把两次或三次拉深凹模置于一个模架上,这样就可在压力机的一次行程中完成两次或三次拉深,

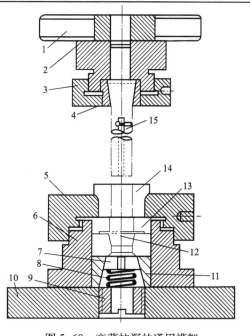

图 5-68 变薄拉深的通用模架
1—上模座;2—凸模固定板;3—紧固环;4—锥面套;5—紧固圈;
6—下模座;7—刮件环;8—弹簧;9—螺塞;10—下模座;
11—锥面套;12—凹模;13—定位圈;14—校模圈;15—凸模

有利于提高生产率。

思考题与习题

5-1 拉深的概念。
5-2 拉深分哪两种？
5-3 拉深容易出现的主要问题是什么？
5-4 拉深系数的概念是什么？
5-5 压边的作用是什么？压边力过大或过小对拉深件有何影响？
5-6 拉深凸凹模圆角半径如何确定？
5-7 已知零件的形状和尺寸如图 5-69。
（1）计算毛坯尺寸。
（2）确定各工序尺寸。
5-8 已知零件的形状和尺寸如图 5-70。
（1）计算毛坯尺寸。
（2）确定各工序尺寸。
5-9 已知零件的形状和尺寸如图 5-71，试进行级进拉深工艺计算。

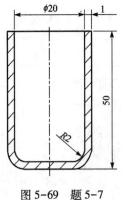
图 5-69　题 5-7

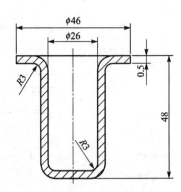
图 5-70　题 5-8

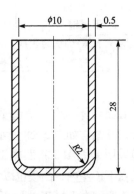
图 5-71　题 5-9

第 6 章 成形工艺及模具设计

成形是指用各种局部变形的方法来改变被加工工件形状的加工方法。常见的成形方法包括起伏成形、翻边、翻孔、胀形、缩口、校平等。

6.1 起伏成形

起伏成形是依靠材料的延伸使工件局部产生凹陷或凸起的冲压工序。起伏成形主要用于压制加强筋、文字图案及波浪形表面。图 6-1 为起伏成形的实例。起伏成形广泛应用于汽车、飞机、仪表、电子等工业中。起伏成形可以采用金属模，也可以采用橡皮或液体压力成形。

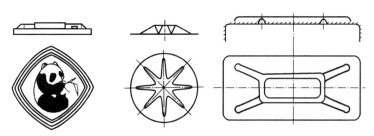

图 6-1 起伏成形的实例
(a) 图案；(b) 压筋；(c) 加强筋

6.1.1 起伏成形的变形极限

起伏成形的变形程度可用伸长率表示：

$$\varepsilon = (L_1 - L)/L \times 100\% \tag{6-1}$$

式中 L_1——材料变形后的长度（mm）；
L——材料变形前的原有长度（mm）；
ε——伸长率（%）。

起伏成形的极限变形程度，主要受材料的塑性、凸模的几何形状和润滑等因素的影响。为简化计算，以材料拉伸试验的伸长率 δ 的 70%~75% 计算，即

$$\varepsilon_{极} = (0.7 \sim 0.75)\delta > \varepsilon \tag{6-2}$$

式中 $\varepsilon_{极}$——起伏成形的极限变形程度（%）；
δ——材料的伸长率（%）；

ε——起伏成形的变形程度（%）。

如果计算结果符合（6-2）式，则可以一次成形。否则，应先压制成半球形的过渡形状，然后再压出工件所需要的形状，如图6-2所示。

图6-3为冲制加强筋时材料的伸长率曲线。曲线1是伸长率的计算值，曲线2画斜线部分是实际值。因成形区域外围的材料也被拉长，故实际伸长率略低于计算值。

图6-2 两道工序完成的凸形
（a）预成形；（b）终成形

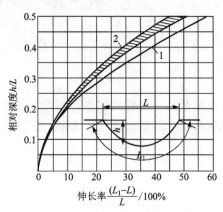

图6-3 冲制加强筋时材料的伸长率

6.1.2 起伏成形的压力计算

（1）压制加强筋时的压制力可以用下式计算

$$F = L_2 t \sigma_b K \tag{6-3}$$

式中　F——压制力（N）；

　　　L_2——加强筋的周长（mm）；

　　　K——系数，与筋的宽度和深度有关，$K=0.7\sim1$（当加强筋形状窄而深时取大值，宽而浅时取小值）；

　　　t——材料的厚度（mm）；

　　　σ_b——材料的抗拉强度（MPa）。

（2）薄材料（厚1.5mm以下）起伏成形的近似压力可用经验公式计算

$$F = AKt^2 \tag{6-4}$$

式中　F——起伏成形的压力（N）；

　　　A——起伏成形的面积（mm²）；

　　　K——系数，对于钢为200~300N/mm⁴，对于黄铜为150~200N/mm⁴；

　　　t——材料的厚度（mm）。

6.2 翻边与翻孔

翻边是沿工件外形曲线周围将材料翻成侧立短边的冲压工序，又称为外缘翻边；翻孔是沿工件内孔周围将材料翻成侧立凸缘的冲压工序，又称为内孔翻边。

6.2.1 翻边

翻边按照变形性质的不同可以分为伸长类翻边和压缩类翻边。

翻边按照变形位置可以分为：沿工件外形曲线周围将材料翻成侧立短边的冲压工序，又称为外缘翻边；翻孔是沿工件内孔周围将材料翻成侧立凸缘的冲压工序，又称为内孔翻边。

常见的翻边形式如图 6-4 所示，图 6-4（a）为内凹翻边，也称为伸长类翻边；图 6-4（b）为外凸翻边，也称为压缩类翻边。

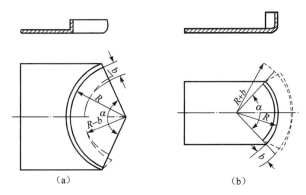

图 6-4 翻边
(a) 伸长类翻边即内凹翻边；(b) 压缩类翻边即外凸翻边

1. 翻边的变形程度

内凹翻边时变形区的材料主要受切向拉伸应力的作用，这样翻边后的竖边会变薄，其边缘部分变薄最严重，使该处在翻边过程中成为危险部位，当变形超过许用变形程度时，此处就会开裂。

内凹翻边的变形程度由下式计算：

$$E_a = \frac{b}{R-b} \tag{6-5}$$

式中　E_a——内凹翻边的变形程度（%）；

　　　R——内凹曲率半径（mm），如图 6-4（a）所示；

　　　b——翻边后竖边的高度（mm），如图 6-4（a）所示。

外凸翻边的变形情况类似于不用压边圈的浅拉深，变形区材料主要受切向压应力的作用，变形过程中材料易起皱。

外凸翻边的变形程度由下式计算：

$$E_t = \frac{b}{R+b} \tag{6-6}$$

式中　E_t——外凸翻边的变形程度（%）；

　　　R——外凸曲率半径（mm），如图 6-4（b）所示；

　　　b——翻边后竖边的高度（mm），如图 6-4（b）所示。

翻边的极限变形程度与工件材料的塑性，翻边时边缘的表面质量及凹凸形的曲率半径等因素有关，其值可以由表 6-1 查得。

表 6-1 翻边的极限变形程度 %

材料名称及牌号	E_t		E_a	
	橡胶成形	模具成形	橡胶成形	模具成形
铝合金				
1035（软）(L4M)	25	30	6	40
1035（硬）(L4Y1)	5	8	3	12
3A21（软）(LF21M)	23	30	6	40
3A21（硬）(LF21Y1)	5	8	3	12
5A02（软）(LF2M)	20	25	6	35
5A03（硬）(LF3Y1)	5	8	3	12
2A12（软）(LY12M)	14	20	6	30
2A12（硬）(LY2Y)	6	8	0.5	9
2A11（软）(LY11M)	14	20	4	30
2A11（硬）(LY11Y)	5	6	0	0
黄铜				
H62（软）	30	40	8	45
H62（半硬）	10	14	4	16
H68（软）	35	45	8	55
H68（半硬）	10	14	4	16
钢				
10	—	38	—	10
20	—	22	—	10
1Cr18Mn8Ni5N（1Cr18Ni9）（软）	—	15	—	10
1Cr18Mn8Ni5N（1Cr18Ni9）（硬）	—	40	—	10

2. 翻边力的计算

翻边力可以用近似公式计算

$$F = cLt\sigma_b \tag{6-7}$$

式中　F——翻边力（N）；

　　　c——系数，可取 $c=0.5\sim0.8$；

　　　L——翻边部分的曲线长度（mm）；

　　　t——材料厚度（mm）；

　　　σ_b——抗拉强度（MPa）。

6.2.2 翻孔

常见的翻孔为圆形翻孔，如图 6-5 所示，翻孔前毛坯孔径为 d_0，翻孔变形区是内径为 d_0，

外径为 D 的环形部分。当凸模下行时，d_0 不断扩大，并逐渐形成侧边，最后使平面环形变成竖直的侧边。变形区毛坯受切向拉应力 σ_θ 和径向拉应力 σ_r 的作用，其中切向拉应力 σ_θ 是最大主应力，而径向拉应力 σ_r 值较小，它是由毛坯与模具的摩擦而产生的。在整个变形区内，孔的外缘处于切向拉应力状态，且其值最大，该处的应变在变形区内也最大。因此在翻孔过程中竖立侧边的边缘部分最容易变薄、开裂。

1. 翻孔系数

翻孔的变形程度用翻孔系数 K 来表示：

$$K_0 = d_0 / D \qquad (6-8)$$

翻孔系数 K_0 越小，翻孔的变形程度越大。翻孔时孔的边缘不破裂所能达到的最小翻孔系数称为极限翻孔系数。由表 6-2 可见，影响翻孔系数的主要因素有：

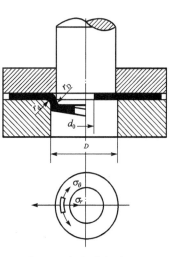

图 6-5 翻孔时变形区的应力状态

① 材料的性能。塑性越好，极限翻孔系数越小。

② 预制孔的加工方法。钻出的孔没有撕裂面，翻孔时不易出现裂纹，极限翻孔系数较小。冲出的孔有部分撕裂面，翻孔时容易开裂，极限翻孔系数较大。如果冲孔后对材料进行退火或将孔整修，可以得到与钻孔相接近的效果。此外还可以将冲孔的方向与翻孔的方向相反，使毛刺位于翻孔内侧，这样也可以减小开裂，降低极限翻孔系数。

③ 如果翻孔前预制孔径 d_0 与材料厚度 t 的比值 d_0/t 较小，在开裂前材料的绝对伸长可以较大，因此极限翻孔系数可以取较小值。

④ 采用球形、抛物面形或锥形凸模翻孔时，孔边圆滑地逐渐胀开，所以极限翻边系数可以较小，而采用平面凸模则容易开裂。

表 6-3 给出了翻圆孔时各种材料的翻孔系数。

表 6-2 低碳钢的极限翻孔系数

翻边方法	孔的加工方法	比 值 d_0/t									
		100	50	35	20	10	8	6.5	5	3	1
球形凸模	钻后去毛刺	0.70	0.60	0.52	0.45	0.36	0.33	0.31	0.30	0.25	0.20
	冲 孔	0.75	0.65	0.57	0.52	0.45	0.44	0.43	0.42	0.42	—
圆柱形凸模	钻后去毛刺	0.80	0.70	0.60	0.50	0.42	0.40	0.37	0.35	0.30	0.25
	冲 孔	0.85	0.75	0.65	0.60	0.52	0.50	0.50	0.48	0.47	—

表 6-3 翻圆孔时各种材料的翻孔系数

材 料 名 称	翻 孔 系 数	
	K_0	K_{0min}
白铁皮	0.70	0.65
软钢（$t=0.25\sim2$ mm）	0.72	0.68
软钢（$t=2\sim4$ mm）	0.78	0.75
黄铜 H62（$t=0.5\sim4$ mm）	0.68	0.62

续表

材料名称	翻孔系数	
	K_0	K_{0min}
铝（δ=0.5~5 mm）	0.70	0.64
硬铝合金	0.89	0.80
钛合金 TAL（冷态）	0.64~0.68	0.55
TAS（冷态）	0.85~0.90	0.75

2. 翻孔尺寸计算

平板毛坯翻孔的尺寸如图6-6所示。

在平板毛坯上翻孔时，按工件中性层长度不变的原则近似计算。预制孔直径 d_0 由下式计算：

$$d_0 = D_1 - [\pi(r+t/2)+2h] \tag{6-9}$$

其中：
$$D_1 = D+2r+t$$
$$h = H-r-t$$

翻孔后的高度 H 由下式计算：

$$H = (D-d_0)/2 + 0.43r + 0.72t$$
$$= D(1-K_0)/2 + 0.43r + 0.7t \tag{6-10}$$

在（6-10）式中代入极限翻孔系数即可求出最大翻孔高度。当工件要求的高度大于最大翻孔高度时，就难以一次翻孔成形，这时应先进行拉深，在拉深件的底部预制孔，然后再进行翻孔，如图6-7所示。

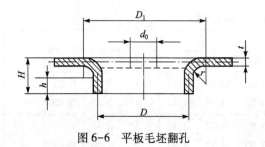

图6-6 平板毛坯翻孔

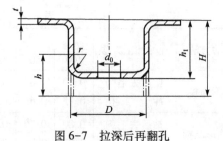

图6-7 拉深后再翻孔

3. 翻孔力计算

有预制孔的翻孔力由下式计算：

$$F = 1.1\pi t\sigma_s(D-d_0) \tag{6-11}$$

式中 F——翻孔力（N）；
  σ_s——材料屈服点（MPa）；
  D——翻孔后中性层直径（mm）；
  d_0——预制孔直径（mm）；
  t——材料厚度（mm）。

无冲孔的翻孔力要比有预冲孔的翻孔力大 1.3~1.7 倍。

4. 翻孔凸模、凹模设计

（1）翻孔时凸模与凹模的间隙

因为翻孔时竖边变薄，所以凸模与凹模的间隙小于厚度，单边间隙值可按表 6-4 选取。

表 6-4　翻孔凸、凹模单边间隙　　　　　　　　　　　　　　　　mm

材料厚度		0.3	0.5	0.7	0.8	1.0	1.2	1.5	2.0
单边间隙	平毛坯翻边	0.25	0.45	0.6	0.7	0.85	1.0	1.3	1.7
	拉深后翻边	—	—	—	0.6	0.75	0.9	1.1	1.5

（2）翻孔凸模与凹模

翻孔时凸模圆角半径一般较大，甚至做成球形或抛物面形，以利于变形，如图 6-8 所示。

一般翻孔凸模端部直径 d_0 先进入预制孔，导正工件位置，然后再进行翻孔，翻孔后靠肩部对工件圆弧部分整形。图 6-9 是几种常见的圆孔翻孔凸模与凹模的形状和尺寸。

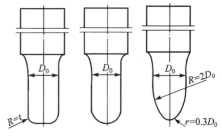

图 6-8　翻孔凸模

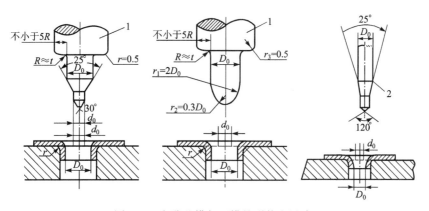

图 6-9　翻孔凸模与凹模的形状和尺寸

6.3　胀　形

胀形是将空心件或管状毛坯沿径向向外扩张的冲压工序。

6.3.1　胀形的变形程度

胀形变形时毛坯的塑性变形局限于一个固定的变形区范围内，材料不向变形区外转移，也不从外部进入变形区，仅靠毛坯厚度的减薄来达到表面积的增大。因此在胀形时毛坯处于双向受拉的应力状态，在这种应力状态下，变形区毛坯不会产生失稳起皱现象，所以胀形零件表面光滑，质量好。胀形时，由于材料受切向拉应力，因此胀形的变形程度受材料极限伸长率的限制，一般

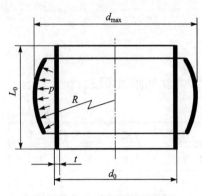

图 6-10 圆筒毛坯胀形

用胀形系数 K_z 来表示：

$$K_z = d_{max}/d_0 \quad (6-12)$$

式中 d_{max}——胀形后的最大直径（mm），如图 6-10 所示；

d_0——圆筒毛坯胀形前的直径（mm）。

可见，随着胀形系数 K_z 的增大。变形程度也增大。

胀形系数的近似值可查表 6-5。胀形时如果在对毛坯径向施加压力的同时，也对毛坯轴向加压，胀形变形程度可以增加。如果对变形区的部分局部加热，会显著增大胀形系数。铝管毛坯胀形时，由实验确定的胀形系数如表 6-6 所示。

表 6-5 胀形系数的近似值

材　料	毛坯相对厚度 $\frac{t}{d}/\%$			
	0.45~0.35		0.35~0.28	
	不退火	退火后	不退火	退火后
10 钢	1.10	1.20	1.05	1.15
铝	1.20	1.25	1.15	1.20

表 6-6 铝管毛坯的实验胀形系数

胀　形　方　法	极限胀形系数
简单的橡皮胀形	1.2~1.25
带轴向压缩毛坯的橡皮胀形	1.6~1.7
局部加热到 200 ℃~250 ℃ 的胀形	2.0~2.1
用锥形凸模并加热到 380 ℃ 的边缘胀形	2.5~3.0

6.3.2 胀形工艺计算

1. 毛坯尺寸计算

空心毛坯胀形时，如图 6-11 所示，如果毛坯两端允许自由收缩，则毛坯长度按下式计算：

$$L_0 = L(1+c\varepsilon)+B \quad (6-13)$$

式中 L_0——毛坯长度（mm）；

L——工件母线长度（mm）；

c——系数，一般取 0.3~0.4；

B——切边余量（mm），平均取 5~15mm；

ε——胀形伸长率，$\varepsilon = (d_{max}-d_0)/d_0$。

2. 胀形力的计算

胀形力可由下式求得：

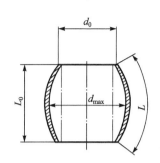 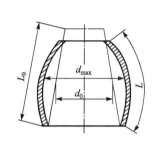 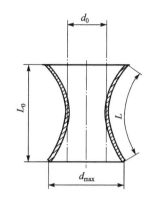

图 6-11 胀形尺寸计算的有关参数

$$F = qA = 1.15\sigma_b \frac{2t}{d_{max}} A \tag{6-14}$$

式中　F——胀形力（N）；

　　　q——单位胀形力（MPa）；

　　　A——参与胀形的材料表面面积（mm^2）；

　　　σ_b——材料抗拉强度（MPa）；

　　　d_{max}——胀形最大直径（mm）；

　　　t——材料厚度（mm）。

6.4　缩　　口

缩口是将筒形坯件的开口端直径缩小的一种方法，如图 6-12 所示。常见的缩口方式有：整体凹模缩口、分瓣凹模缩口以及旋压缩口等。本节主要介绍整体凹模缩口。

6.4.1　缩口的变形程度

零件在缩口时，在模具压力的作用下，缩口凹模压迫坯料口部，坯料口部则发生变形而成为变形区。变形区受两向压应力的作用，其中切向压应力是最大主应力，使坯料直径减小，高度和厚度有所增加。

缩口的变形程度可以用缩口系数 K 来表示，K 反映了切向变形大小，定义为：

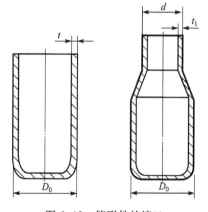

图 6-12　筒形件的缩口

$$K = \frac{d}{D_0} \tag{6-15}$$

式中　d——制件缩口后口部直径（mm）；

　　　D_0——制件缩口前口部直径（mm）。

一次缩口所能达到的最小缩口系数称为极限缩口系数 K_{min}，极限缩口系数与模具的结构形式、材料的厚度和种类、摩擦系数等有关。材料相对厚度越小，则系数要相应增大。极限缩口系数见表 6-7。表 6-8 为球形凹模缩口的极限缩口系数 K_{min}。

表6-7 理论计算的极限缩口系数 K_{min}

摩擦系数 μ	材料屈强比				
	0.5	0.6	0.7	0.8	0.9
0.1	0.72	0.69	0.65	0.62	0.55
0.25	0.80	0.75	0.71	0.68	0.65

表6-8 球形凹模缩口的极限缩口系数

材料抗拉强度 σ_b/MPa	相对材料厚 t/D_0					
	0.05	0.05~0.02	0.02~0.01	0.01~0.005	0.005~0.003	0.003~0.002
有外部支承的情况						
150	0.48~0.50	0.50~0.52	0.52~0.55	0.56~0.60	0.58~0.61	0.61~0.67
150~250	0.51~0.53	0.52~0.54	0.54~0.57	0.57~0.60	0.60~0.62	0.62~0.67
有外部支承的情况						
250~350	0.53~0.55	0.54~0.57	0.57~0.60	0.64~0.67	0.67~0.69	0.69~0.72
350~450	0.57~0.60	0.61~0.64	0.66~0.69	0.70~0.72	0.72~0.74	0.77~0.80
450	0.61~0.64	0.64~0.67	0.68~0.71	0.72~0.74	0.74~0.76	0.78~0.82
有内外支承的情况						
150	0.32~0.34	0.34~0.35	0.35~0.37	0.37~0.39	0.39~0.40	0.40~0.43
150~250	0.36~0.38	0.38~0.40	0.40~0.42	0.42~0.44	0.44~0.46	0.46~0.50
250~350	0.40~0.42	0.42~0.45	0.45~0.48	0.48~0.50	0.50~0.52	0.52~0.56
350~450	0.45~0.48	0.48~0.52	0.56~0.59	0.59~0.62	0.64~0.66	0.66~0.68
450	0.50~0.52	0.52~0.54	0.57~0.60	0.60~0.63	0.66~0.68	0.68~0.77

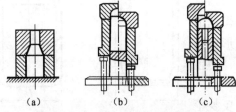

图6-13 不同支承方式的缩口
(a) 无支承；(b) 外支承；(c) 内外支承

从缩口系数可知，K 值越小，变形程度越大。一般说来，材料塑性好，厚度越大，模具的支持刚度越好，允许的缩口系数就可以越小。因此，在缩口时，根据坯料的不同，可以采取加支承的方式来提高坯料的刚度。如图6-13所示的对筒壁的三种不同支持，模具加以支持后允许的缩口系数就可以取得小些，而且稳定性也随之提高。

为提高极限缩口变形程度可以采用变形区局部加热的方法，此外在缩口坯料内填充适当填充材料也可以提高极限变形程度。

6.4.2 缩口次数

由较大直径一次缩口成较小直径，材料受压缩变形太大有可能出现起皱。此时需要多次缩口。缩口次数 n 可由零件总缩口系数 K_0 与平均缩口系数 K_a 估算（式6-16）。

平均缩口系数可以取为1.1倍的极限缩口系数。或参见表6-9给出的不同材料、不同模具形式的平均缩口系数。

$$n = \frac{\lg K_0}{\lg K_a} \tag{6-16}$$

表6-9 平均缩口系数

材料名称	模具形式			材料名称	模具形式		
	无支承	外部支承	内外支承		无支承	外部支承	内外支承
软钢	0.70~0.75	0.55~0.60	0.30~0.35	硬铝（退火）	0.73~0.80	0.60~0.63	0.35~0.40
黄铜 H62、H68	0.65~0.70	0.50~0.55	0.27~0.32	硬铝（淬火）	0.75~0.80	0.68~0.72	0.40~0.43
铝	0.68~0.72	0.53~0.57	0.27~0.32				

应该指出，一般缩口后口部直径会出现0.5%~0.8%的回弹。缩口毛坯尺寸可根据变形前后体积不变的原则计算。

缩口变形主要是切向压缩变形，但在长度与厚度方向上也有少量变形。其厚度可以按下式估算：

$$t = t_0 \sqrt{\frac{D_0}{d}} \tag{6-17}$$

式中 t_0——缩口前坯料厚度；
t——缩口后坯料厚度；
D_0——缩口前坯料直径；
d——缩口后坯料直径。

6.5 校平与整形

校平与整形是一种属于修整性的成形工艺。一般是在弯曲或者拉深后进行，主要是把冲压件的不平，圆角半径和某些形状尺寸修正到合格的要求。

6.5.1 校平

将毛坯或零件不平整的面压平，称为校平。如果工件某个面的平直度要求较高，则需校平。校平常在冲裁后进行，以消除冲裁过程造成的不平直现象。平板零件的校平模主要有平面校平模和齿状校平模两种形式，见图6-14。

对于材料较薄且表面不允许有细痕的零件，可采用平面校平模。由于平面模的单位压力较小，对改变毛坯内应力状态的作用不大，校平后工件仍有相当大的回弹，因此效果一般不好。主要用于平直度要求不高，由软金属（如铝、软钢、铜等）制成的小型零件。为消除压力机台面与托板平直度不高的影响，通常采用浮动凸模或浮动凹模。

对于材料较厚、平直度要求较高且表面上容许有细痕的工件，可采用齿状校平模校平，如图6-15所示。齿有尖齿和平齿两种，齿形用正方形或菱形，如图6-16所示。

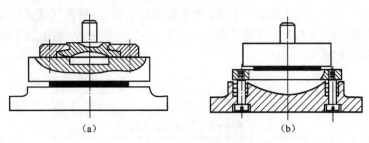

图 6-14 光面校平模
(a) 上模浮动式；(b) 下模浮动式

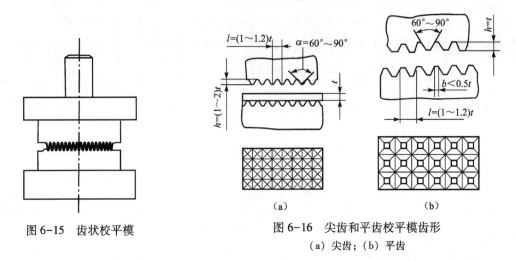

图 6-15 齿状校平模

图 6-16 尖齿和平齿校平模齿形
(a) 尖齿；(b) 平齿

尖齿模校平时，模具的尖齿挤入毛坯材料达一定深度，毛坯在模具压力作用下的平直状态可以保持到卸载以后，因此校平效果好，可能达到较高的平面度要求，主要用于平直度要求较高或强度极限高的较硬材料。用尖齿校平模时，在校平零件的表面上留有较深的压痕，毛坯容易粘在模具上不易脱模，模齿也易于磨钝，所以生产上多采用平齿校平模，即齿顶具有一定的宽度。它主要用于材料厚度较小和由铝、青铜、黄铜制成的工件。

当零件的表面不允许有压痕时，可以采用一面是平板，而另一面是带齿模板的校平方法。假如零件的两个表面都不允许有压痕，或零件的尺寸较大，且要求较高平直度时，也可以采用压力下的加热校平方法。将需要校平的零件叠成一定的高度，用加压夹具压紧成平直状态，然后放进加热炉里加热。温度升高以后材料的屈服强度降低，毛坯在压平时因反弯变形引起的内应力数值也相应地下降，使回弹变形减小以达到校平的目的。

加热温度取决于零件材料，对铝为300℃~320℃，黄铜（H62）为400℃~450℃。大批生产的中、厚板零件的校平可成叠在液压机上进行。对不大的平板零件也可采用滚轮校平。

校平与整形力 F 取决于材料的力学性能、厚度等因素，可以用下列公式做概略的计算：

$$F = pA \tag{6-18}$$

式中 F——校平或整形力（N）；

A——工件的校平面积（mm^2）；

p——校平和整形单位压力，见表6-10。

表 6-10 校平和整形的单位压力

校形方式	单位压力 p/MPa	注 释
平面校平模校平	80~100	用于薄料
平齿校平模校平	100~200	用于厚料，表面允许有细痕
平齿校平模校平	200~300	用于厚料，表面不允许有细痕
敞开形制件剖面整形	50~100	用于薄料
拉深件减小圆角及整形	150~200	

6.5.2 整形

1. 弯曲件的整形

整形一般安排在拉深、弯曲和其他成型工序之后，整形可以提高拉深和弯曲件的尺寸和形状精度，减小圆角半径。

弯曲回弹会使工件的弯曲角度改变；由于凹模圆角半径的限制，拉深或翻边的工件也不能达到较小的圆角半径。利用模具使弯曲或拉深后的冲压件局部或整体产生少量塑性变形以得到较准确的尺寸和形状，称为整形。由于零件的形状和精度要求各不相同，冲压生产中所用的整形方法有多种形式，下面主要介绍弯曲和拉深件的整形。

弯曲件的整形方法主要有压校和镦校两种形式。

压校方法主要用于用折弯方法加工的弯曲件，以提高折弯后零件的角度精度，同时对弯曲件两臂的平面也有校平作用，如图 6-17 所示。压校时，零件内部应力状态的性质变化不大，所以效果也不显著。

弯曲件镦校（图 6-18）时，要取半成品的长度稍大于成品零件。在校形模具的作用下，使零件变形区域成为三向受压的应力状态。因此，镦校时得到弯曲件的尺寸精度较高。但是，镦校方法的应用也常受零件的形状的限制，例如带大孔的零件或宽度不等的弯曲件都不能用镦校的方法。

2. 拉深件的整形

根据拉深件的形状、精度要求的不同，在生产中所采用的整形方法也不一样。对不带凸缘的直壁拉深件，通常都是采用变薄拉深的整形方法提高零件侧壁的精度。可以把整形工序和最后一道拉深工序结合在一起，以一道工序完成。这时应取稍大些的拉深系数，而拉深模的间隙可取为 0.9~0.95 倍料厚。

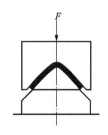

图 6-17 弯曲件的压校

(a)

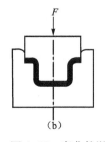
(b)

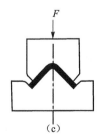
(c)

图 6-18 弯曲件镦校

拉深件带凸缘时，整形目的通常包括校平凸缘平面、校小根部与底部的圆角半径、校直侧壁和校平底部等，如图 6-19 所示。对有凸缘的拉深件，小凸缘根部圆角半径的整形要求外部向圆角部分补充材料。如图 6-20（b）所示（h'：半成品高度；h：成品高度）从直壁部分获得材料补充；如图 6-20（a）所示，靠根部及附近材料变薄来补充材料。整形精度高，但变形部位材料伸长量不得大于 2%~5%，否则，校形时零件会破裂。

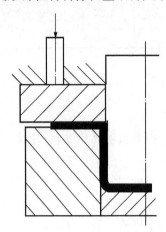

图 6-19 带凸缘筒形件的整形

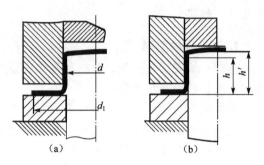

图 6-20 带凸缘拉深件的材料补充
(a) 根部变薄补充材料；(b) 直壁补充材料

整形力的计算可以参照（6-18）式。

6.6 成形模具的典型结构

本节介绍几种典型成形模具的结构特点。

1. 圆孔翻边模具

翻边模具是成形模具的一种。图 6-21 所示为一翻边模具，其凸模圆角半径一般做得较大，亦可做成球形、抛物线形，以利于翻边时金属的变形。图 6-21（a）为小孔翻边模具，图 6-21（b）为大孔翻边模具。

2. 橡胶胀形模具

空心毛坯的胀形根据模具的不同分成两类：一类是软体凸模胀形；另一类是刚性凸模胀形。软体凸模材料可采用橡胶、石蜡、液体等。图 6-22 所示为软体凸模胀形。此模具是对拉深后的筒形工件胀形成鼓形侧壁形状。胀形凸模材料为聚氨酯橡胶，它的强度高、耐油性好、使用寿命长。这种模具结构的优点是结构简单，工件变形均匀，容易保证几何形状，也便于成形复杂的空心件。凹模为分瓣式结构，便于出件。

3. 液压胀形模具

图 6-23 所示为波纹管液压胀形模具。在模具工作前，将毛坯置于凹模内，然后利用芯棒对液体加压，液体压力使毛坯贴向凹模，从而成型。液压胀形的优点是传力均匀，使材料在最有利的情况下变形，从而充分发挥其塑性，而且液压成形的工艺过程简单，成本低，零件表面质量好。

6.6 成形模具的典型结构

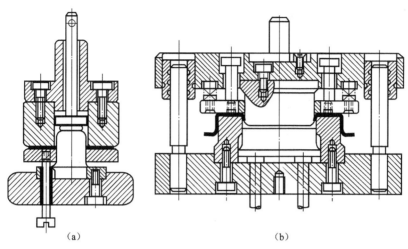

图 6-21 圆孔翻边模具
(a) 小孔翻边模具；(b) 大孔翻边模具

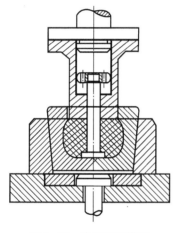

图 6-22 橡胶胀形模具

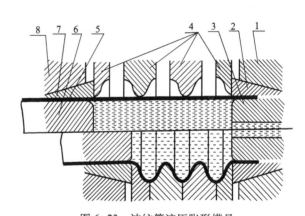

图 6-23 波纹管液压胀形模具
1—固定端；2—弹性夹头；3—加紧形胎；4—成型模片；
5—毛坯管料；6—加紧芯棒；7—弹性夹头；8—移动进给装置

4. 刚性凸模胀形模具

图 6-24 所示为刚性凸模胀形模具。该模具用于将杯形件的腰部胀形。胀形时，坯料放在下模 2 上，压力机滑块下降时，由上模对毛坯上口边缘施以轴向力，以对坯料进行胀形。当压力机滑块上升时，由卸料块 3 和顶板 4 将冲件从上模 1 和下模 2 内退出。图 6-25 所示为分瓣式刚性凸模胀形模具。上模下压时，利用锥形芯块将凸模滑块向四周胀开，使毛坯形成所需要的形状。这种模具结构复杂，成本高。

5. 缩口模具

缩口模具分为无芯棒缩口模具和有芯棒缩口模具。一般缩口前后的直径变化不宜过大，否则缩口部分的材料受到剧烈的压缩变形易向内壁起皱。如果为了满足制件的使用要求必须由较大直径收缩成较小直径时，应采用有芯棒缩口模具，或者经过多次缩口工艺，以控制其变形量。

第6章 成形工艺及模具设计

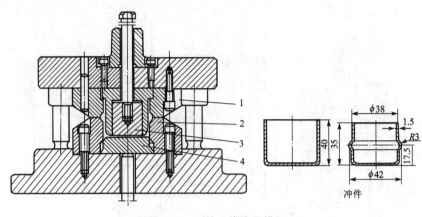

图6-24 刚性凸模胀形模具
1—上模;2—下模;3—卸料块;4—顶板

图6-26为无芯棒缩口模具,图6-27为有芯棒缩口模具。将毛坯套在下模的凸模上。随着上模的下行,上模的凹模将毛坯上端部缩口。凸模做成分体式便于维修。图6-28为管子缩口模具。

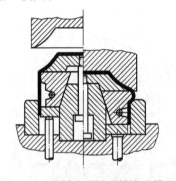

图6-25 分瓣式刚性凸模胀形模具

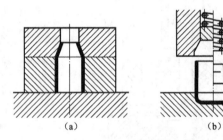

图6-26 无芯棒缩口模具

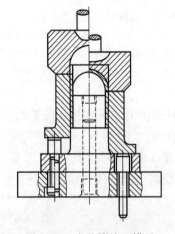

图6-27 有芯棒缩口模具

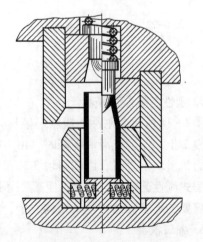

图6-28 管子缩口模具

6. 圆筒翻边模具

圆筒翻边模具如图6-29所示。此模具用于圆筒形工件卷边成形前的翻边工序,坯料及工件见图6-30。首先,坯料套在定位芯子5上,当压力机滑块下降时,凸模4下压坯料,顶板6下降,进入凹模7,对坯料进行翻边。滑块上升时,在弹顶器顶杆8的作用下,顶板6升至原位。打杆1、推件板3把工件从凸模上顶下。上凸模由固定板2固定。

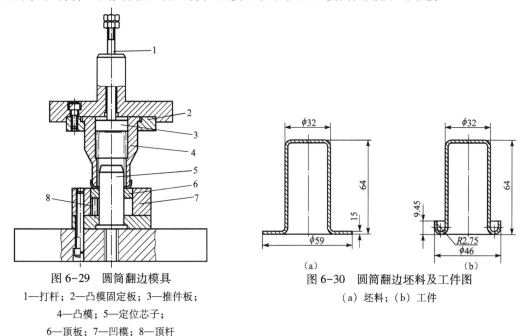

图6-29 圆筒翻边模具
1—打杆;2—凸模固定板;3—推件板;
4—凸模;5—定位芯子;
6—顶板;7—凹模;8—顶杆

图6-30 圆筒翻边坯料及工件图
(a) 坯料;(b) 工件

7. 卷边模具

图6-31所示为卷边模具,图6-32所示为坯料和工件。此模具用于圆筒形工件的最后一道卷边工序。把翻边后的坯料放在凹模3中,压力机滑块下降时,坯料在凸模2和凹模3的圆弧面上进行卷边。压力机滑块回程时,顶杆6、顶圈4把工件顶出。

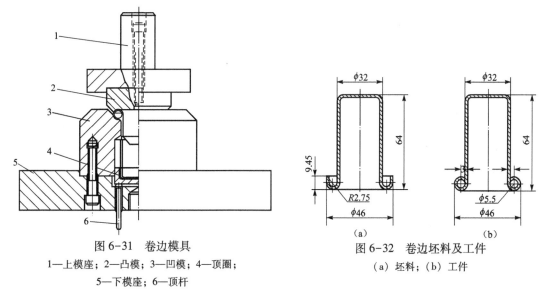

图6-31 卷边模具
1—上模座;2—凸模;3—凹模;4—顶圈;
5—下模座;6—顶杆

图6-32 卷边坯料及工件
(a) 坯料;(b) 工件

第 7 章 多工位级进模

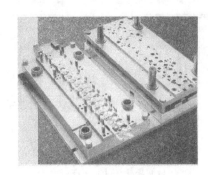

7.1 采用多工位级进模的条件

7.1.1 概述

多工位级进模，又称为连续模、跳步模，它是在一副模具内，按所加工的工件分为若干等距离的工位，在每个工位上设置一个或几个基本冲压工序，来完成冲压工件的加工。具有精密、高效、长寿命的特点。它适用于冲压小尺寸、薄料、形状复杂和大批量生产的冲压零件。多工位级进模的工位数可高达几十个，其模具能自动送料、自动检测出送料误差等。多工位级进模常用于高速冲压，因此，生产率极大地提高，并减少了手工送料的误差，减少了冲压设备和工人，具有较高的技术经济效益。相对于普通模具来说，多工位级进模结构比较复杂，制造技术和制造要求较高，模具的成本相对也高，同时对冲压设备、原材料也有相应的要求，对模具设计的合理性也提出了较高的要求。因此，在模具设计前必须对制件进行全面分析，然后结合模具结构特点和冲压件的成形工艺性来确定该制件的冲压成形工艺过程。在设计时要广泛听取使用部门、制造部门的意见，共同分析、研究设计方案，才能保证设计的成功。

多工位级进模要求高精度、长寿命，其模具的主要工作零件常采用高强度高合金工具钢、高速钢或硬质合金等材料来制造。加工方法常采用慢走丝线电极电加工和成形磨削。多工位级进模，必须有自动送料装置，才能实现自动冲压，并要求送料精度高，送料进距易于调整。生产中常采用的送料装置有钩式、夹持式送料装置和辊式送料装置。送料误差以及能否及时地从凸模上排除工件，往往是造成级进模损坏的主要原因。因此对造价昂贵的精密级进模，还必须带有高精度的误差检测装置。

多工位级进模通常是连续冲压，故要求冲床应有足够的刚性给予模具相适应的精度，模架的导向系统不能脱开，所以冲床的行程不宜过大，应选用行程可调的偏心冲床或高速冲床。级进模有许多工位，模具尺寸较大，设计模具和选用冲床时要注意工作台面的有效安装尺寸。

在多工位级进模中，由于凸模通常很精细，必须加以精确导向和保护，因而要求卸料板能对凸模提供导向和保护功能。卸料板上相应的孔必须采用高精度加工，其尺寸及相互位置必须准确无误。在冲压过程中的运动必须高度平稳，因此对卸料板要有导向保护措施。

综上所述，多工位级进模的使用条件要兼顾其如下特点：

① 在一副模具中，可以完成包括冲裁、弯曲、拉深和成形等多种多道冲压工序，从而免去了用单工序模的周转和每次冲压的定位过程，提高了劳动生产率和设备利用率。

② 由于在级进模中工序可以分散，不必集中在一个工位上，故不存在复合模的"最小壁厚"问题，可根据需要留出空工位，从而保证模具强度，延长模具寿命。

③ 多工位级进模常采用高速冲床生产冲压件，模具采用了自动送料、自动出件等自动化装置，操作安全，具有较高的劳动生产效率。

④ 级进模结构复杂，模具制造精度要求很高，给模具制造、调试及维修带来一定难度。同时要求模具零件具有互换性，在模具零件磨损或损坏后要求更换迅速方便、可靠。

⑤ 多工位级进模主要用于小型复杂冲压件的大批量生产；对较大的制件可选用多工位传递式冲压模具加工工序，从而免去了用单工序模的周转和每次冲压的定位过程，提高了劳动生产率和设备利用率。

⑥ 采用级进模也受到一些限制，比如工位数较多，不适合太大的工件，要考虑模具与冲床工作台的匹配性，其二是对材料要求较高，要求必须是规则的条料或卷料，对于边角余料不可利用，且由于要保证连续冲压与可靠的送进步距，导致工艺废料较多，材料利用率低，同时模具造价昂贵，仅适合于大批量生产。

⑦ 由于级进模连续地进行各种冲压，必然会引起条料载体和工件的变形，由于冲压分多工位进行，必然引起一定的送进的累积误差，一般来说，与复合模相比级进模生产的工件精度略低。

7.2 多工位级进模的排样设计

多工位级进模排样的设计是多工位自动级进模设计的关键。排样图的优化与否，不仅关系到材料的利用率、制件的精度、模具制造的难易程度和使用寿命等，而且直接关系到模具各工位加工的协调与稳定。

冲压件在带料上的排样必须保证冲压件上需加工的部位，能以稳定的自动级进冲压形式，在模具的相应部位上加工。在未到达最终冲压工位之前，不能产生任何偏差和障碍。冲压件的形状是千变万化的，要确定合理的排样图，必须从大量的参考资料中学习研究，并积累实践经验，才能顺利地完成多工位级进模的设计任务。

确定排样图时，首先要根据冲压件图纸计算出展开尺寸，然后进行各种方式的排样。在确定排样方式时，还必须将制件的冲压方向、变形次数、变形工艺类型、相应的变形程度及模具结构的可能性、模具加工工艺性综合分析判断。同时在全面地考虑工件精度和能否顺利进行自动级进冲压生产后,从几种排样方式中选择一种最佳方案。完整的排样图应包括:工位的布置、载体类型的选择和相应尺寸的确定。工位的布置应包括冲裁工位、弯曲工位、拉深等工位的设计内容。

当带料排样图设计完成,也就确定了以下内容:

① 模具的工位数及各工位的内容;
② 被冲制工件各工序的安排及先后顺序,工件的排列方式;
③ 模具的送料步距、条料的宽度和材料的利用率;
④ 导料方式,弹顶器的设置和导正销安排;
⑤ 基本上确定了模具结构。

7.2.1 排样设计的遵循原则

多工位级进模的排样,除了遵守普通冲模的排样原则外,还应考虑如下几点:

① 可制作冲压件展开毛坯样板(3~5个),在图面上反复试排,待初步方案确定后,在排样图的开始端安排冲孔、切口、切废料等分离工位,再向另一端依次安排成形工位,最后安排制件和载体分离。在安排工位时,要尽量避免冲小半孔,以防凸模受力不均而折断。

② 第一工位一般安排冲孔和冲工艺导正孔。第二工位设置导正销对带料导正,在以后的工位中,视其工位数和易发生窜动的工位设置导正销,也可在以后的工位中每隔2~3个工位设置导正销。第三工位根据冲压条料的定位精度,可设置送料步距的误送检测装置。

③ 冲压件上孔的数量较多,且孔的位置太近时,可分布在不同工位上冲出孔,但孔不能因后续成形工序的影响而变形。对相对位置精度有较高要求的多孔,应考虑同步冲出,因模具强度的限制不能同步冲出时,后续冲孔应采取保证孔相对位置精度要求的措施。复杂的型孔,可分解为若干简单型孔分步冲出。

④ 为提高凹模镶块、卸料板和固定板的强度和保证各成形零件安装位置不发生干涉,可在排样中设置空工位,空工位的数量根据模具结构的要求而定。

⑤ 成形方向的选择(向上或向下)要有利于模具的设计和制造,有利于送料的顺畅。若有不同于冲床滑块冲程方向的冲压成形动作,可采用斜滑块、杠杆和摆块等机构来转换成形方向。

⑥ 对弯曲和拉深成形件,每一工位变形程度不宜过大,变形程度较大的冲压件可分几次成形。这样既有利于质量的保证,又有利于模具的调试修整。对精度要求较高的成形件,应设置整形工位。

⑦ 为避免U形弯曲件变形区材料的拉伸,应考虑先弯成45°,再弯成90°。

⑧ 在级进拉深排样中,可应用拉深前切口、切槽等技术,以便材料的流动。

⑨ 压筋一般安排在冲孔前,在凸包的中央有孔时,可先冲一小孔,压凸后再冲到要求的孔径,这样有利于材料的流动。

⑩ 当级进成形工位数不是很多,制件的精度要求较高时,可采用压回条料的技术,即将凸模切入料厚的20%~35%后,模具中的机构将被切制件反向压入条料内,再送到下一工位加工,但不能将制件完全脱离带料后再压入。

⑪ 在级进冲压过程中，各工位分断切除余料后，形成完整的外形，此时一个重要的问题是如何使各段冲裁的连接部位平直或圆滑，以免出现毛刺、错位、尖角等。因此应考虑分断切除的搭接方法。搭接如图 7-1 所示，（a）为搭接，第一次冲出 A、B 两区，第二次冲出 C 区，搭接区是冲裁 C 区凸模的扩大部分，搭接量应大于 0.5 倍材料厚。（b）为平接，除了必须如此排样时，应尽量避免。平接时在平接附近要设置导正销，如果工件允许，第二次冲裁宽度适当增加一些，凸模修出微小的斜角（一般取 3°~5°）。

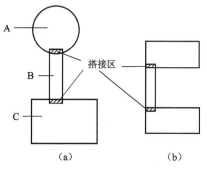

图 7-1　搭接方法
（a）搭接；（b）平接

7.2.2　带料的载体设计

由于搭边在多工位级进模中的特殊作用，在级进模的设计中，把搭边称为载体。载体是运送坯件的物体，载体与坯件或坯件与坯件的连接部分称搭口。载体的主要作用是连载坯件到各工位进行各种冲裁和成形加工。因此要求载体能够在带料的动态送进中，使坯件保持送进稳定、定位准确，才能顺利地加工出合格制件。载体型式一般可分为如下几种。

1. 边料载体

边料载体是利用材料搭边而形成的载体，载体上可冲导正工艺孔，如图 7-2 所示。此种载体送料刚性较好，省料、简单。其主要应用范围是：

① 料厚 $t \geqslant 0.2$ mm，步距可大于 20 mm；

② 可多件排例，尤其圆形件能提高材料利用率；

③ 可用于在载体上有冲导正工艺孔的带料或条料。

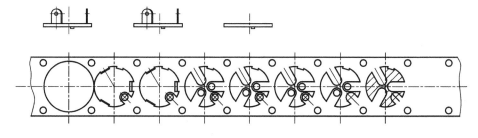

图 7-2　边料载体

2. 双载体

双载体实质是一种增大条料两侧搭边的宽度，以供冲导正工艺孔需要的载体。特别是所冲带料较薄时，增加边料可保证送料刚度和精度。这种载体主要用于薄料、制件精度较高的场合，如图 7-3 所示，但材料利用有所降低。这种载体主要应用范围是：料厚 t 可小于 0.2 mm；往往是单件排列。

3. 中载体

中载体常用于一些对称弯曲成形件，利用材料不变形的区域与载体连接，成形结束后切除载体。中载体可分为单中载体和双中载体，如图 7-4 所示。中载体在成形过程中平衡性较好。图 7-4 所示是同一个零件选择中载体时，不同的排样方法。（a）图是单件排样，（b）图是可提高生产效率一倍的双排排样。

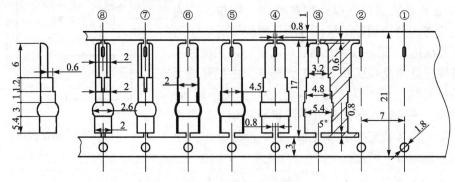

图 7-3 弯曲成形件双载体

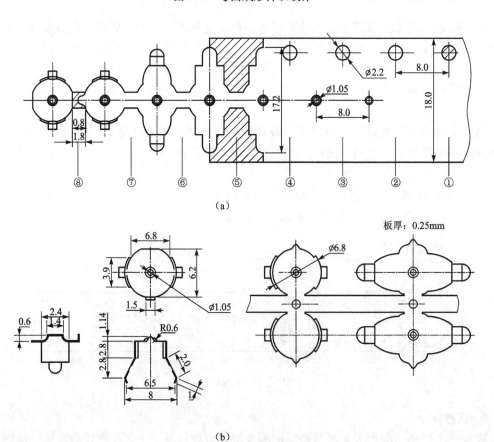

图 7-4 单中载体
(a) 单件排样；(b) 双件排样

图 7-5 零件要进行两侧以相反方向卷曲的成形弯曲，选用单中载体难保证成形件形状成形后的精度要求，选用可延伸连接的双中载体可保证成形件的质量。缺点是载体宽度较大，材料的利用率降低。中载体常用于材料厚度大于 0.2 mm 的对称弯曲成形件。

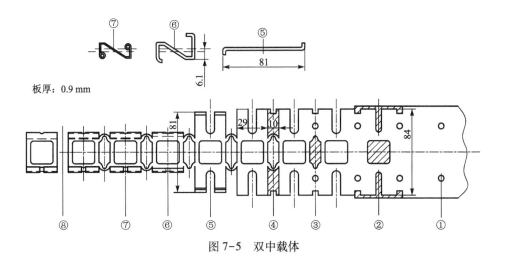

图 7-5 双中载体

4. 单边载体

单边载体主要用在弯曲件。在不参与成形的合适位置留出载体的搭口，采用切废料工艺将制件留在载体上，最后切断搭口得到制件，如图 7-6 所示。它可适用在 $t<0.4$ mm 的弯曲件的排样。其中（a）图和（b）图在裁切工序分解形状和数量上不一样，图（a）第一工位的形状比图（b）复杂，并且细颈处易开裂，分解后的镶块便于加工，且寿命得到提高。

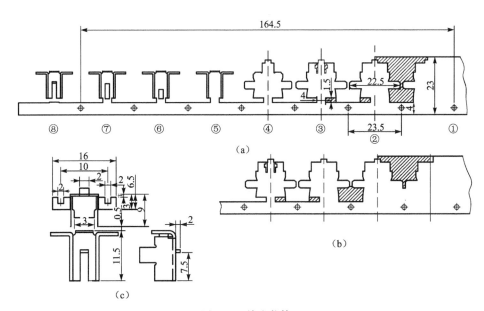

图 7-6 单边载体

5. 载体的其他形式

有时为了下一工序的需要，可在上述载体中采取一些工艺措施。

（1）加强载体

该载体是为了使 $t \leqslant 0.1$ mm 的薄料送进平稳，保证冲压精度，对载体采取压筋、翻边等提高载体刚度的加强措施而形成的载体形式。

（2）自动送料载体

有时为了自动送料，可在载体的导正孔之间冲出匹配钩式自动送料装置拉动载体送进的长方孔。

7.2.3 排样图中各工位的设计要点

在多工位级进模排样设计中，要涉及冲裁、弯曲和拉深等成形工位的设计。各种成形方法有自身的成形特点，其工位的设计必须与成形特点相适应。

1. 级进冲裁工位设计要点

① 对复杂形状的凸模，宁可多增加一个冲裁工位，也要使凸模形状简单，以便凸、凹模加工和保证凸模、凹模的强度。

② 对于孔边距很小的工件，为防止落料时引起离工件边缘很近的孔产生变形，可将孔旁的外缘以冲孔方式先于内孔冲出，即冲外缘工位在前，冲内孔工位在后。

③ 对有严格相对位置要求的局部内、外形，应考虑尽可能在同一工位上冲出，以保证工件的位置精度。

④ 为增加凹模强度，应考虑在模具上适当安排空工位。

2. 多工位级进弯曲工位的设计要点

（1）冲压与弯曲方向

在多工位级进模中，如果工件要求向不同方向弯曲，则会给级进加工造成困难。弯曲方向是向上，还是向下，模具结构是不同的。如果向上弯曲，要求下模采用滑块的模具结构或摆块的模具结构；若进行多重卷边弯曲，则要几处模块滑动。这时必须考虑在模具上设置足够的空工位，以便给滑动模块留出活动的余地和安装空间，若向下弯曲，要考虑弯曲后送料顺畅。若有障碍，必须设置抬料装置。

（2）分解弯曲成形

零件在作弯曲和卷边成形时，可以按工件的形状和精度组成分解加工的工位进行冲压。图7-7是四个向上弯曲的分解冲压工序。在级进弯曲时，被加工材料的一个表面必须和凹模面保持平行，且被加工零件由顶料板和卸料板压在凹模面上保持静止，只有成形的部分材料可以活动。（a）图为向上的直角弯曲，为求得弯曲的精度，先预弯后再在下一工位进行直角弯曲。其目的是减少材料的回弹和防止因材料厚度不同而出现的偏差。（b）图是将卷边成形分为三次弯曲。（c）图是将接触线夹的接合面从两侧弯曲加工的示例，冲裁的圆角带在内侧，分三次弯曲。（d）图是带有弯曲、卷边接合面的工件加工示例，分四次弯曲成形。

从上述四例可见，在分步弯曲成形时，不变形部分的材料被压紧在模具表面上，变形部分的材料在模具成形零件的加压下进行弯曲，加压的方向需根据弯曲要求而定，常使用斜滑块和摆动块技术进行力或运动的方向转换。如要求从两侧水平加压时，需采用水平滑动模块，将冲床滑块的垂直运动，转变为模块的水平运动。

（3）弯曲时坯料的滑移

如果对坯料进行弯曲和卷边，应防止成形过程中材料的移位造成零件误差。采取的对策是先对加工材料进行导正定位，在卸料板与凹模接触并压紧后，再作弯曲动作。

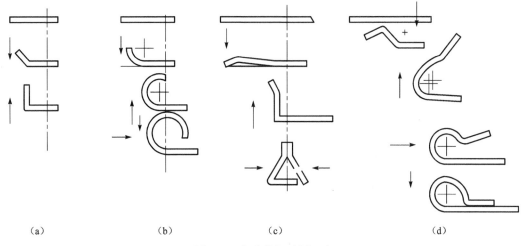

图 7-7 弯曲分解冲压工序

3. 多工位级进拉深成形工位的设计要点

在多工位级进拉深成形时,不像单工序拉深模那样以散件形式单个送进,它是通过带料以组件形式级进送进,如图 7-8 所示。通过载体、搭边和坯件连在一起的组件,便于稳定作业,成形效果良好。但由于级进拉深时,不能进行中间退火,故要求材料应具有较高的塑性;又由于级进拉深过程中,工件间的相互制约,因此,每一工位拉深的变形程度不可能太大,且零件间还留有较多的工艺废料,材料的利用率有所降低。

要保证级进拉深工位布置满足成形的要求,应根据制件的尺寸及拉深所需要的次数等工艺参数,用简易临时模具试拉深,根据是否拉裂或成形过程的稳定性,来进行工位数量和工艺参数的修正或插入中间工位,增加空工位等,反复试制到加工稳定为止。在结构设计上,还可根据成形过程的要求、工位的数量、模具的制造和装配组成单元式模具。

(1) 级进拉深工艺的尺寸计算

拉深零件的形状繁多,但就其级进拉深工艺尺寸的计算,可分为无工艺切口和有工艺切口两种情况。它们的带料宽度和步距尺寸,可参考表 7-1 和表 7-2。

表 7-1 无工艺切口的料宽和步距计算

图 示	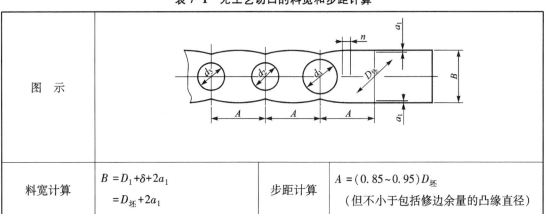		
料宽计算	$B = D_1 + \delta + 2a_1$ $= D_{坯} + 2a_1$	步距计算	$A = (0.85 \sim 0.95) D_{坯}$ (但不小于包括修边余量的凸缘直径)

第7章 多工位级进模

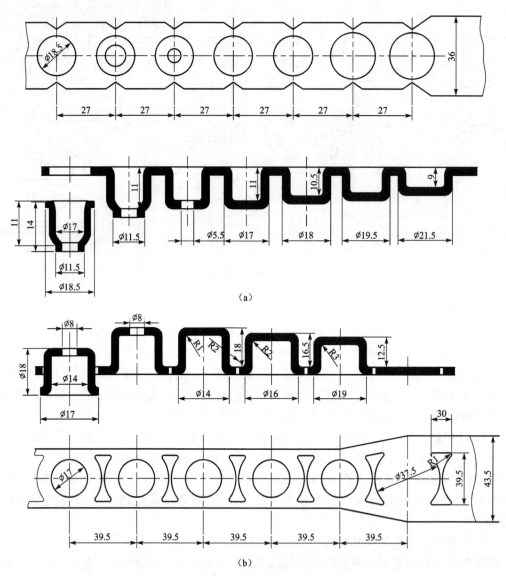

图 7-8 带料级进拉深
(a) 无切口带料拉深;(b) 有切口带料拉深

表 7-2 有工艺切口的料宽和步距计算

拉深方法	切口级进拉深	切槽级进拉深	
图示			
料宽计算	$B = D_1 + \delta + 2n_2 = D + 2n_2$	$B = (1.02\sim1.05)D + 2n_2 D + 2n_2$	$B = D_1 + \delta = D$
步距计算	$A = D + n$	$A = D + n$	$A = D + n$

（2）级进拉深变形参数的设计

无工艺切口的级进拉深时，可根据表 7-3 查出一次拉深所能达到的最大相对高度 h_1/d_1 并与计算出所要成形工件的 h_1/d_1 的值进行比较，确定能否用一次拉深成形。若工件的 h_1/d_1 小于表中所列值，则可一次拉深成形，否则需多次拉深。有工艺切口的拉深所能达到的最大相对高度与普通凸缘零件拉深第一次拉伸深最大相对高度同。

表 7-3　无工艺切口第一次拉深系数 m_1 和最大相对高度 h_1/d_1（材料：08、10）

凸缘相对直径 d_f/d_1	毛坯相对厚度（t/D）/%							
	>0.2~0.5		>0.5~1.0		>1~1.5		>1.5	
	m_1	H_1/d_1	m_1	H_1/d_1	m_1	H_1/d_1	m_1	H_1/d_1
≤1.1	0.71	0.36	0.68	0.39	0.66	0.42	0.65	0.45
>1.1~1.3	0.68	0.34	0.66	0.36	0.64	0.38	0.61	0.40
>1.3~1.5	0.64	0.32	0.63	0.34	0.61	0.36	0.59	0.38
>1.5~1.8	0.54	0.30	0.53	0.32	0.52	0.34	0.51	0.36
>1.8~2.0	0.48	0.28	0.47	0.30	0.46	0.32	0.43	0.35

级进拉深时，应审查不进行中间退火所能达到的总拉深系数：$m_{总}=d/D$。还应确定拉深次数和各次拉深的拉深系数。按有切口和无切口两种分别由表 7-3~表 7-5 查出各次拉深系数，并计算出使 $m_1 \cdot m_2 \cdot m_3 \cdots \cdot m_n < m_{总}$ 成立，m_n 的 n 就是拉深次数。

在调整拉深系数时，经调整确定的拉深系数 m_1，m_2，…可比表中所列的数值大。

表 7-4　无切口工艺的以后各次拉深系数（材料：08、10）

拉深系数 m_n	材料相对厚度（t/D）/%			
	>0.2~0.5	>0.5~1.0	>1~1.5	>1.5
m_2	0.86	0.84	0.82	0.8
m_3	0.88	0.86	0.84	0.82
m_4	0.89	0.87	0.86	0.85
m_5	0.90	0.89	0.88	0.87

表 7-5　有切口工艺的第一次拉深系数 m_1

凸缘相对直径 d_f/d_1	材料相对厚度（t/D）/%		
	>2	<2~1	>1
1.1	0.60	0.62	0.64
1.5	0.58	0.60	0.62
2.0	0.56	0.58	0.60
2.5	0.55	0.56	0.58

4. 级进拉深工序直径计算

计算各工序拉深直径时，使用调整后的各次拉深系数。计算方法与单个毛坯的拉深相同，即：

$$d_1 = m_1 D, \quad d_2 = m_2 d_1, \quad \cdots, \quad d_n = m_n d_{n-1}。$$

7.3 多工位级进模零部件设计

级进模主要零部件的设计除应满足一般冲压模具的设计要求外，还应根据级进模冲压特点，模具主要零部件装配和制造要求来考虑其结构形状和尺寸。

7.3.1 凸模

一般的粗短凸模可以按标准选用或按常规设计。而在多工位级进模中有许多冲小孔凸模、冲窄长槽凸模、分解冲裁凸模。这些凸模应根据具体的冲裁要求、被冲材料的厚度、冲压的速度、冲裁间隙和凸模的加工方法等因素来考虑凸模的结构及其凸模的固定方法。对于冲小孔凸模通常采用加大固定部分直径，缩小刃口部分长度的措施来保证小凸模的强度和刚度。当工作部分和固定部分直径差太大时，可设计多台阶结构。各台阶过渡部分必须用圆弧光滑连接，不允许有刀痕。特小的凸模可以采用保护套结构（图 7-9）。0.2 mm 左右的小凸模，其顶端露出保护套约 30~40 mm。卸料板还应起到对凸模的导向作用，以消除侧压力对凸模的作用而影响其强度。图 7-9 为常见的小凸模及其装配形式。

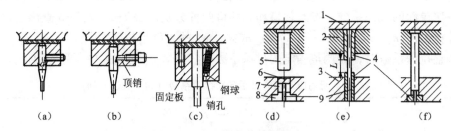

图 7-9 小凸模及其装配形式

1—垫板；2—凸模固定板；3—弹压卸料板；4—镶套；
5—压柱；6—垫板；7—定位套；8—镶套；9—小凸模

冲孔后的废料若贴在凸模端面上，会使模具损坏，故对 20 mm 以上的凸模应采用能排除废料的凸模。图 7-10 所示为带顶出销的结构，利用弹性顶销使废料脱离凸模端面。也可在凸模中心加通气孔，减小冲孔废料与冲孔凸模端面上的"真空区压力"，使废料易脱落。

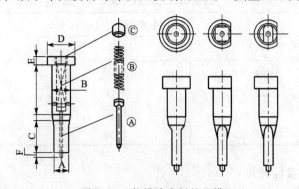

图 7-10 能排除废料的凸模

除了冲孔凸模外，级进模中有许多分解冲裁的冲裁凸模。这些凸模的形状比较复杂，为了加工出精密零件，大都采用线切割结合成形磨削制造。完成磨削加工是依靠专用的自动磨床和平面磨床，并通过金刚石对砂轮进行修正，达到磨削凸模所要求的形状和尺寸。图7-11为6种磨削凸模的形式。其中（a）为直通式凸模，常用固定方法是铆接在固定板上，但铆接后难保证凸模与固定板的较高垂直度，且修正凸模时铆合固定将失去作用。此种结构在多工位精密模具中应避免使用。(b)、(c)是同样断面的冲裁凸模，其考虑的因素是切削加工定在单面还是双面，及凸模受力后的稳定性。（d）图是两侧有异形凸出部分，凸出部分窄小易产生磨损和损坏，则结构上宜采用镶拼。（e）为一般使用的整体成形磨削带凸起的凸模。(f) 用于快换的凸模结构。

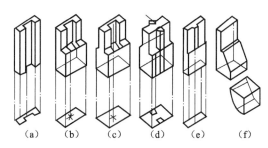

图 7-11　成形磨削凸模的典型结构

图 7-12 为上述凸模常用的固定方法，固定部分应有能加工螺钉孔的位置。对于较薄的凸模，可以采用销钉吊装（图 7-13）或（图 7-14）所示侧面开槽，用压板固定小凸模。

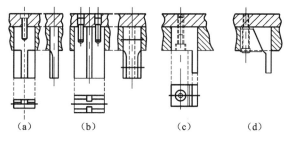

图 7-12　螺钉固定凸模

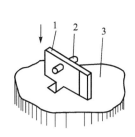

图 7-13　销钉吊装凸模
1—凸模；2—销钉；3—凸模固定板

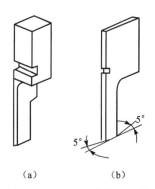

图 7-14　压板固定的小凸模

7.3.2 凹模

多工位级进模凹模的设计与制造较凸模更为复杂和困难。凹模的结构常用的类型有整体式、拼块式和嵌块式。整体式凹模由于受到模具的制造精度和制造方法的限制已不适用于多工位级进模。

1. 嵌块式凹模

图 7-15 所示是嵌块式凹模。嵌块式凹模的特点是：嵌块套做成圆形，且可选用标准的零件。嵌块损坏后可迅速更换备件。模板安装孔的加工可使用坐标镗床和坐标磨床。嵌块在排样图设计时，就应考虑布置的位置及嵌块的大小，如图 7-16 所示。

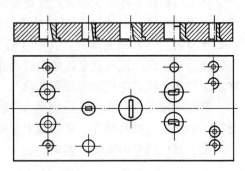

图 7-15 嵌块式凹模

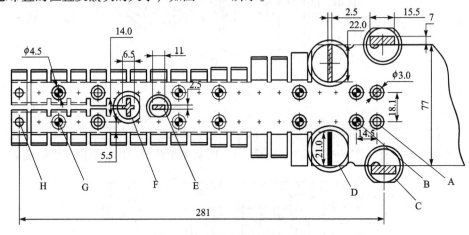

图 7-16 嵌块在排样图中的布置

图 7-17 为常用的嵌块。(b) 为有异形孔时，因不能磨削型孔和漏料孔而将它分成两块，其分割方向取决于形状，要考虑到其合缝对冲裁有利和便于磨削加工，镶入固定板后用键使其定位。这种方法也适用异形孔的导套。

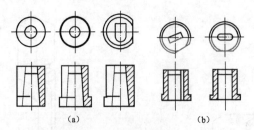

图 7-17 凹模嵌块

2. 拼块式凹模

拼块式凹模的组合形式因采用的加工方法不同，分为两种组合形式。采用放电加工的拼块拼装的凹模，凹模多采用并列组合式结构；若采用将型孔口轮廓分割后进行成形磨削加工，然后将拼块装在所需的垫板上，再镶入凹模框并以螺栓固定，此结构为成形磨削拼装组合凹模。图 7-18 所示为一弯曲件的排样图。图 7-19 为该零件采用并列组合凹模结构示意图，图中省略了其他零部件。拼块的型孔制造由电加工完成，加工好的拼块安装在垫板上并与下模座固定。这种组合方式当要更换个别拼块时，必须对全工位的步距进行调整。图 7-20 为全部磨削拼装的凹模结构，拼块用螺钉、销钉固定在垫板上镶入模框并装在凹模上。圆形或简单形状孔的成形可采用圆凹模镶套，需要修正时，只更换磨损部分就能继续使用。

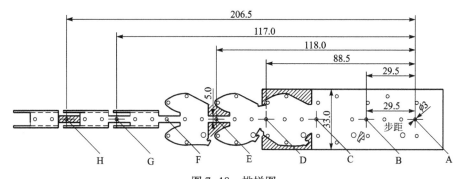

图 7-18 排样图

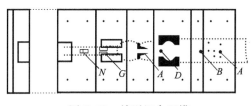

图 7-19 并列组合凹模

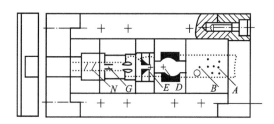

图 7-20 磨削拼装凹模

磨削拼装组合的凹模，由于拼块全部经过磨削和研磨，拼块有很高的精度。在组装时，为确保相互有关联尺寸，可对需配合面增加研磨工序。对易损件可制作备件。

3. 拼块的设计

① 拼块分割时，分割点应尽可能选在转角或直线和曲线交点上；避免选在有使用要求的功能面上；尖角处为便于加工和材料的改性处理，应进行分割，如图 7-21、图 7-22 所示。

② 拼块应有利于加工、装配、测量和维修。特别是有凹进或凸起易磨损部位，应单独分块，以便加工和更换，如图 7-22 所示。

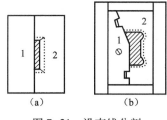

图 7-21 沿直线分割

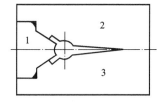

图 7-22 尖角处分割

③ 拼块在保证有利加工和热处理要求下，数量尽量少且便于装配，圆弧槽的分割见图 7-23。复杂的对称型孔，应沿对称线分割成简单几何线段，如图 7-24 所示。

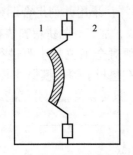

图 7-23 圆弧窄槽分割

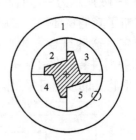

图 7-24 沿对称线分割

④ 拼块间应尽量以凸凹槽相嵌，或用键相嵌，以防冲压时发生相对移动，如图 7-21、图 7-22 所示。

⑤ 如果孔心距精度要求较高，或型孔中心距加工出现误差要求可以进行调整时，可采用图 7-25 所示的可调拼合结构。

⑥ 拼块要避免出现太大的凸凹轮廓和轮廓急剧变化，如图 7-26 所示，（a）图为不好的拼接，（b）图为合理的拼接。

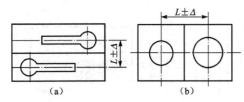

图 7-25 可调拼合凹模

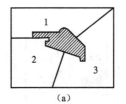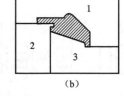

图 7-26 轮廓变化的拼块

4. 拼块凹模的固定形式

（1）平面固定式

平面固定是将凹模各拼块分别用定位销（或定位键）和螺钉固定在垫板或下模座上，如图 7-27 所示。适用于拼块凹模或较大拼块分段的固定方法。

（2）直槽固定式

直槽固定是将拼块凹模直接嵌入固定板的通槽中，各拼块不用定位销，而在直槽两端用键或楔及螺钉固定，如图 7-28 所示。

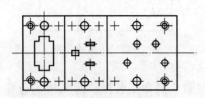

图 7-27 平面固定式拼块凹模

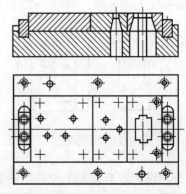

图 7-28 直槽固定式拼块凹模

(3) 框孔固定式

框孔固定式有整体和组合框孔两种,如图 7-29 所示。整体框孔固定凹模拼块时,拼块和框孔配合应根据胀形力的大小来选用配合的过盈量。组合框孔固定凹模拼块时,模具的维护、装拆方便,当拼块承受的胀形力较大时,应考虑组合框连接的刚度和强度。

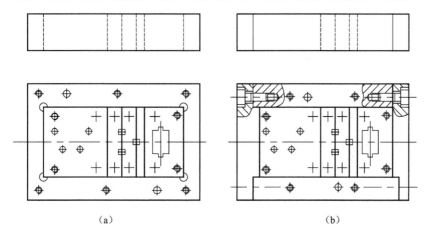

图 7-29 框孔固定式拼块凹模

7.3.3 带料的导正定位

在精密级进模中,不采用定位钉定位。一般采用导正销与侧刃配合使用,侧刃作定距和初定位,导正销作为精定位。此时侧刃长度应大于步距 0.05~0.1 mm,以便导正销导入孔时,条料略向后退。在自动冲压时,可不用侧刃,条料的定位与送进是靠导料板、导正销和送料机构来实现。

在设计模具时,作为精定位的导正孔,应安排在排样图中的第一工位冲出,导正销设置在紧随冲导正孔的第二工位,第三工位可设置检测条料送进步距的误送检测凸模,如图 7-30 所示。

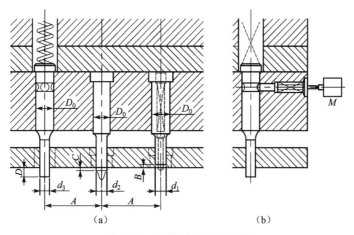

图 7-30 条料的导正与检测

第7章 多工位级进模

图 7-31 是导正过程示意图。虽然多工位级进冲压采用了自动送料装置，但送料装置可出现±0.02 mm 左右的送进误差，由于送料的连续动作将造成自动调整失准，形成误差积累。(a) 图为出现了正误差（多送了 C），(b) 图示导正销导入材料使材料向 F' 方向退回。导正销的设计要考虑如下因素：

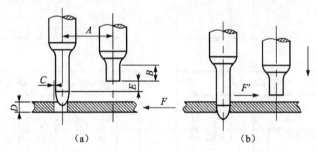

图 7-31 导正过程

1. 导正销与导正孔的关系

导正销导入材料时，即要保证材料的定位精度，又要保证导正销能顺利地插入导正孔，导正销的使用条件如图 7-32（a）所示。表 7-6 为导正间隙推荐值，也可按（a）图曲线选择。

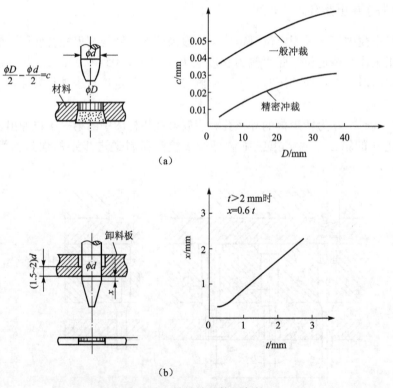

图 7-32 导正销的使用条件
(a) 导正销与导正孔间隙；(b) 导正销突出于卸料板的值 x

表 7-6 导正间隙推荐值

材料厚度 t	0.2~0.3	0.5~0.8	1.0~1.2	1.5	2	3
精密	0.01	0.02	0.02	0.03	0.04	0.05
一般	0.02	0.03	0.04	0.05	0.06	0.07

2. 导正销的突出量

导正销的先端部分应突出卸料板的下平面，如图 7-32（b）所示。x 的取值范围：$0.6t < x < 1.5t$。薄料取较大的系数，厚料取较小的系数，当 $t = 2$ mm 以上时，$x = 0.6t$。

3. 导正销头部形状

导正销头部形状从工作要求来分分为两个部分，引导部分和导正部分；根据几何形状来分，可分为圆弧和圆锥头部。图 7-33（a）为常见的圆弧头部，（b）为圆锥头部。

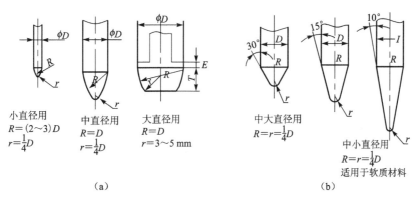

图 7-33 导正销头部形状

4. 导正销的固定方式

图 7-34 所示为导正销的固定方式，（a）图为导正销固定在固定板或卸料板下，（b）图导正销固定在凸模上。

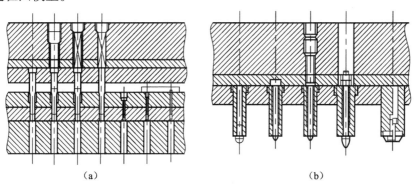

图 7-34 导正销的固定方式

7.3.4 带料的导向和托料装置

多工位级进模是依靠送料装置的机械动作，把带料按一定的尺寸送进来实现自动冲压。

由于带料经过冲裁、弯曲、拉深等变形后，在条料厚度方向上会有不同高度的弯曲和凸起，为了顺利送进带料，必须将带料托起，使凸起和弯曲的部位离开凹模工作面。这种使带料托起的特殊机构叫托料装置。托料装置往往和带料的导向零件共同使用。

1. 托料装置

常用的单一托料装置有托料钉、托料管和托料块三种。如图7-35所示。托起高度一般应使坯件最低部位高出凹模面1.5~2 mm，同时应使被托起的条料上平面低于刚性导料板上平面 $(2\sim 3)\,t$ 左右，这样才能使条料送进顺利。托料钉的优点是可以根据情况随意分布，托料效果好，凡是托料力不大的情况都可采用压缩弹簧作托料力源。托料钉通常用圆柱形，但也可用方形（在送料方向带有斜度）。托料钉经常是成偶数使用，正确位置应设置在条料上没有较大的孔和成形部位的下方。对于刚性差的条料，应采用托料块托料，以免条料变形。托料管是设在有导正孔的位置进行托料，它与导正销配合（H7/h6），管孔起导正孔作用，适用于薄料，如图（b）所示。这些形式的托料方式常与导料板组成托料导向装置。

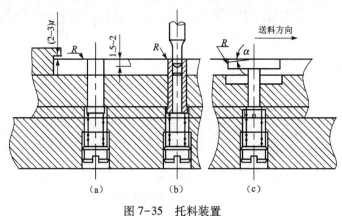

图7-35 托料装置

2. 托料导向装置

托料导向装置是具有托料和导料双重作用的模具部件，在级进模中应用广泛。它分为托料导向钉和托料导向板两种。

（1）托料导向钉

托料导向钉如图7-36所示，在设计中最重要的是导向钉的设计和卸料板凹坑深度的确定。图（a）是条料送进的工作位置，当送料结束、上模下行时，卸料板凹坑底面首先压缩导向钉使条料与凹模面平齐开始冲压，当上模回升时，弹簧将托料导向钉推至最高位置，进行下一步的送料导向。图（b）、（c）是常见的设计错误。前者卸料板凹坑过深，造成带料被压入凹坑内；后者是卸料板凹坑过浅，使带料被向下挤入与托料钉配合的孔内。因此，设计时，必须注意各尺寸的协调，其协调尺寸推荐值为：

槽宽：$h_2=(1.5\sim 2.0)t$；头高：$h_1=(1.5\sim 3)$；

坑深：$T=h_1+(0.3\sim 0.5)$；槽深：$(D-d)/2=(3\sim 5)t$。

浮动高度：$h=$ 材料向下成形的最大高度 $+(1.5\sim 2)$。

尺寸 D 和 d 可根据条料宽度、厚度和模具结构尺寸确定。托料钉常选用合金工具钢，淬硬到58~62HRC，并与凹模孔成 H7/h6 配合。托料钉的下端台阶可作成装拆式结构，在装拆面上加垫片即可调整材料托起位置的高度，以保证送料平面与凹模平面平行。

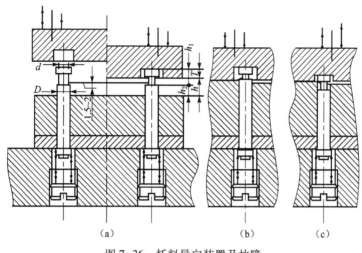

图 7-36 托料导向装置及故障

(2) 托料导向板

图 7-37 为托料导向板结构图,它是由四根浮动导销与两条导轨式导板组成,它适用于薄料和要求较大托料范围的材料托起。设计托料导向板时,应将导轨式导板分两件组合,当冲压时出现故障,拆下盖板即可取出条料。

7.3.5 卸料装置

卸料装置是多工位级进模结构中的重要部件。它的作用除冲压开始前压紧带料,以防止各凸模冲压时由于先后次序的不同或受力不均匀而引起带料窜动和冲压结束后及时平稳的卸料外,更重要的是对各工位上的凸模,特别是细小凸模在受侧向作用力时,起

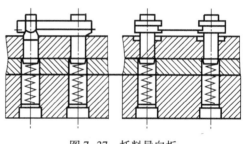

图 7-37 托料导向板

到精确导向和有效的保护作用。卸料装置主要由卸料板、弹性元件、卸料螺钉和辅助导向零件所组成。

1. 卸料板的结构

多工位精密级进模的弹压卸料板,由于型孔多、形状复杂,为保证型孔尺寸精度、位置精度和配合间隙,多采用分段拼装结构固定在一块刚度较大的基体上。图 7-38 是由 5 个拼块组合而成的卸料板。基体按基孔制配合关系开出通槽,两端的两块按位置精度的要求压入基体通槽后,分别用螺钉、销钉定位固定;中间三块经磨削加工后直接压入通槽内,仅用螺钉与基体连接。安装位置尺寸采用对各分段的结合面研磨加工来调整,从而控制各型孔的尺寸精度和位置精度。

2. 卸料板的导向形式

由于卸料板有保护小凸模的作用,要求卸料板有很高的运动精度,为此要在卸料板与上模座之间采用增设辅助导向零件——小导柱和小导套,如图 7-39 所示。当冲压的材料比较薄,且模具的精度要求较高,工位数又较多时,应选用滚珠式导柱导套。

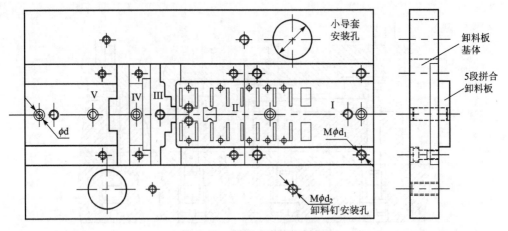

图 7-38　拼块式弹压卸料板

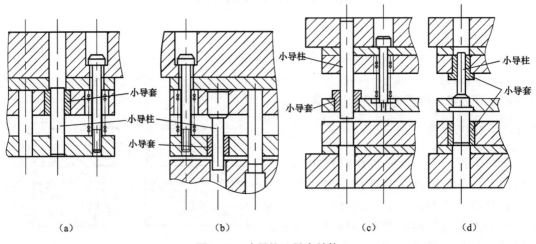

图 7-39　小导柱、导套结构

3. 卸料板的安装形式

卸料板是采用卸料螺钉吊装在上模。卸料螺钉应对称分布，工作长度要严格一致。图 7-40 是多工位精密级进模使用的卸料螺钉。外螺纹式轴长（L）精度±0.1 mm，常用于少工位普通级进模中；内螺纹式轴长精度为±0.02 mm，通过磨削轴端面可使一组卸料螺钉工作长度保持一致；组合式是由套管、螺栓和垫圈组合而成，它的轴长精度可控制在±0.01 mm。内螺纹和组合式还有一个很重要的特点，当冲裁凸模经过一定次数的刃磨后，再进行刃磨时，对卸料螺钉工作段的长度必须磨去同样的量值才能保证卸料板的压料面与冲裁凸模端面的相对位置，而外螺纹式卸料螺钉工作段长度刃磨困难。

图 7-41（a）所示的卸料板的安装形式是多工位精密级进模中常用的结构。卸料板的压料力、卸料力都是由卸料板上面安装的均匀分布的弹簧提供（矩形截面弹簧为好）。由于卸料板与各凸模配合间隙仅有 0.005 mm，所以安装卸料板比较麻烦，在不十分必要时，尽可能不把卸料板从凸模上卸下。考虑到刃磨时既不需把卸料板从凸模上取下，又要使卸料板低于凸模刃口端面，所以把弹簧固定在上模内，并用螺塞限位。刃磨时，只要旋出螺塞，弹簧

即可取出，不受弹簧作用的卸料板随之可以移动，露出凸模刃口端面，即可重磨刃口。同时，更换弹簧也十分方便。卸料螺钉若采用套管组合式，修磨套管尺寸，可调整卸料板相对凸模的位置，修磨垫片可调整卸料板达到理想的动态平行度（相对于上下模）要求。图（b）是采用内螺纹式卸料螺钉，弹簧压力是通过卸料螺钉传至卸料板。在冲压料头和料尾时，为使卸料板运动平稳，压料力平衡，应在卸料板的适当位置安装平衡钉，使卸料板运动时平衡。

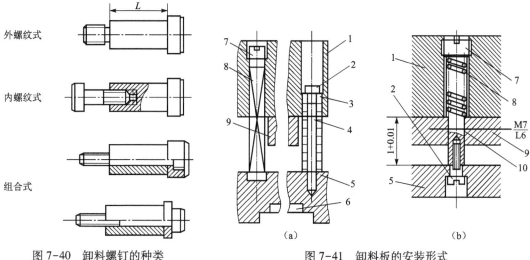

图 7-40　卸料螺钉的种类

图 7-41　卸料板的安装形式

1—上模座；2—螺钉；3—垫块；4—管套；5—卸料板；
6—卸料板拼块；7—螺塞；8—弹簧；9—固定板；10—卸料板

7.3.6　限位装置

级进模结构复杂，凸模较多，在存放、搬运、试模过程中，若凸模过多地进入凹模，容易损伤模具，为此在级进模设计时，应考虑安装限位装置。如图 7-42 所示，限位装置由限位柱与限位垫块、限位套组成。在冲床上安装模具时把限位垫块装上，此时模具处于闭合状态。在冲床上固定好模具，取下限位垫块，模具就可工作，对安装模具十分方便。从冲床上拆下模具前，将限位套放在限位柱上，模具处于开启状态，便于搬运和存放。

7.3.7　加工方向的转换装置

在级进弯曲或其他成形工序冲压时，往往需要从不同方向进行，因此，需要将压力机滑块的垂直向下的运动，转化成凸模（或凹模）向上或水平等不同方向的加工。完成这种加工方向转换的装置，通常采用斜楔滑块机构或杠杆机构，如图 7-43 所示。图（a）是通过上模压柱 5 打击斜楔 1，由件 1 推动滑块 2 和凸模固定板 3，转化成凸模 4 向上运动，从而使坯件在凸模 4 和凹模之间局部成形（凸包）。这种结构由于成形方向向上，凹模板面不需设让位孔让已成形部位，动作平稳，应用广泛。图（b）是利用杠杆摆动转化成凸模向上的直线运动，进行冲切或弯曲。图（c）是用摆块机构向上成形。图中（d）、（e）是采用斜滑块机构进行加工方向的转换，将模具的上下运动转换为镶件的水平运动，对制件的侧面进行加工。

第 7 章 多工位级进模

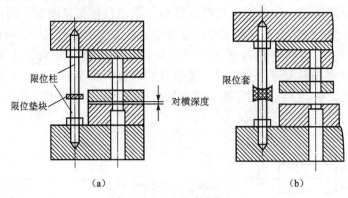

图 7-42 限位装置

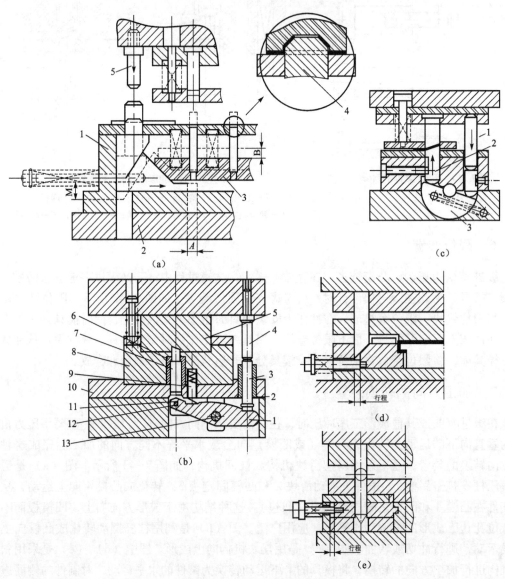

图 7-43 加工方向转换装置

7.3 多工位级进模零部件设计

在级进模中滑块的水平运动,多数是靠斜楔将压力机滑块的垂直运动转换而来的。在斜楔设计时,必须根据楔块的受力状态和运动要求,进行正确的设计,合理的选择设计参数。当滑块需要水平运动时,一般斜角取 $\alpha = 40° \sim 50°$,特殊情况可取至 $\alpha = 55° \sim 60°$。斜楔尺寸关系如图 7-44 所示。斜楔下止点高度 $a \geq 5$ mm,与滑块接触初始长度 $b \geq$ 滑块斜面长度/5,斜楔行程 S_1 与滑块行程 S 的关系为 $\tan \alpha = S/S_1$。

7.3.8 成形凸模的微量调节机构

模具在成形时,需要对成形高度进行调整,特别是在校正和整形时,微量地调节成形凸模的位置是十分重要的。调节量太小达不到成形件质量要求,调节量太大易使凸模被折断。图 7-45 是常用的调节机构。(a) 图通过旋转调节螺钉 1 推动斜楔 2 即可调整凸模 3 伸出的长度。(b) 图可方便地调整压弯凸模的位置,特别是由于板厚误差变化造成制件误差可通过调整凸模位置来保证成形件的尺寸。

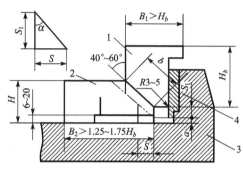

图 7-44 斜楔与滑块尺寸关系
1—斜楔;2—滑块;3—底座;4—后挡支撑面耐磨板

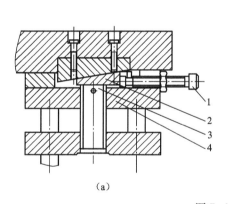

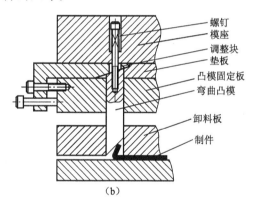

图 7-45 调节机构

7.3.9 级进模模架

级进模模架要求刚性好,精度高,因此通常将上模座加厚 5~10 mm,下模座加厚 10~15 mm(与标准模架 GB 2851~2852—1990 相比)。同时,为了满足刚性和精度的要求,级进模多采用四导柱模架。小型模具或子模架也可用双导柱模架。

精密级进模的模架导向,一般采用滚珠导柱(GB 28618—1990)导向,其过盈量为 0.01~0.02 mm(导柱直径 20~76 mm)。导柱导套的圆柱度均为 0.003 mm,其轴心线与模板的垂直度,导柱为 0.01:100。目前国内外使用的一种新型导向结构是滚柱导向结构,其剖面图如图 7-46 所示。滚柱

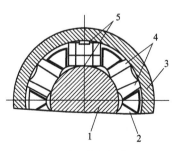

图 7-46 滚柱导向
1—导柱;2—保持架;3—导套;4—滚柱;5—结合面

表面由三段圆弧组成,靠近两端的两段凸弧4与导套内径相配(曲率相同),中间凹弧5与导柱外径相配,通过滚柱达到导套在导柱上的相对运动。这种滚柱导向以线接触代替了滚珠导向的点接触,在上下运动时构成一个面接触,因此能承受比滚珠导向大的偏心载荷,也提高了导向精度和寿命,增加了刚性,其过盈量为0.003~0.006 mm。为了方便刃磨和装拆,常将导柱作成可卸式,即锥度固定式(其锥度为1∶10)或用压板固定式(配合部分长度4~5 mm,按T7/h6或P7/h6配合,让位部分比固定部分小0.04 mm左右,如图7-47所示)。导柱材料常用GCr15淬硬HRC60~62,粗糙度最好能达到Ra 0.1μm,此时磨损最小,润滑作用最佳。为了更换方便,导套也采用压板固定式,如图7-47(d)、(e)所示。

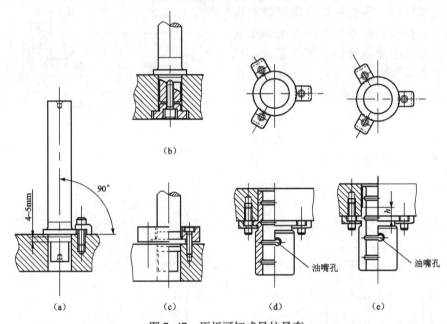

图7-47 压板可卸式导柱导套

(a) 三块压板压紧导柱;(b) 螺钉压板压紧导柱;
(c) 压板压紧导柱;(d),(e) 三块压板压紧导套

7.4 多工位级进模的安全保护

7.4.1 防止制件或废料的回升和堵塞

1. 制件或废料回升的原因

(1) 冲裁形状

冲裁形状简单的薄、软质材料易回升。轮廓形状复杂的制件或废料,因其轮廓凸凹部较多,凸部收缩,凹部扩大,角部在凹模壁内有较大的阻力,所以不易回升。

(2) 冲裁速度

当冲裁速度较高时,制件或废料在凹模内被凸模吸附作用大(真空作用),因此容易回升。特别是在冲裁速度超过每分钟500次时,这种现象更为明显。

(3) 凸、凹模刃口利钝程度

锋利刃口冲裁时，材料阻力小、制件或废料容易回升。相反，钝刃口冲裁时阻力大，制件或废料受凹模壁阻力也增大，所以不易回升。

(4) 润滑油

高速冲压时，为了延长模具寿命，一般要在被加工材料表面涂润滑油，润滑油不仅容易使制件或废料黏附在凸模上，而且使凹模壁的阻力也相应减小，所以容易回升。

(5) 间隙

冲裁间隙小时，冲裁剪切面（光亮带）大，制件或废料受凹模壁的挤压力和阻力大，故不易回升。相反，间隙大，制件或废料易回升。

2. 防止制件或废料回升的措施

(1) 利用凸模防止制件或废料回升

利用前述内装顶料销的凸模可防止制件或废料回升。图7-48（a）是利用压缩空气防止废料回升，它主要用于小断面凸模不能装顶料销的场合，其气孔直径一般为0.3~0.8 mm。图（b）是应用在直径小于1 mm的细长凸模上，尤其是拉深件冲底孔凸模。在凸模端面制成45°~50°的锥度，$h=0.5d$；工作时，首先由锥顶定位后再冲裁，这样不仅废料不能粘在凸模上，而且制件外形与中心孔的同轴度也得到保证。

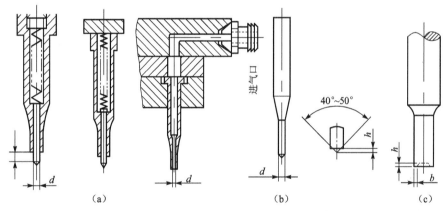

图7-48 利用凸模防止制件或废料回升

(2) 利用凹模防止制件或废料回升

利用凹模刃口壁作成5′~10′的倒锥角，而在漏料孔壁作成1°~2°的顺锥角，冲裁时制件或废料外周受到压缩应力作用，同凹模壁的摩擦增加，制件或废料不易回升，对于较大的制件或废料，这是防止其回升的有效方法。但是，这种方法使用的倒锥角不易加工，而且也容易引起小凸模的折断。

3. 制件或废料的堵塞

制件或废料如果在凹模内积存过多，一方面容易损坏凸模，另一方面会胀裂凹模。因此不能让制件或废料在凹模内积存过多。造成堵塞的原因主要是由凹模漏料孔所引起的，可采取如下措施。

(1) 合理设计漏料孔

对于薄料小孔冲裁（$d<1.5$ mm），因废料重量轻又有润滑油粘在一起，所以最容易堵

塞。在不影响刃口重磨的情况下，应尽量减小凹模刃口直筒部分的高度 h，使 $h=1.5$ mm，对于精密制件，在刃口部分制成 $\alpha=3'\sim10'$ 的锥角孔口，漏料孔壁制成 $\alpha=1°\sim2°$ 的锥角，如图 7-49 所示。

(2) 利用压缩空气防止废料堵塞

图 7-50 所示是利用压缩空气使凹模漏料孔产生负压，迫使制件或废料漏出凹模。即可防止制件或废料回升，又可防止堵塞凹模。

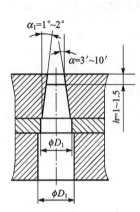

图 7-49 带锥度的凹模漏料孔

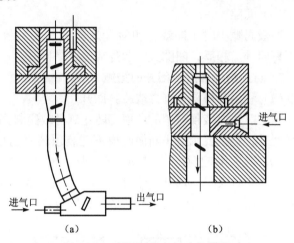

图 7-50 利用压缩空气防止堵塞

7.4.2 模面制件或废料的清理

任何一种冲模在工作时，绝不允许有制件或废料停留在模具表面。尤其是级进模要在不同的工位上完成制件多种成形工序，更不能忽视其模面制件和废料的清理，而且清理时必须自动进行才能满足高速生产的要求。生产中常用压缩空气清理制件或废料离开模面，形式有以下几种。

1. 利用凸模气孔吹离制件

当制件成形后从条料上切离时，若采用一次切离几件的这种方法切离的制件，这些制件基本上都不能从凹模漏料孔中漏下，只能从模面清理。清理这类制件，可用图 7-51 所示方法。凸模上钻的气孔，位置及大小按清理制件不同而异，一般以 0.8~1.2 mm 为宜。凸模中间气孔是防止废料回升，两侧斜孔（$\alpha=45°\sim50°$）是吹离被切离的制件，使制件向模面两边离开。

2. 从模具端面吹离制件

在最后工位切离的制件，可利用增设的气孔从模具端面吹离，如图 7-52 所示。压缩空气经下模座 3 和凹模 2 进入导料板 1 中的斜气孔，当工件切离条料后，压缩空气从导料板的气孔把工件从模具端面吹离。

3. 气嘴关闭式吹离制件

如图 7-53 所示，把气嘴 2 装在凸模固定板 1 中，压缩空气经固定板进入气嘴，为防止压缩空气损失，它们之间的配合间隙不能太大或增设密封圈，气嘴与凸

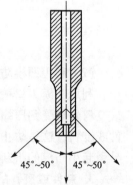

图 7-51 利用凸模气孔的吹离制件

模保持 10~15 mm 的距离。当上模下行时，气嘴被压入在凸模固定板内，气孔被堵塞。上模回升时，压缩空气把气嘴推出并从气嘴侧气孔中喷出气流把制件吹离模面。这种形式在复合模（或复合工位）中常用。

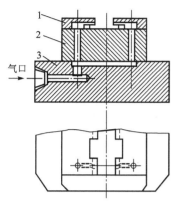

图 7-52　从模具端面吹离制件
1—导料板；2—凹模；3—下模座

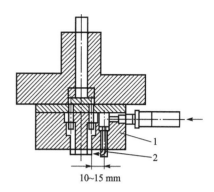

图 7-53　气嘴关闭式吹离制件
1—凸模固定板；2—气嘴

4. 模外可动气嘴吹离制件

对于一些小型模具，在模内设置气孔有困难时，可把软管的气嘴架安装在模具需要清理的任何外侧，吹离模面的制件或废料。它的结构简单，固定方便灵活，使用广泛。利用压缩空气清理模面的制件或废料，应正确设计气嘴位置、方向和所用气压的大小，同时要注意不要损伤制件（用软质袋承接制件）。

7.5　多工位级进模的典型结构

7.5.1　冲裁、压平自动切断级进模

图 7-54 所示冲压件是集成电路引线框，该制件主要技术要求是：

① 材料为 0.3 mm 的锡磷青铜，在引线端部虚线内的部分，要求打扁矫平，并使材料厚度变薄至 0.28 mm，（见图中 2.4 mm×2.4 mm 部分）

② 在引线端部 3.9 mm×3.9 mm 面积内（虚线所示），要均匀分布 16 条脚的引线，因此每条脚的宽度和空隙宽度均不能超过 0.4 mm。

③ 在集成电路塑料塑封后，其外露引线部分应在 19.56 mm×7.62 mm 范围内均匀分布，因此引线由内向外要各自定向转弯，引线脚越多，转弯越多。

④ 为了塑封模的定位，各引线粗细应均匀，要求每 10 个引线框成一组，其孔距积累误差（18.29×10＝182.9）不准超过 0.02 mm，因此每工步的平均误差应小于 0.002 mm。加工该冲压件的模具结构如图 7-55 所示，结构特点如下：

① 模具采用滚动式、四导柱、可拆装的精密模架。

② 为了保证制件精度，在冲压工艺上采用了级进、复合式冲裁，排样如图 7-56 所示，即外引线部分采用级进式冲裁，内引线部分采用复合式冲裁。

第7章 多工位级进模

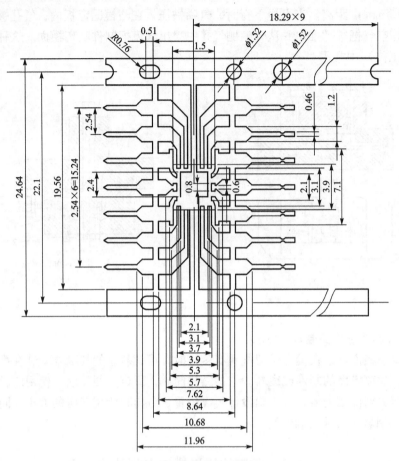

图 7-54 16 条脚引线框

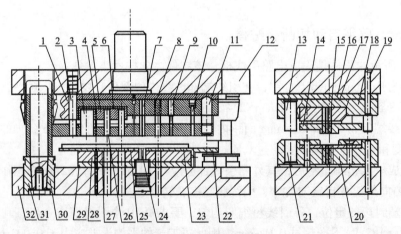

图 7-55 引线框级进模

1—套筒;2—卸料螺钉;3—侧刃凸模;4—冲孔凸模;5—固定板;6—垫板;7—导正销;
8—去废料顶杆;9—压平凸模;10—切断凸模;11—小导柱;12—模座;13—限位柱;
14—弹压卸料板;15—冲孔凸模;16—垫板;17—垫板;18—固定板;19—螺钉;20—下模框;
21—限位柱;22—承料板;23—凹料板;24—顶块;25—镶块;26—冲孔凸模;
27—凹模板;28—支承板;29—垫板;30—固定环;31—导柱;32—下模座

③ 为了使引线框的各条引线在一个平面上不扭、不翘，内引线冲裁采用复合、复位冲裁。即先冲下废料，再用凹模推板将废料"复入"带料中，在带料转至下一工步时，再将它冲出。这样做有利于提高冲件精度也有利于提高薄弱的凹模寿命。

④ 采用了双侧刃、双侧面导板及双弹压导正销的导向结构，提高了材料的送料精度。

⑤ 在卸料板结构上，采用了小导柱、导套导向，定位套筒固定法控制弹压卸料板对凹模的平行度的措施。

⑥ 在凸模保护方面，采用了缩短小凸模长度的办法。在保证凹模精度方面，采用了分段镶拼的办法。

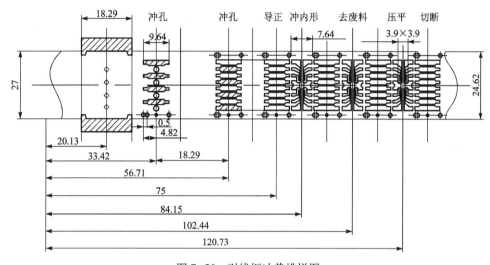

图 7-56　引线框冲裁排样图

⑦ 在压力机行程控制方面，采用了限位柱结构，使凸模进入凹模的深度，得到了控制。

⑧ 为了获得每 10 个引线框为一组的引线条，便于集成电路塑料塑封的大量生产，在本模具上采用了由端面凸轮和棘轮及切刀等组成的自动切断机构，如图 7-57 所示。

压力机每冲裁 10 次，由于凸轮到位，使滑块按图示位置往左移动，切断凸模（切刀）被压下，即切断一次料。当切断完成后，由棘轮机构带动凸轮转过凸轮凸起的位置，切刀受到弹簧力的作用而缩回原位，不再起切断作用。除了采用该机构实现定尺寸的冲切外，还可采用传感元件和自动切料机构组合，控制定尺寸料长。

7.5.2　膜片级进模

1. 制件要求

膜片制件年产量在百万件以上，材料为不锈钢，厚度为 0.33 mm，用于彩色电视机显像管内电子枪，其形状和主要尺寸如图 7-58 所示。制件技术要求如下：

① $3×\phi0.67$ 的孔径误差为 ±0.01 mm，椭圆度小于 0.01 mm，在显微镜下放大 15 倍观察，不应看见毛刺和毛边。

② 中间孔中心应在两旁孔中心的连线上，其偏差小于 0.01 mm。

③ 孔 0.67 周围板厚误差小于 0.01 mm。

④ E 和 D 之间平面、F 和 G 之间平面及 $C—C$ 平面的平面度小于 0.03 mm。

第7章 多工位级进模

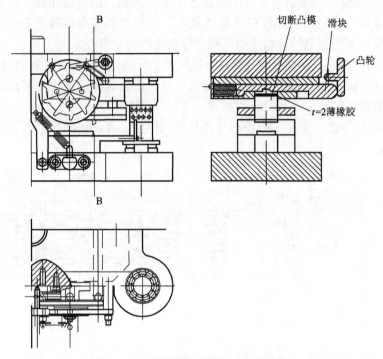

图 7-57 引线框级进模自动切料机构

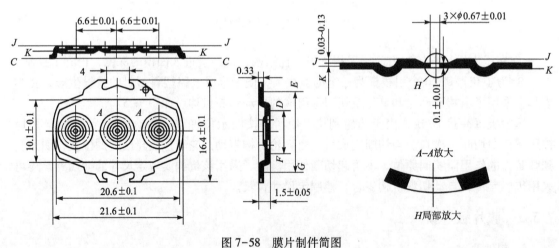

图 7-58 膜片制件简图

⑤ 孔 0.67 附近只准有如 H 部放大所示的弯曲。

⑥ J—J 面的中间部位相对于连接两端所组成的平面，应向 C—C 面下凹 0.005～0.02 mm。

2. 条料工序排样

膜片的条料工序排样如图 7-59 所示，条料宽度为 27 mm，步距为 26 mm。工序说明如下：

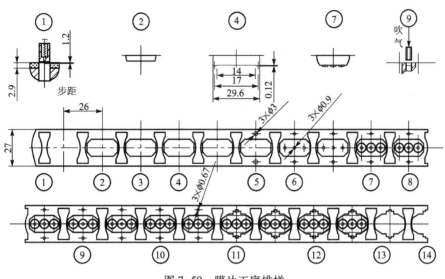

图 7-59 膜片工序排样

① 切槽：加工拉深毛坯和搭边。

② 拉深：加工制件形状。

③ 定位：由于拉深时毛坯收缩变形，步距会变小，而采用定位后再拉深，就能确保制件在定位以后的工序中步距不变。

④ 整形：将拉深件外形整形到制件要求的尺寸，考虑到压印工序中制件底部挠曲，预整形到工序 4 图示尺寸，以保证工序 7 加工后底面平整。

⑤ 冲导正孔：从这道工序开始，以后的各工位不允许制件位置偏移。由于拉深件深度太浅，只靠工序 3 和拉深件外形定位，保证不了条料定位精度，所以必须冲导正孔，通过导正定位条料，保证制件在各工位的定位精度。

⑥ 冲底孔和⑦、⑧第一与第二次压印：压印工序是将孔 0.67 周围的材料厚度由 0.33 mm 压薄到 0.11 mm。为减小压印面积和压印载荷，保证压印成形，所以需冲底孔。为使制件表面获得较高平面度和厚度精度，要进行第二次压印⑧。

⑨ 压印整形：为满足制件技术要求 6 而设计。

⑩ 精冲孔：加工制件所要求的精密孔，将 $3×\phi0.9$ 变形后的孔整修到制件要求的精密孔 $3×\phi0.67±0.01$。

⑪ 切边：加工与膜片相配合的支架玻杆的异形形状（蝶形缺口），可减小落料复位时的凸模和凹模复杂程度。

⑫ 落料复位：冲切制件外形，而后将制件复位回到条料中，保证制件凸缘平整度要求。

⑬ 推料：将制件从条料上推离，落在传送带上，随传送带进入制件箱。

⑭ 废料切断：将废料切断，有益于安全和废料收集。

3. 模具结构

膜片制件数量大，精度高。因而要求模具效率高，精度高，寿命高。模具结构总装图如图 7-60 所示。膜片级进模具有下列特点：

① 模具易损件具有互换性，拆装方便。

第7章 多工位级进模

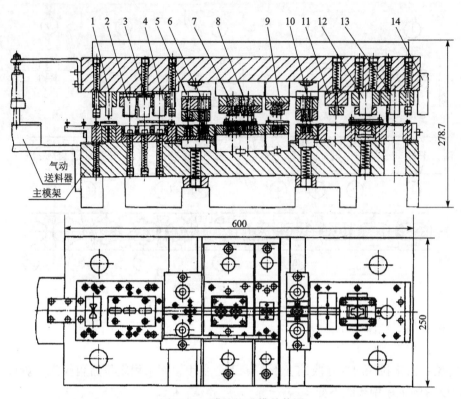

图 7-60 膜片级进模总装图

1—切槽；2—拉深；3—定位；4—整形；5—冲导正孔；6—冲孔；7—第一次局部成形；8—第二次局部成形；9—整形压标记；10—精冲孔；11—切边；12—落料复位；13—推料；14—废料切断

② 模架刚性好，精度高。主模架采用四导柱滚动导向，模座采用加厚钢板，上模座上平面与下模座下平面的平行度为 0.04 mm。

③ 模具材料好。凸模和凹模用硬质合金或 Cr12MoV 钢制造、卸料板、固定板用 CrWMn 制造，并淬硬到 HRC50 左右。

④ 模具结构为分段式和子模拼装结构。

⑤ 送料采用气动送料器，模具中设有安全检测装置，并采用防止废料回升和堵塞结构。

⑥ 固定件采用高强度螺钉和销钉，部分弹性件采用高强度弹簧。

⑦ 条料送进采用浮动导料销和浮动导料板托料导向。

4. 模具设计要点

(1) 切槽、切边、冲导正孔

这些工序均属冲裁工序，冲裁间隙取料厚的20%，各凹模结构形式相同，以切槽为例，如图7-59中工序图①所示。凹模为硬质合金银焊结构，钢体材料为CrWMn，并淬硬到HRC60，硬质合金为YG15，厚度为2.9 mm，刃口有效高度为1.2 mm，废料过孔比凹模孔均匀扩大0.2 mm。

(2) 切槽、拉深、定位和整形模具

这四道工序的模具结构如图7-61所示。四道工序的凹模均为镶拼结构，切槽凹模拼块镶件与凹模固定板压配固定，拉深、定位和整形凹模做成整体硬质合金镶件，嵌入凹模固定板内，再用螺钉紧固。工序步距位置由凹模拼块、镶件和凹模固定板的加工精度保证，凹模固定板作为这四道工序的凹模整体，用键和销钉与主模架下模座定位，用螺钉固紧。

切槽上模与拉深、定位整形的上模各自独立，分别固定在主模架的上模座上。切槽凸模上装有推废料装置，防止废料回升。这两种加工性质不同的上模分别独立，便于实现模具零件互换、刃口重磨和更换零件。整形凸模与顶杆工作端面尺寸，应按图7-59中的工序图④设计。

（3）冲导正孔和冲底孔模具

这两道工序的模具结构如图7-62所示。两道工序均为子模结构，子模本身具有良好的导向装置，导柱固定在件13上，导套分别固定在件14和3上，件6和件7由件14导向，保证凸模和凹模冲裁间隙均匀，对凸模进行保护。上模冲程靠固定在主模架上模座的压块推动件8下降，冲压后靠下模座内强力弹簧推动件17回升。

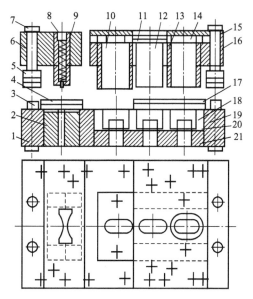

图7-61 切槽、拉深、定位和整形子模图
1—凹模固定板；2—切口拼块镶件凹模；3—浮动导料销；
4—固定卸料板；5—压板；6—凸模固定板；
7，8—推废料装置；9—切槽凸模；10—拉深凸模；
11—弹压卸料板；12—定位凸模；13，14—整形凸模；
15—垫板；16—凸模固定板；17—固定卸料板；
18—凹模镶件；19—顶杆；20—垫块；21—垫板

子模的加工精度要求严格，凹模嵌块、凸模、导柱和导套配合孔的孔距误差均为±0.002 mm，均由坐标磨床加工保证。为防止废料回升，冲导正孔凸模内装有推废料装置，而冲底孔凸模由于直径很小，加工0.26 mm的吹气孔清除废料时，由件12接通压缩空气，保证废料不黏附在凸模上。

子模在主模架上的位置，X方向由件1与主模架下模座上键槽配合定位，Y方向由凹模固定板基面A与上道工序的凹模固定板侧面靠紧后固定，件18是下道工序的Y方向定位键。

（4）第一和第二次压印模具

这两道工序的模具结构如图7-63所示。

这两道工序的模具也是子模结构，但与上述子模结构有区别，它是采用滚动导向的标准子模模架，用件1和件13把子模定位在主模架上，再用螺钉固定。子模的上模与主模架的上模座刚性固定。

第一次压印把板厚由0.33 mm压薄到0.11 mm，第二次压印压薄到0.1 mm。压印凸模和凹模均用含镍和铌的细粒度硬质合金材料，工作面要进行镜面加工。其尺寸精度为0.002~0.005 mm，压印凸模和凹模的垫板也用硬质合金制作。

第一次压印的单位压力为978 MPa，第二次压印的单位压力为1430 MPa，每一个压印约需30 kN。因此，压印凸模的长度要考虑材料弹性变形的影响，比设计值加长0.1 mm才能加工出合格的制件。第一次和第二次压印总压力达180 kN，相当于该模具总冲压力的50%，为防止载荷偏心，尽量把压印工序放在模具的中间部位。

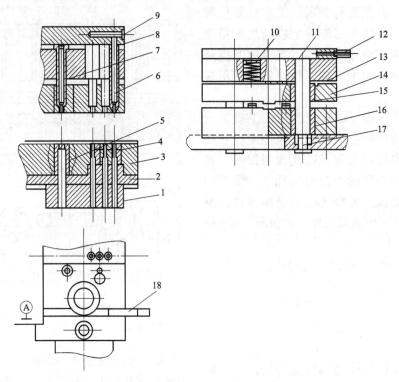

图 7-62 冲导正孔和冲底孔子模图

1—定位键；2—垫板；3—凹模固定板；4—冲底孔凹模嵌块；5—冲导正孔凹模嵌块；
6—冲底孔凸模；7—冲导正孔凸模；8—垫板；9—堵头；10—弹簧；11—导柱；
12—气管；13—凸模固定板；14—卸料板；15，16—导套；17—下模座；18—定位键

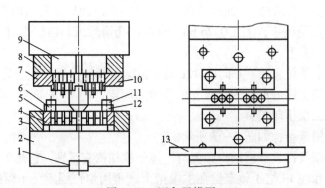

图 7-63 压印子模图

1—定位键；2—子架模；3—凹模固定板；4—垫板；5—凹模板；
6—嵌块凹模；7—凸模固定板；8—凸模；9—垫板；10—导正销；
11—浮动螺钉；12—浮动导料板；13—定位键

(5) 切边、落料复位和推料模具

这三道工序的模具结构如图 7-64 所示。

这三道工序的模具是用键和销钉定位后，用螺钉直接固定在主模架上。件 2 和件 6 为银焊拼块结构，采用压配嵌入凹模固定板内，不再用螺钉固定，但是为了拆装方便，必须在主

模架下模座上开孔，便于将凹模镶件用顶杆打出。推料工序的推料孔由于不受力的作用，所以直接加工在凹模固定板上。落料复位工序的顶杆下面，必须使用强力弹簧，以使制件平整和复位牢固，为防止制件从条料上脱落，用浮动导料板将条料提升并导向，这样制件两侧受力均匀。

切边上模、落料复位上模和推料上模各自独立，分别固定在主模架的上模座上。条料送进安全检测由检测销进行。

压印整形压标记模具为子模结构，与第一次和第二次压印模具基本相同。精冲孔模具也为子模结构，与冲导正孔和冲底孔模具基本相同。

（6）模具有关零部件尺寸的协调

膜片级进模结构复杂，仅非标准件就有250余种，模具各工位要完成各自的功能，除各零部件尺寸精度和位置精度严格要求外，各有关零部件的尺寸也必须协调，才能保证整体模具的动作协调，有关零部件协调尺寸如图7-65所示。

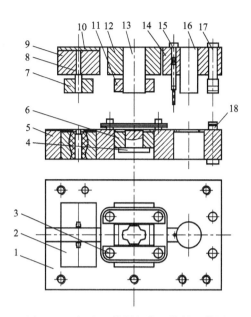

图7-64　切边、落料复位和推料子模图
1—凹模固定板；2—切边凹模拼块镶件；3—浮动导料板；
4—顶板；5—凹模固定板；6—凹模拼块镶件；7—卸料板；
8—切边凸模；9—凸模固定板；10—垫板；11—卸料板；
12—凸模固定板；13—落料复位凸模；
14—凸模固定板；15—检测销；16—推料凸模；
17—压料部件；18—浮动导料销

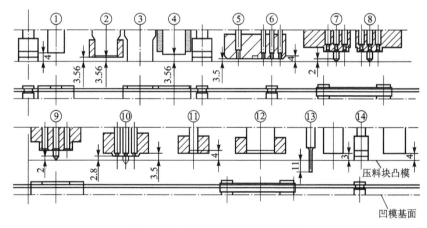

图7-65　模具零部件尺寸协调图

图中各尺寸基准，下模是取凹模上平面为基准面，上模取压料块下平面为基准面。模具各零部件尺寸是由模具各零部件的功能所决定的，工序13中的检测销下端面首先下降到条料位置，检测送进步距是否正确，在压料块压住条料的同时，工序10的导正销跟着伸入条料导正孔将条料导正定位，这是因为工序10是精冲孔，是制件精度要求最高的部位，此部位的导正销较其他工序提前导正条料,以保证小孔加工精度。浮动导料销、浮动导料板和刚性导料板的位置尺寸必须一致,导料槽的宽度也必须一致,以保证条料送进顺利。各工作凸模长度尺寸也要协调,并严格控制长度尺寸误差,冲孔凸模在±0.1 mm 以内,压印凸模不超过±0.005 mm。

第8章 汽车覆盖件成形及模具

8.1 汽车覆盖件

8.1.1 汽车覆盖件简介

覆盖件主要指覆盖汽车发动机和底盘，构成驾驶室和车身的由薄钢板做成的异形表面零件和内部零件。如轿车的挡泥板、顶盖、车前板和车身，载重汽车的车前板和驾驶室等都是由覆盖件和一般冲压件构成的。由于覆盖件的结构尺寸较大，所以也称为大型覆盖件。

汽车覆盖件有外覆盖件和内覆盖件之分，载重汽车的覆盖件包括车前板覆盖件和驾驶室覆盖件。车前板覆盖件包括散热器罩，发动机罩，发动机罩左、右边板和左、右翼子板等。驾驶室覆盖件包括前围外盖板，前围左、右外侧板，顶盖，左、右门外板，左、右门内板，后围左、右外侧板和后围板等。

覆盖件的外表面一般都带有装饰性，除考虑好用、好修、好制作外，还要求美观大方。例如有连贯性装饰棱线、装饰筋条、装饰凹坑、加强筋等。

覆盖件通常由厚度规格为 0.6、0.65、0.7、0.8、0.9、1.0、1.2、1.5 mm 的 08Al 或 09Mn 冷轧薄钢板冲压而成。深度深、形状复杂的覆盖件则要用 08ZF 冷轧薄钢板进行冲压。

8.1.2 对覆盖件的要求

1. 表面质量

覆盖件表面不允许有波纹、皱纹、凹痕、边缘拉痕、擦伤以及其他破坏表面美感的缺陷。覆盖件上的装饰棱线、装饰筋条要求清晰、平滑、左右对称和过渡均匀。覆盖件之间的装饰棱线衔接处应吻合，不允许参差不齐。表面上任何微小缺陷都会在涂漆后引起光的漫反射，从而损坏外观。

2. 尺寸和形状应符合覆盖件图和汽车主模型

覆盖件形状复杂，多为空间曲面。覆盖件图只能表示一些主要的投影尺寸，不可能将覆盖件所有相关点的空间位置都表示出来。即使表示了所有相关点的空间位置，也会因为图形乱、尺寸线过多而模糊，难以使用。因此覆盖件图仅标注出覆盖件的外轮廓尺寸，限制覆盖件外轮廓个别点的尺寸以及孔、窗口、局部凸包和其他类似部分的尺寸，过渡部分的尺寸则依据主模型，主模型是覆盖件图必要的补充。主模型给出了覆盖件形状、尺寸的完整、详细的信息。目前计算机辅助设计和辅助制造（CAD/CAM）技术已开始应用汽车制造业，因此主模型正被数学模型所取代。

3. 刚性

覆盖件在拉延（覆盖件的拉深习惯上称拉延）成形时，可能会由于材料的塑性变形程度不够，而使其某些部位刚性较差，受振动后就会产生空洞声。这种现象表现为用手按覆盖件时会发出"乒乓"声。用这样的覆盖件装车，在汽车行驶时就会发生振动，影响乘坐的舒适性，并造成覆盖件早期损坏。如果拉延件在修边后还需要翻边，则可以依靠翻边来改善其刚性。

4. 工艺性

覆盖件的工艺性主要表现在覆盖件的冲压性能、焊接装配性能、操作的安全性、材料消耗和对材料性能的要求。覆盖件的冲压性能关键在于拉延的可能性和可靠性，即拉延的工艺性。而拉延工艺性的好坏主要取决于覆盖件形状的复杂程度；拉延件的确定对拉延工艺性也有很大关系，如确定其冲压方向、工艺补充部分及压料面形状。如果覆盖件能够进行拉延，则对于拉延以后的工序，仅仅是确定工序数和安排工序之间的先后次序问题。

8.1.3 覆盖件的分类

汽车覆盖件的冲压成形分类以零件上易破裂或起皱部位材料的主要变形方式为依据。并根据成形零件的外形特征、变形量大小、变形特点以及对材料性能的不同要求，可将汽车覆盖件冲压成形分为五类：深拉深成形类、胀形拉深成形类、浅拉深成形类、弯曲成形类和翻边成形类。

① 对称于一个平面的覆盖件，如发动机罩、散热器罩、前围板、后围板、水箱罩、行李箱罩等。这类覆盖件又可分为深度浅且成凹形弯曲形状的、深度均匀且形状比较复杂的、深度相差大且形状复杂的和深度深的几种。

② 不对称的覆盖件，如车门外板、翼子板等。这类覆盖件又可分为深度浅且平坦的、深度均匀且形状比较复杂的和深度深的几种。

③ 可以成双冲压的覆盖件，如发动机罩左、右边板、发动机挡板鼓包等。

④ 覆盖件本身有凸缘面的覆盖件，如车门外板。

⑤ 压弯成形的覆盖件。

8.1.4 覆盖件冲压工艺和模具的特点

与一般冲压件比较，覆盖件具有材料薄、形状复杂、多为空间曲面、结构尺寸大和表面质量高等特点，因此覆盖件的冲压工艺、模具设计和模具制造工艺也有其独特的特点。在进行汽车覆盖件的成形工艺设计时，下述的设计原则是需要遵循的：

① 尽可能用一道工序成形出覆盖件形状。因为二次成形经常会发生成形不完整的情况，造成覆盖件表面质量恶化。

② 覆盖件的成形深度应尽可能平缓均匀，使各处的变形程度趋于一致。在多道工序成形时，预先要很好地考虑前后各工序间的相互协调，并保证使各个工序的成形条件都达到良好状态。

③ 成形表面较为平坦的覆盖件时，其主变形方式应为胀形成形。适当地设置拉延筋、拉延槛和设计合适的压边面，以调整各个部位材料的变形流动状况，可以达到良好效果。

④ 覆盖件主要结构面上往往有急剧的凸凹折曲和较深的鼓包等局部形状，在形状设计时，应尽可能满足合理成形条件的要求。在制定成形工艺时，可以通过加大过渡区域和过渡圆角、顶冲制工艺切口等办法，改善材料的流动和补充条件。

⑤ 覆盖件上的焊接面不允许存在皱折、回弹等成形质量问题，对不规则的形状只能考虑用拉深成形制出焊接面。用弯曲工序制作焊接面时，应该选择没有变薄的冲压方向为弯曲方向。

⑥ 覆盖件上的孔一般应在零件成形之后冲出，以防预先冲制的孔在成形过程中发生变形。如孔位于零件上不变形或变形极小的部位时，当孔精度要求不高时，也可在零件成形前冲出。

⑦ 覆盖件成形的压边圈形状设计，应以材料不发生皱折、折线、翘曲等质量问题为原则，保证压边面材料变形流动顺利。同时，压边圈面的形状还应保证坯料定位的稳定性、可靠性和送料、取件的方便性、安全性。

⑧ 覆盖件在主成形工序之后，一般为翻边、修边等工序，在进行主成形工序的坯料形状尺寸和成形工艺设计时，应充分考虑为后续翻边、修边等工序提供良好的工艺条件，包括变形条件、模具结构、零件定位、送料、取件等。

⑨ 坯料的送进和成形件的取出装置应安全、方便，利于覆盖件的自动化、流水线生产。拉深成形模具的内表面与坯料发生干涉时，有必要在模具内设置导向装置。

⑩ 覆盖件坯料和半成品件的定位装置要简便易行，进行前一成形工序的工艺设计时，就必须为后续工序设计出良好的定位形式，以确保已成形的表面不被损伤，并能使成形零件得到令人满意的精度。

8.2 覆盖件冲压成形的冲压工艺设计

8.2.1 覆盖件冲压工艺方案

在研究和确定覆盖件的冲压工艺方案时，既要考虑能顺利地完成覆盖件的冲压加工，确保其质量，又要考虑加工成本低，经济合理。这与生产方案的制订有着极为明显的关系，也就是说生产方案决定覆盖件的冲压工艺方案。

1. 单件生产

以钣金（手工）工艺为主，使用少量简单的模具（胎具）。

2. 小批量生产

一般拉延和成形工序采用模具，而其他工序，如拉延前的落料，拉延后的修边是在一些通用设备上剪裁；覆盖件上的孔使用手提电钻或在钻床上加工。如果过多地使用模具，则会使覆盖件的制造成本剧增。根据产量的不同，拉延模可以采用铸铁件或焊接件做基体，而在基体表面敷以塑料、低熔点合金或锌基合金等。

3. 中批量生产

关键覆盖件除拉延、成形工序采用模具外，对影响质量和劳动量较大的其他工序也采用模具，一般的覆盖件则与小批量生产的相同。

4. 大批量生产

每一道工序都使用模具，而且模具结构相对来说比较复杂。一般都是人工送料和取件，少量的采用机械手操作。虽然都是使用模具，由于产量大，因此花费在模具上的成本相对来说并不高。

5. 大量生产

采用冲压自动线进行生产。在这种自动线上模具的结构相对来说简单一些，这样便于安装送料、取件、翻转、废料排除和传送工件等装置。

本节所述的覆盖件冲压工艺和后续章节所述的覆盖件模具都是指大批量生产的工艺和模具。

8.2.2 覆盖件冲压工艺的基本工序

覆盖件的冲压工艺是根据覆盖件图（即产品图）进行工艺性分析而制订的。其基本工序有拉延工序、修边工序和翻边工序等三道工序。按需要和可能，有的工序加以合并，如修边与冲孔、修边与翻边等。如某汽车散热器罩有五道工序：拉延、修边、翻边、冲孔、翻口。

覆盖件各道工序的冲压件通称工序件。具体的各道工序件又分别称为拉延件、修边件、翻边件等。

8.2.3 工序件图

各道工序必须有工序件图（简称工序图），它是根据覆盖件图和覆盖件冲压工艺要求绘制的。覆盖件图是按覆盖件在汽车中的位置画出的；而工序图则是按工序件在模具中的位置画出的。最后一道工序图可以不按工序件在模具中的位置画，而利用覆盖件图代替，但必须表示出工序件在模具中的位置。

工序件在模具中的位置指冲压方向和送料方向，简称冲压位置。

汽车位置就是覆盖件在汽车上的工作位置，或在工作位置旋转90°或180°，不改变覆盖件图的投影关系者简称为汽车位置；不符合覆盖件图的投影关系者简称为非汽车位置。

工序件图的图形和尺寸必须满足该工序的模具设计和模具制造的需要。拉延件图必须将工艺补充部分的尺寸注出，用双点划线画出主模型轮廓线、修边线，并标出相应字样。修边件图上要用双点划线画出翻边轮廓线，同时要标出模具中心线。拉延件图的实例见图8-1。

8.2.4 确定工序件在模具中的位置

确定工序件在模具中的位置是编制冲压工艺的重要问题。

1. 确定冲压方向应考虑的问题

（1）各个工序之间尽可能少翻转和少旋转

覆盖件本身的尺寸大，较重，翻转或旋转一次比较困难，需要较大的劳动量。如某汽车的地板重18.3 kg，加上工艺补充部分的拉延件重达27.2 kg，所以应少翻转或少旋转。

（2）各个工序件的冲压方向尽可能一致

除考虑覆盖件冲压工艺的需要外，应尽可能使各个工序件的冲压方向一致或少变化，这样可以缩短模具的制造周期。因为冲压方向的变化给相应的工艺主模型和样架增加改制工作

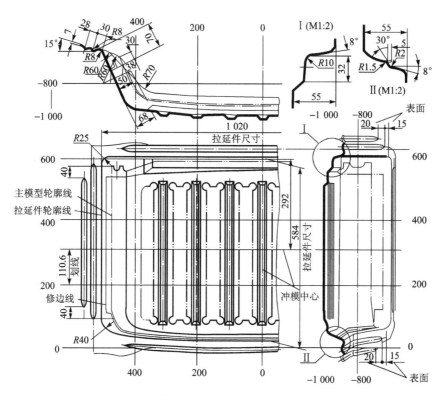

图 8-1 散热器罩拉延件图

量，加长模具制造周期。

2. 确定送料方向应考虑的问题

确定送料方向是确定操作工人在冲压时握持工序件的哪一头送进模具里去，应该握持住工序件的重心，同时要便于定位。

工序件有大小头的，一般是拿住大头往前送；工序件一面是平直的、一面是带曲线的，一般是拿住平直面往前送；工序件一面浅、一面深的，一般是拿住深的往前送，这样易于定位。

8.2.5 覆盖件的展开

确定工序件的冲压位置之后，下一步就是将翻边展开，使之不但便于拉延，而且拉延以后还要便于修边，又要为翻边创造有利条件。因此覆盖件的展开就是将覆盖件的翻边展开，展开以后再加上工艺补充部分，就构成一个拉延件。

翻边展开必须考虑修边方向。修边方向有垂直修边、水平修边和倾斜修边。应尽可能采用垂直修边，这样修边模结构简单，工艺补充部分少。修边方向也要考虑翻边的可能性。

图 8-2 所示为覆盖件翻边展开与修边、翻边方向的示意图。图 8-2（a）、（b）、（c）所示为覆盖件展开后能垂直修边，图 8-2（d）、（e）所示为覆盖件展开后能水平修边，图 8-2（f）所示为覆盖件展开后能倾斜修边。

垂直修边时翻边展开面与垂直面的夹角应大于 50°，否则会造成修边刃口过钝，修边件边缘过尖而影响覆盖件质量。

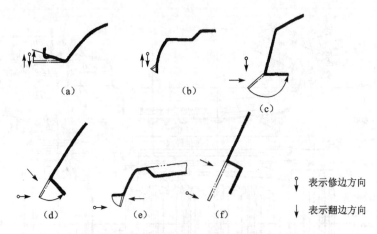

图 8-2　覆盖件翻边展开与修边、翻边方向

8.2.6　覆盖件的修边

所谓修边就是将拉延件修边线以外的部分切掉。理想的修边方向是修边刃口的运动方向和修边表面垂直。

修边外形尺寸，对有翻边的是指翻边展开后的形状尺寸；对不翻边的则指覆盖件的轮廓尺寸。翻边轮廓简单的修边外形可用计算方法求得；对翻边轮廓复杂的，修边外形只有通过试验决定。例如，某汽车散热器罩前、后面四角的翻边轮廓复杂，其局部修边外形即通过试验决定。

修边废料的分块应考虑操作安全、工艺流程、工位布置和排除方法等因素。分块位置最好在废料窄的地方，这样废料刀可以窄一些。手工排除时，修边废料的分块不宜太小，最好不要超过四块；机械排除时，修边废料分块要小一些，根据地下废料传送带废料口的大小而定。修边废料的大小还要考虑便于废料打包机打包。

8.2.7　覆盖件的翻边

覆盖件轮廓一般都有向内或向外的翻边，这些翻边多数用于覆盖件的相互装配和连接，同时还可以增加覆盖件的刚性。为了保证覆盖件相互装配和连接的正确，覆盖件轮廓，也就是翻边轮廓（翻边线），相互连接处的曲面必须一致，因此对翻边的要求比较高。

翻边的形状分为三类（见图 8-3）。

1. 平面翻边

翻边的基面是平面。根据翻边线的类别，可分为平面直线翻边（图 8-3（a））、平面凹曲线翻边（图 8-3（b））、平面凸曲线翻边（图 8-3（c））。

2. 曲面翻边

翻边的基面是曲面。根据曲面的形态可分为两种：

① 凸曲面翻边 翻边基面是凸曲面。根据翻边线在基面上的法向投影形状，又分为凸曲面直线翻边（图 8-3（d））、凸曲面凹曲线翻边（图 8-3（e））、凸曲面凸曲线翻边（图 8-3（f））。

② 凹曲面翻边 翻边的基面为凹曲面。根据翻边线在基面上的法向投影形状，又分为凹

曲面直线翻边（8-3（g））、凹曲面凹曲线翻边（图8-3（h））、凹曲面凸曲线翻边（图8-3（i））。

3. 复合翻边

翻边的基面和翻边线由上述几种翻边中的两种或两种以上组合成的翻边称为复合翻边。覆盖件的翻边方向可见图8-2。

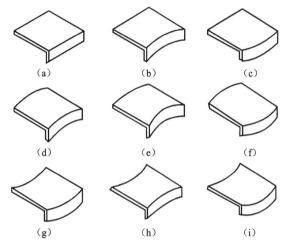

图8-3 翻边形状

(a) 平面直线翻边；(b) 平面凹曲线翻边；(c) 平面凸曲线翻边；
(d) 凸曲面直线翻边；(e) 凸曲面凹曲线翻边；(f) 凸曲面凸曲线翻边；
(g) 凹曲面直线翻边；(h) 凹曲面凹曲线翻边；(i) 凹曲面凸曲线翻边

8.2.8 拉延件在修边时和修边以后的定位

拉延件在修边时和修边以后的定位必须在确定拉延件时考虑。

1. 拉延件在修边时的定位

（1）用拉延件的侧壁形状定位

拉延件一般都是空间曲面变化比较大的，其外形已经满足了定位的要求。

（2）用压料槛形状定位

这种定位方式一般用于空间曲面变化小的浅拉延件。其优点是方便、可靠和安全；缺点是要考虑定位块的结构尺寸、修边凹模镶块的强度和定位的稳定可靠，所以对于修边线至凸模圆角半径的距离和拉延件深度有一定的要求，这样就增加了工艺补充部分的材料消耗。

（3）用拉延时穿或冲的工艺孔定位

修边时既不能用侧壁形状又无压料槛可利用时才用工艺孔定位。这种定位方式的缺点是操作工人用工艺孔套定位销比较麻烦，还要在拉延模上增加冲工艺孔的结构，拉延模制造比较复杂，因此应尽量少用。

2. 修边以后的定位

修边以后的定位一般都是用工序件外形、侧壁和覆盖件上本身的孔定位。

8.2.9 确定模具中心线

一个覆盖件有几道工序,在制造每一道工序的模具时,一般都在仿形铣床上按工艺主模型加工,因此必须在模具上和工艺主模型的工艺补充部分上(简称在工艺主模型上)画出该工序的模具中心线,以便在仿型铣床上加工时用中心线定位。模具上的模具中心线同工艺主模型上的模具中心线是一致的。

单个工序件的模具中心线一般取中间位置。对于一个覆盖件的几个工序件,必须同时考虑确定模具中心线,尽量少在工艺主模型上画模具中心线,而且最好共用一根模具中心线。因为在工艺主模型上同时画几根模具中心线,当其间隔太近时,在仿形铣床上加工时容易弄错。

确定模具中心线的方向与工序件的冲压位置有关。

1. 确定汽车位置的工序件的模具中心线

模具中心线应标注距外形或坐标线(一般从小往大)的尺寸。垂直向中心线取对称中心线;水平向中心线取中间位置。如果几个工序的模具的中心线间隔太近,则取其平均值,其偏差量不大于50 mm。

2. 确定非汽车位置的工序件的模具中心线

由于覆盖件表面的投影不是直线,因此模具中心线应标注距坐标点的尺寸,取在中间或接近中间的位置,而且根数要少,表示要清楚。

8.2.10 拉延毛坯的尺寸和外形

拉延毛坯的尺寸和外形是由拉延件决定的,一般难以用计算方法求得,只能根据图形拉线量取和估计。这样求得的拉延毛坯尺寸和外形一般是偏大的,在调整拉延模时才能最后确定。

形状简单的拉延件是用矩形的毛坯拉延;形状复杂的拉延件是用不同形状的毛坯拉延。为了节省材料和使模具结构简单,可以根据各种不同情况采用不封闭落料或局部切边。

8.2.11 拉延毛坯的预弯

拉延毛坯放在平的凹模压料面上是没有问题的,放在浅凹形的凹模压料面上一般也能放得稳,就是位置不太准确,但若放在深凹形或凸形的凹模压料面上,就可能放不稳,造成拉延毛坯的位置窜动,如果窜动太大,则会影响拉延件的质量,甚至无法进行拉延。为此,对这类拉延毛坯应进行预弯,其预弯角度应该大于或等于压料面的夹角。过渡曲面的曲率半径一定要大于或等于压料面的曲率半径,否则,拉延毛坯的定位还会出现不稳定状态,如图8-4所示。

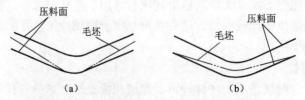

图8-4 毛坯预弯曲角度对毛坯定位的影响
(a) 不稳定;(b) 稳定

8.3 拉延件设计

8.3.1 确定拉延方向

汽车覆盖件的成形一般是以拉深和胀形的组合形式来实现的，多数情况下，拉深成形为主要的变形方式。确定拉深方向，就是确定零件在模具中的三个坐标（x、y、z）位置；拉深方向选择的好坏，直接影响到成形零件的质量和模具的结构复杂性，有时拉深方向确定不合理，甚至会使成形操作无法进行。因此，这是工艺设计中的一项十分重要的工作。

合理的拉深方向应符合下述几项原则：

1. 保证凸模能够进入凹模

这是确定拉深方向时首先必须满足的条件，否则成形过程将无法进行。出现这类问题主要是由于在某些复杂形状覆盖件上的某一部位或局部形状为凹形或为反成形，为了使凹形或反成形的凸模能够进入凹模，不得不使拉深方向满足成形条件的要求。图 8-5 所示为覆盖件的凹形决定了拉深方向的例子。图（a）为凸模不能进入凹模的情况，图（b）所示为同一覆盖件的凹模旋转一个角度后，使压边面呈倾斜状，这时，凸模能够进入凹模作拉深成形。图 8-6 为覆盖件上的局部反成形决定了拉深方向的示意图。

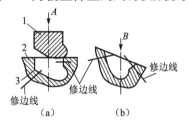

图 8-5 覆盖件的凹形决定拉深方向示意图
1—凸模；2—压边面；3—凹模

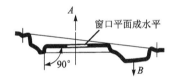

图 8-6 覆盖件的局部反成形决定拉深方向示意图

如果根据上述原则确定的覆盖件拉深方向，对拉深成形条件造成了严重的不利影响时，可以考虑通过改变局部凹形或反成形的形状，来满足凸模能够进入凹模和整个覆盖件的成形条件良好的要求。在拉深成形以后的适当工序中，再将局部改变的部分整形回原状，以符合覆盖件工艺模型和主模型的要求。

2. 保证成形时凸模与坯料接触状态良好

拉深成形开始之前，凸模与坯料的接触状态应保持接触面积大，接触面位于凸模中心部分，且尽可能使凸模两侧与坯料的倾角基本一致。如图 8-7 所示。其中图 8-7（b）的接触部位在中心，材料能均匀地拉入凹模；而图 8-7（a）的接触部位不在中心，则在拉延过程中拉延毛坯可能经凸模顶部窜动，使凸模顶部磨损加快，同时也影响拉延件表面质量。图 8-8（b）的接触部位是平的，面积较大；而图 8-8（a）的接触部位的面积很小，容易使拉延毛坯在接触处产生裂纹。图 8-9（b）的凸模与拉延毛坯有两处接触，而图 8-9（a）只有一处接触，如此，在拉延过程中拉延毛坯也有可能会经凸模顶部窜动，影响拉延件表面质量。

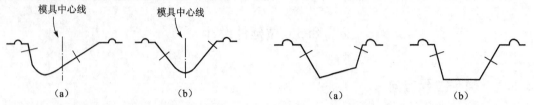

图 8-7 凸模开始和毛坯接触部位比较示意图　　图 8-8 凸模开始和毛坯接触面面积比较示意图

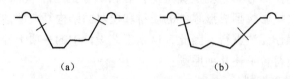

图 8-9 凸模开始和毛坯接触点情况比较示意图

3. 压料面各部位进料阻力要均匀

拉延深度均匀、拉入角相等，才能保证其进料阻力均匀，否则，在拉延过程中拉延毛坯可能会窜动，影响拉延件的表面质量。如图 8-10 所示，其中图 8-10（b）要比图 8-10（a）拉延深度均匀。图 8-11 表示拉入角相等和不相等两种情况，显然，图 8-11（b）的变形情况要比图 8-11（a）优越得多。

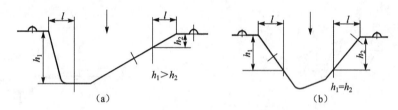

图 8-10 拉延深度均匀程度比较示意图

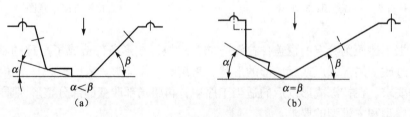

图 8-11 拉入角不同情况比较示意图

4. 拉延深度要适当

如果拉延深度过深，采用一次拉延可能会发生破裂；拉延深度过浅，虽然拉延容易，但可能达不到提高强度和刚性的作用。同一拉延件由于拉延方向不同，其拉延深度也不同，如图 8-12 所示。图 8-12（a）比图 8-12（b）的拉延深度浅。

5. 工艺补充材料少

在保证覆盖件能顺利、合格地得以成形的前提下，应尽量减小工艺补充部分，以提高材料的合理使用，降低覆盖件生产成本。但是工艺补充部分是拉延件不可缺少的，好的拉延件设计，应当是在最少的材料消耗下拉延出合格的拉延件。图 8-13（b）是将拉延方向改变后的情况，显然比图 8-13（a）所示拉延方向的工艺余料少。

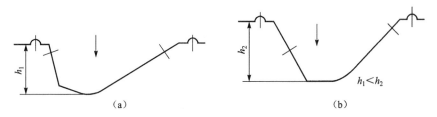

图 8-12　拉延深度不同情况的比较示意图

图 8-13　工艺余量不同的比较示意图

8.3.2　工艺补充部分

为了实现拉延，应将翻边展开，窗口补满，再加上必要的工艺补充部分，以满足拉延、压料面和修边的要求，在拉延之后再将工艺补充部分修掉。工艺补充面的设计主要应考虑拉深成形时材料的流动和补充状况；压边面的形状和位置；零件的成形精度和定位要求；修边工序的工艺要求等。图 8-14 所示为工艺补充部分可能采用的几种情况。图 8-14（a）为修边线在拉延件压料面上，采用垂直修边；图 8-14（b）为修边线在拉延线底面上，采用垂直修边；图 8-14（c）为修边线在拉延件短斜面上，采用垂直修边；图 8-14（d）为修边线在拉延件长斜面上，采用垂直修边；图 8-14（e）为修边线在拉延件侧壁上，采用水平修边；图 8-14（f）为修边线在拉延件侧壁上，采用倾斜修边。

工艺补充部分的组成见图 8-15，其各部分的作用和尺寸见表 8-1。

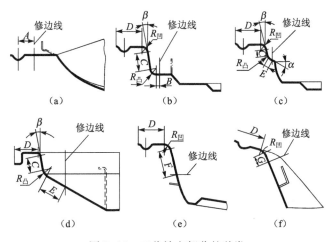

图 8-14　工艺补充部分的种类

第8章 汽车覆盖件成形及模具

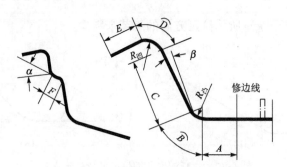

图 8-15 工艺补充部分结构示意图

表 8-1 工艺补充部分的各部分作用及尺寸

代号	名称	性质	作用	尺寸/mm
A	底面	从拉延件的修边线到凸模圆角	1. 调整时,不致因 $R_凸$ 修磨变大而影响拉延件尺寸 2. 保证修边刃口的强度要求 3. 满足定位的结构要求	用拉延槛定位时:$A \geq 8$ 用侧壁定位时:$A \geq 5$
B	凸模圆角面	凸模圆角 $R_凸$ 处的弧面	降低变形阻力	一般拉延件:$R_凸 = (4\sim8)t$, 复杂拉延件:$R_凸 \geq 10t$
C	侧壁面	使拉延件沿凹模周边形成一定的深度	1. 控制拉延件表面有足够的拉应力,保证毛坯全部延展,减少皱纹的形成 2. 调节深度,配置较理想的压料面 3. 满足定位和取件的要求 4. 满足修边刃口的强度要求	$C = 10\sim20$ $\beta = 6°\sim10°$
D	凹模圆角面	拉延材料流动面	$R_凹$ 的大小直接影响毛坯流动的变形阻力。$R_凹$ 越大,阻力越小,越容易拉延。$R_凹$ 小则反之	$R_凹 = (6\sim10)t$ 料厚或深度大时取大值,允许在调整中变化
E	凸缘面	压料面	1. 控制拉延时进料阻力的大小 2. 布置拉延筋(槛)和定位	$E = 40\sim50$
F	棱角面		使水平修边改为垂直修边,简化冲模结构	$F = 3\sim5$ $\alpha \leq 40°$

凸模对毛坯的拉延条件(材料紧贴凸模)主要取决于拉延件的形状。图 8-16 所示为不同形状拉延件的拉延情况。图 8-16(a)、(b)所示的拉延件没有直壁,因此凸模 1 上的 A 点一直到下死点才和拉延毛坯接触。如果由于进料阻力小,在拉延过程中 C 部分已经形成波纹,则波纹无法消除。虽然凸模 1 与凹模 2 最后是墩死的,也不可能将波纹压平。图 8-16(c)所示的拉延件形状加了一段直壁 AB,这样凸模 1 上的 A 点进入凹模以后就将拉延

毛坯开始拉入凸模 1 和凹模 2 之间所形成的垂直间隙中，一直到 B 点。在拉延直壁 AB 的过程中，由于凸模 1 对拉延毛坯的拉延，C 部分所形成的波纹则可能被消除掉，这对拉延件的刚性也有很大的好处。

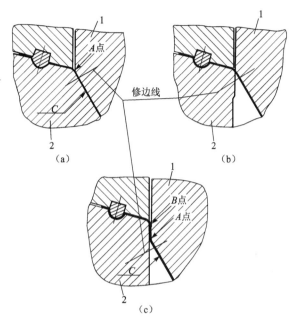

图 8-16　不同形状拉延件的拉延情况示意图
1—凸模；2—凹模

8.3.3　确定压料面

一种压料面是由拉延件本身的凸缘面所组成的，另一种是由工艺补充部分所组成的。压边面是汽车覆盖件工艺补充的一个组成部分，即位于凹模圆角半径以外的那一部分坯料。在拉深成形开始之前，压边面将要成形的覆盖件坯料压紧在凹模面上，被压住的坯料部分即为压边面。拉深成形过程中，压边面材料被逐步拉入凹模腔内，转化为覆盖件形状。因此，压边面的形状不仅要保证其本身材料的不皱不折，同时应尽可能促使位于凸模底部的坯料下凹，以减小零件的拉深成形深度。更重要的是，应保证被拉入凹模腔内的材料不皱不裂。压边面与成形零件的关系存在两种情况：

① 压边面就是覆盖件本身的凸缘面，即为覆盖件本体的一部分。这种压边面的形状是确定的，为便于成形过程的进行，虽然也可以做局部的变动，但必须在以后的适当工序中加以整形，以达到覆盖件的整体形状要求。

② 压边面是由工艺补充面所组成的，在主成形工序之后的修边工序中，这种压边面将被切除。所以，应尽量减小这种压边面的材料消耗。

确定压边面的形状时，应着重考虑以下几点：

① 压边面应为平面、圆柱面、圆锥面或曲率很小的双曲面等可展开面，如图 8-17 所示。压边面应能保证坯料被压紧时，不产生局部的起伏、折棱和皱褶现象，对坯料变形时的塑性流动阻力小，材料向凹模腔内流动顺利。

② 压边面与拉深凸模的几何形状之间应满足如下的关系：

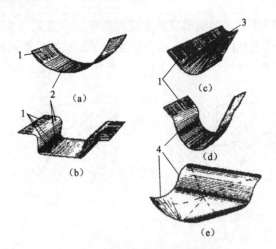

图 8-17　常用的压边面几何形状
1—平面；2—圆柱面；3—圆锥面；4—直曲面

$$L > L_1$$
$$\alpha > \beta$$

式中，L 为凸模形状展开长度（mm），L_1 为压边面形状展开长度（mm），α 为凸模仰角，β 为压边面仰角，如图 8-18、图 8-19 所示。

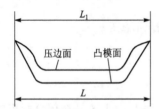

图 8-18　压边面展开长度与凸模展开长度的关系

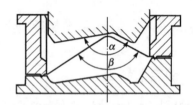

图 8-19　凸模仰角与压边面仰角的关系

③ 压边面的形状应为一定的弯曲形状，这有利于降低覆盖件的成形深度。同时，压边面的形状还应方便覆盖件坯料的定位和送料。

④ 合理选择压料面与拉延方向的相对位置。图 8-20 所示为压料面与拉延方向的相对位置。最有利的压料面位置是水平位置（图 8-20（a））；向上倾斜的压料面，只要倾角 α 不太大，亦是允许的（图 8-20（b））；向下倾斜的压料面，倾角势必须非常小，如图 8-20（c）所示的倾角是不恰当的，因为在拉延过程中，图示材料的流动条件很差。

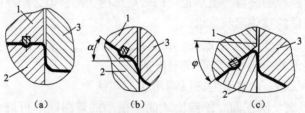

图 8-20　压料面与拉延方向的相对位置
（a）正确；（b）正确；（c）不正确
1—压料圈；2—凹模；3—凸模

⑤ 压料面必须保证拉延毛坯放置平稳，拉延凹模里的凸包形状必须低于压料面形状。如果凸包高于压料面，凸模行程向下时，凹模里的凸包形状先与凸模接触，凸包上的拉延毛坯处于自由状态，这样会引起弯曲变形，致使拉延件的内部形成大皱纹，甚至材料重叠。图 8-21 是凹模里的凸包必须低于压料面的示意图。

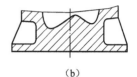

图 8-21 凹模里的凸包
必须低于压料面
(a) 不好；(b) 好

8.3.4 确定凹模圆角

拉延时拉延毛坯是通过拉延模的凹模圆角拉入凹模内腔的。凹模圆角对拉延毛坯的进料阻力影响很大，因此必须规定适当的大小。一般凹模圆角按下式选取：

$$R_{凹} = (6 \sim 10)\,t$$

式中 t——拉延毛坯厚度 (mm)。

8.3.5 工艺切口

工艺切口是汽车覆盖件成形中经常采用的增大坯料局部变形程度的工艺措施。例如，当需要在覆盖件的局部压制深度较大的凸起或鼓包时，此处材料由于难以得到其他部位材料的补充而容易破裂。解决这一问题的有效办法就是在坯料的适当部位冲切工艺切口或工艺孔，使易于破裂的区域能够从相邻的其他部位得到材料补充。预冲工艺孔是冲制工艺切口的特例。该工艺切口或工艺孔，应设在拉延件的修边线以外，以便在修边时切除掉。工艺切口或工艺孔应与局部凸起边缘形状相适应，以使材料得到合理的流动。切口（孔）之间应留有足够的搭边，见图 8-22。切口的数量应保证凸起部位各处材料的变形趋于均匀，防止裂纹产生。如图 8-22（a）所示，原设计只有左、右两个切口，结果中间部位仍产生裂纹，后来添加了中间切口（图中虚线所示），破裂问题才得以完全解决。

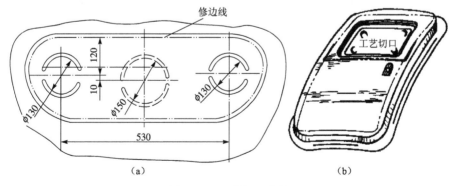

图 8-22 工艺切口布置
(a) 上后围成形部位工艺切口布置；
(b) 里门板成形部位工艺切口布置

8.4 拉延模设计

8.4.1 拉延模的结构特点和结构尺寸参数

覆盖件拉深模具分为单动压力机上的拉深模和双动压力机拉深模。图8-23所示为单动压力机上的拉深模的典型结构。主要拉深形状简单、深度较浅的拉深件。凹模1固定在压力机的滑块上，压边圈2由气顶柱4和调整垫3所支承，凸模6与下模座为一体固定在工作台上。压力机滑块向下冲程时，凹模将拉深毛坯压紧在压边圈2上，从开始拉深直到下止点，将拉深毛坯拉深成凸模6的形状。气垫压紧力在拉深过程中基本保持不变。

双动压力机上用的拉延模，从结构上来说是比较简单的。如图8-24所示，拉延模主要由三大件或四大件组成，即凸模3、凹模2和压料圈1，或凸模3、凹模1、压料圈1和固定座4。凸模3通过固定座4（三大件是将凸模和固定座做成一体）安装在双动压力机的内滑块上，压料圈1安装在双动压力机的外滑块上，凹模2安装在双动压力机的下台面上，凸模与压料圈之间、凹模与压料圈之间都有导板导向。

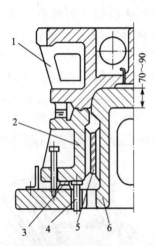

图8-23 单动拉深模
1—凹模；2—压边圈；3—调整垫；
4—气顶柱；5—导板；6—凸模

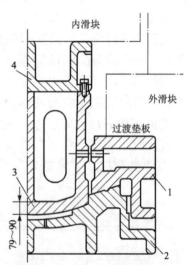

图8-24 双动拉深模
1—压边圈；2—凹模；3—凸模；4—固定座

压边圈1与双动压力机外滑块相连接（如模具闭合高度小，需增加过渡垫板）。凸模3固定在与内滑块相连接的固定座4上，凹模2与工作台相连接。压边圈1向下运动到下止点时，将拉深毛坯压紧在凹模2的压料面上，并停在下止点保持不动。这时，运动着的凸模3行程向下，从开始拉深直到下止点，将拉深毛坯拉深成凸模3的形状。拉深结束以后，凸模3行程向上，此时压边圈1再停留一段时间，当凸模3上退出拉深件，使拉深件落在凹模2里，然后压边圈1行程向上，拉深过程结束。

拉延模三大件、四大件的特点是尺寸大，形状复杂，因此只能采用铸件。既要求尽量减轻重量，又要有足够的强度。铸件上非重要部位应挖空，影响到铸件强度的部位应添加立筋。图 8-25 所示为拉延模结构尺寸参考图。凸模工作表面和轮廓的壁厚一般应保持 70~90 mm，为了减少轮廓面的加工量，轮廓面的上部应有 15 mm 的空挡毛坯面。凹模和压料圈上的压料面厚度一般应保持 75~100 mm，压料圈内轮廓上部为减少加工量也应向外有 15 mm 的空挡毛坯面，两个零件的立筋断面厚度采用 45~70 mm。压料面的 K 值按拉延前拉延毛坯的压料宽度加大 40~80 mm，K 值在 130~240 mm 范围内。

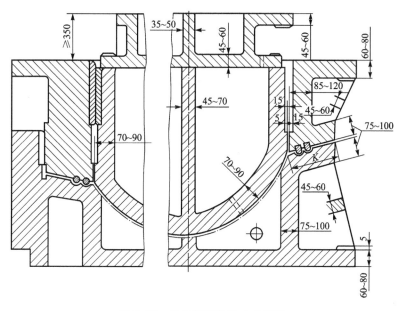

图 8-25　拉延模结构尺寸参数图

拉延模的闭合高度应适应双动压力机的规格，内滑块除凸模上装有固定座外还备有垫板，垫板与内滑块紧固，固定座安装在垫板上。在人工安装时要求固定座上平面要高于压料圈上平面 350 mm 以上，以便于安装。外滑块也备有垫板，垫板紧固在外滑块上，压料圈安装在垫板上，凹模安装在下台面的垫板上。图 8-26 所示为在双动压力机上安装模具时所采用的垫板。

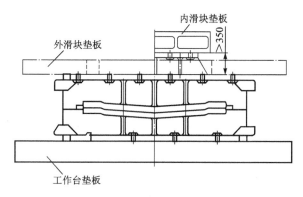

图 8-26　在双动压力机上安装冲模时所用的垫板

拉延模的常用材料为合金铸铁（Ni-Cr铸铁、Cr-Mo-V铸铁、Cu-Mo-V铸铁、Mo-V铸铁）、球墨铸铁（QT500-7，QT600-3）和灰铸铁（HT250，HT300，HT350）。工作部分进行表面火焰淬火，淬火硬度45~50HRC。在新产品试制和生产批量小的情况下，则采用低熔点合金材料和锌基合金材料。

采用双动压力机的优点：

① 单动压力机的压紧力不够，一般有气垫的单动压力机，其压紧力等于压力机压力的20%~25%，而双动压力机的外滑块压紧力为内滑块压力的65%~70%。

② 单动压力机的压紧力只能整个调节，而双动压力机的外滑块压力，可用调节螺母调节外滑块四角的高低，使外滑块成倾斜状，调节拉深模压料面上各部位的压料力，以控制压料面上材料的流动。

③ 单动压力机的拉深深度比双动压力机的拉深深度浅。

④ 单动拉深模的卸料板不是刚性的，如果压斜面是立体曲面形状，在开始拉深预弯成压料面形状时，由于压料面形状的不对称，可造成卸料板偏斜，严重时失掉压料作用。

8.4.2 拉延筋

在汽车覆盖件冲压成形中，绝大多数零件上都设有拉深筋或拉深槛，其目的是为了：

① 增大材料流动阻力，以促使坯料承受足够的拉胀成形，提高零件的刚度；

② 调节坯料上各处材料的流动状况，使其变形均匀一致。阻止"多则皱，少则裂"的现象；

③ 降低对坯料与压边面接触状态的要求，提高覆盖件成形的表面质量，增加成形稳定性。

拉延方向、工艺补充部分和压料面形状是决定能否拉延出满意覆盖件的先决条件，而拉延筋或拉延槛则是必要条件。拉延筋有如下作用：

（1）增加进料阻力

压料面之间的拉延毛坯除受径向和切向拉应力外，还受反复弯曲应力，拉延毛坯经反复几次拉入凹模，因此增加了进料阻力。

（2）使进料阻力均匀

由于直线部分进料阻力小，圆角部分有切向压应力，在此部分拉延毛坯的材料变厚，进料阻力增大，因此在直线部分的压料面上安放拉延筋就可以使直线部分和圆角部分的进料阻力均匀。

（3）降低对压料面表面粗糙度的要求

使用拉延筋后，压料面之间的间隙可以适当加大，略大于料厚，这样压料面的表面粗糙度对拉延的影响就不大了。如果不用拉延筋，则对压料面的表面粗糙度要求高，而且压料面还易磨损和拉毛，在拉延件上会产生划痕，严重的会产生破裂。

（4）可使拉延稳定

有些拉延件不用拉延筋，靠调节外滑块四角的高低使外滑块成微量倾状，造成压料面上各部位压料力不同，也能够拉延出拉延件，但是不稳定。使用拉延筋就能使拉延可靠稳定。

（5）能纠正材料不平整的缺陷，并可消除产生滑带的可能性

因为当拉延毛坯通过拉延筋时产生起伏后再向凹模流入的过程相当于辊压校平的作用。

图 8-27 所示为拉延筋结构图。拉延筋无论装在上面压料圈的压料面上，还是装在下面凹模的压料面上，对于拉延筋的作用都是一样的。一般拉延筋都装在压料圈上面而在凹模压料面上开出相应的槽。由于拉延筋比拉延槛在采用的数量上和形式上都更加灵活，故应用比较广泛。拉延筋大都采用半圆形嵌入筋，其结构尺寸可按表 8-2 选用。拉延筋材料一般为 45、55，淬火硬度 45~50 HRC。

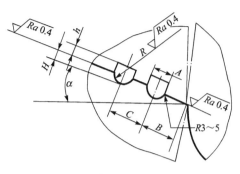

图 8-27 拉深筋的结构尺寸

表 8-2 拉延筋结构尺寸　　　　　　　　　　　　　　　mm

序号	应用范围	A	H	B	C	h	R	$R1$
1	中小型拉延件	14	6	25~32	25~30	5	7	125
2	大中型拉延件	16	7	28~35	28~32	6	8	150
3	大型拉延件	20	8	32~38	32~38	7	10	150

紧固螺钉的中心距取 80~150 mm，直线部分取大一些，曲线部分取小一些。螺钉紧固后，将头锯掉并打磨成形。紧固螺钉的材料为 45，淬火 50HRC。图 8-28 所示为某厂用的拉延筋及其紧固螺钉实例。

拉延筋的数目及布置，根据拉延件的外形、起伏特点和拉延深度而定。按拉延筋的作用，其布置原则见表 8-3。

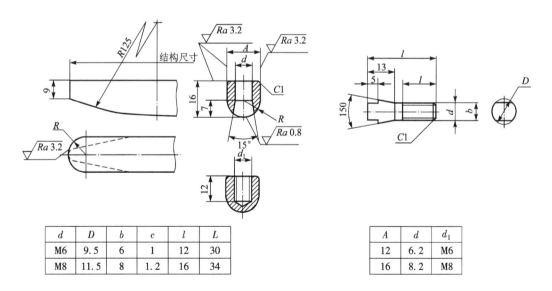

d	D	b	c	l	L
M6	9.5	6	1	12	30
M8	11.5	8	1.2	16	34

A	d	d_1
12	6.2	M6
16	8.2	M8

图 8-28 压料筋及其紧固螺钉的结构尺寸

表 8-3 拉延筋的布置原则

序 号	要 求	布置原则
1	增加进料阻力，提高材料变形程度	放整圈的或间断的 1 条拉延槛或 1~3 条拉延筋
2	增加径向拉力，减低切向压应力，防止毛坯起皱	在容易起皱的部位设置局部短筋
3	调整进料阻力和进料量	1. 拉延深度大的直线部位，放 1~3 条拉延筋 2. 拉延深度大的圆弧部位，不放拉延筋 3. 拉延深度相差较大时，在深的部位不设拉延筋，浅的部位设筋

按凹模口几何形状的不同，拉延筋的布置方法见图 8-29 和表 8-4。筋条位置一定与拉延毛坯的流动方向垂直。

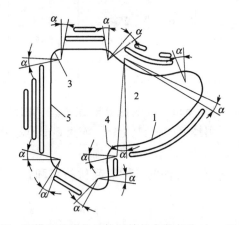

图 8-29　凹模口的形状及拉延筋的布段方法（α=8°~12°）

表 8-4　按凹模口形状布置拉延筋的方法

图 9-29 中位置序号	形 状	要 求	布置方法
1	大外凸圆弧	补偿变形阻力不足	设置 1 条长筋
2	大内凹圆弧	1. 补偿变形阻力不足 2. 避免拉延时材料从相邻两侧凸圆弧部分挤过来而形成皱纹	设置 1 条长筋和 2 条短筋
3	小外凸圆弧	塑流阻力大，应让材料有可能向直线区段挤流	1. 不设拉延筋 2. 相邻筋的位置应与凸圆弧保持 8°~12°的夹角关系
4	小内凹圆弧	将两相邻侧面挤过来的多余材料延展，保证压料面下的毛坯处于良好状态	1. 沿凹模口不设筋 2. 在离凹模口较远处设置两段短筋
5	直线	补偿变形阻力不足	根据直线长短设置 1~3 条拉延筋（长者多设，并呈塔形分布；短者少设）

当有多条拉延筋时，拉延筋的高度应内部位高一些，外部位低一些，依次递减。

拉延槛也可以说是拉延筋的一种，亦称为门槛式拉延筋。一般安置在凹模的洞口。拉延槛对材料变形时的塑性流动阻力比拉深筋的大，主要用于深度浅、外形平坦的覆盖件成形中，以增大材料承受的拉胀变形作用，提高成形后覆盖件的刚度。设置拉延槛的覆盖件成形时，其成形坯料尺寸及压边圈下的凸缘材料宽度都可以取的小一些。拉延槛的设置原则可参考设置拉深筋的情况，有时为了减少所设拉深筋的数目，可改为设置拉延槛。图 8-30 所示为拉延槛的结构尺寸，其中图 8-30（a）用于拉延深度小于 25 mm 的拉延件，图 8-30（b）用于拉延深度大于 25 mm 的拉延件，图 8-30（c）所示的拉延槛与凹模成整体，用于小批量生产的拉延件。镶块式拉延槛的材料用 T10A 或 Cr12MoV，淬火硬度 58~62HRC。

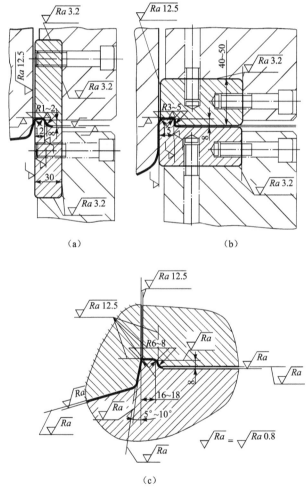

图 8-30 拉延槛的结构尺寸

8.4.3 凹模结构

凹模的作用是通过凹模压料面和凹模圆角进行拉延。压料圈首先行程向下到下死点，将拉延毛坯压紧在凹模压料面上，并保持不动。这时凸模继续向下运动，对拉延毛坯进行拉延直至到达下死点，拉延毛坯通过凹模圆角拉入凹模，拉延成凸模形状。拉延件上的装饰棱线、装饰筋条、装饰凹坑、加强筋、装配用凸包、装配用凹坑等，一般都是在上一次成形的。因此凹模结构除凹模压料面和凹模圆角外,在凹模里装有成形用的凸模或凹模也属于凹模结构的一部分。

凹模结构有下述 3 种:

1. 活动顶出器闭口式凹模结构

图 8-31 所示的某汽车散热器罩的凹模结构就属于这一种。拉延件上有装饰筋,因此凹模型腔必须有成形装饰筋的凹模部分。考虑到若将凹模型腔内成形装饰筋的凹模部分设计成整体,则钳工修配比较麻烦,又考虑到拉延件拉延后采用机械手取件,所以在凹模型腔内装有成形装饰筋用的凹模并兼作顶出器,下面用弹簧将之托起。

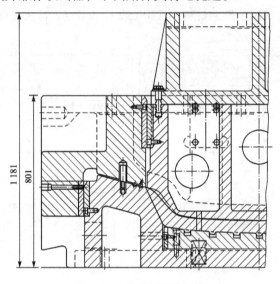

图 8-31 散热器罩拉延模

2. 闭口式凹模结构

图 8-32 所示为某汽车顶盖的凹模结构。凹模是直壁的,拉延件上有加强筋,因此在凹模型腔里装有成形加强筋用的凹模。这个拉延件很浅,又没有直壁,所以不需要顶出器顶件,只装有弹簧作用的顶件板,成形加强筋用的凹模可直接紧固在凹模型腔的底平面上。

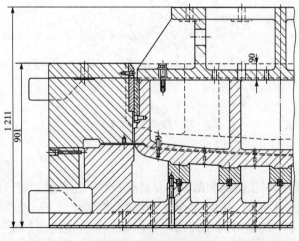

图 8-32 顶盖拉延模

3. 通口式凹模结构

图 8-33 所示为某汽车内门板的通口式凹模结构。凹模型腔里装有反成形式窗口用的凸模和成形装饰凹坑等用的凹模（顶出器），其下面放置弹簧兼作顶出拉延件用。为了使反成形能够压料，反成形凸模做成固定的，顶出器做成活动的，凹模内腔是贯通的，下面加底板，反成形凸模紧固在底板上。

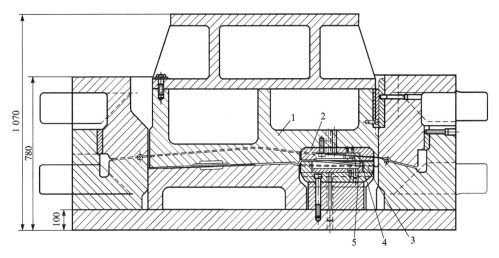

图 8-33　内门板的拉延模

1—凸模；2—安装板车；3—凸模镶块；4—窗口反成形凸模；5—凹模镶块

8.4.4　压料圈内轮廓和凸模外轮廓之间的间隙

凸模外轮廓就是拉延件的轮廓。为了保证凸模外轮廓的尺寸，沿压料面有一段 40~60 mm 的直壁必须加工，直壁往上呈 45°斜度，缩进 10~40 mm 为非加工面，如图 8-34 所示。

压料圈内轮廓是套在凸模外轮廓外面的，同样沿压料面有一段 40~60 mm 的直壁必须加工，直壁往上呈 45°斜度，大出 40~100 mm 为非加工面，如图 8-35 所示。

从图 8-36 所示的压料圈作用示意图中可以看出，压料圈首先行程向下到下死点，将拉延毛坯压紧在凹模 3 的压料面上，并停在下死点，这时凸模 2 行程向下，开始拉延，直到下死点。拉延毛坯通过凹模圆角拉入凹模 3 内，拉延成凸模 2 的形状。拉延毛坯在凹模圆角部分是无法压料的，因此从压料作用来看，压料圈内轮廓与凸模外轮廓之间的间隙和凹模圆角半径 $R_{凹}$ 的大小有关。间隙小于凹模圆角半径（如图示压料圈内轮廓位置Ⅰ）则不起压料作用，制造也不易保证；间隙大于凹模圆角半径（如图示压料圈内轮廓位置Ⅱ）则影响压料效果，最好的位置是在凹模圆角半径的切点处。所以压料圈内轮廓和凸模圆角轮廓之间的间隙比凹模圆角半径稍大。当压料面本身就是覆盖件的法兰边时，凹模圆角半径一般为 3~10 mm，则压料圈内轮廓与凸模外轮廓之间的空隙可取 5~12 mm；当凹模圆角处的毛坯是工艺补充部分时，凹模圆角半径取 8~10 mm，则压料圈内轮廓与凸模外轮廓的空隙取 10~12 mm。

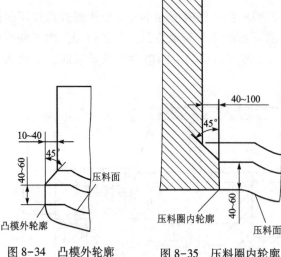
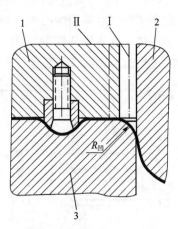

图 8-34 凸模外轮廓　　图 8-35 压料圈内轮廓　　图 8-36 压料圈的压料作用示意图
1—压料圈；2—凸模；3—凹模

8.4.5 导向

拉延模的导向包括两个方面：压料圈和凹模的导向以及凸模和压料圈的导向。

1. 压料圈和凹模的导向

压料圈和凹模的导向是用图 8-37 所示的凸台和凹槽导向，其作用与一般冲模的导柱、导套导向相似，但间隙较大，为 0.3 mm。这是为了满足调节压料面的进料阻力使压料圈的压料面成倾斜的需要。导柱、导套导向一般是将导柱放在下面，导套放在上面；而凸台和凹槽导向，可将凸台放在下面凹模上或放在上面压料圈上。图 8-37（a）所示为凸台放在凹模上。其优点是操作时看得清楚且较安全，缺点是调整模具时妨碍打磨压料面和压料筋槽。这种结构多用于压料面形状简单的压料圈和凹模导向。图 8-37（b）所示为凸台放在压料圈上。其优点是便于打磨和研磨压料面和压料筋槽，缺点是不安全。这种结构多用于压料面形状复杂的压料圈和凹模导向。如果采用机械手送料和取件，则不存在安全问题，此时凸台放在上面或放在下面仅决定于压料面的形状。

为了减少磨损，保证间隙，凸台和凹模上应安装导板。可以考虑一面安装导板，另一面精加工，磨损后可以在导板背面装垫板。导板装在凸台上还是装在凹槽上与使用无关，主要是考虑制造上钻孔的难易程度。

凹槽导向面之间的距离 A（见图 8-37）一般是对称的，决定于压料面长度，即为压料面长度再加上 20~40 mm；距离 B（见图 8-37）一般也是对称的，决定于压料面宽度，一般取 1/3~1/2 的压料面宽度。

导板的结构如图 8-38 所示。为便于进入导向面又考虑加工方便，将导板开始进入导向面的一端做成 30°倾斜面。相应地在不装导板的凸台或凹槽上做成 $R5$ 的圆弧，导板上设沉孔。导板材料亦用 T8A，淬火硬度 52~56 HRC。

2. 凸模和压料圈的导向

凸模和压料圈的导向是用 4 对~8 对导板导向。导板应放置在凸模外轮廓的直线部分或曲线最平滑的部分，导向面应取在压料圈内轮廓和凸模外轮廓之间间隙的一半处，拉延开始

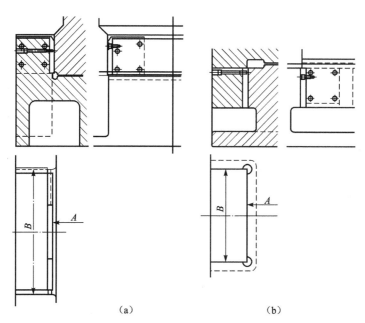

图 8-37 凸台和凹槽导向图
(a) 凸台放在凹模上；(b) 凸台放在压料圈上

时导向面的接触部分（包括 30°斜面部分）应不小于 50 mm。

图 8-39 所示为凸模导板结构示意图。图 8-39 (a) 所示的结构，其缺点是直壁处往上呈 45°斜度后的铸空面小，不但铸造不容易保证，加工面多，而且需用固定座的支撑面承受导板向上的力。图 8-39 (b) 所示的结构，为将凸模导板支撑台阶放在上面，使直壁处往上 45°斜度后的铸空面加大，加工面减少。图 8-39 (c) 所示的结构，综合了图 8-39 (a) 和图 8-39 (b) 两种结构的优点，加工面最小。

图 8-40 所示为压料圈结构示意图。图 8-40 (a) 所示的结构，其缺点是加工困难，需要用专用工装，因此改进为图 8-40 (b) 或 (c) 所示的结构。

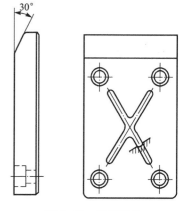

图 8-38 导板结构

根据机床的加工条件，压料圈导板的加工深度不宜大于 250 mm。为了降低加上面深度，可以将 30°斜面放在凸模导板上。如图 8-39 (d) 所示的凸模导板结构，将凸模导板尺寸加长。相应地将压料圈导板长度缩短，如图 8-39 (c) 所示，压料圈导板材料为 T8A，淬火 52~56 HRC。

8.4.6 通气孔

拉延模在工作时，压料圈首先行程向下到下死点，将拉延毛坯压紧在凹模压料面上，然后停在下死点保持不动，这时凸模继续行程向下，开始拉延直到下死点。将拉延毛坯拉延成凸模形状，这样凹模里的空气如果不排出就会被压缩。拉延以后，凸模首先行程向上，而在压料圈

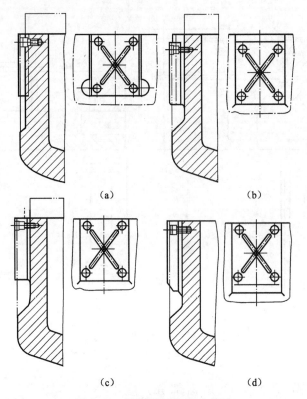

图 8-39 凸模导板结构示意图

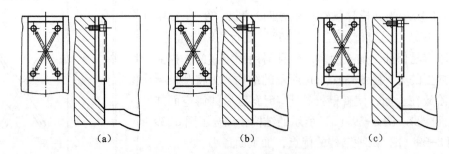

图 8-40 压料圈导板结构示意图

还处于停止不动的时候,凹模里受到压缩的空气就有可能把拉延件顶瘪,因此必须在凹模非工作表面或以后要修掉的废料部位钻直径为 $\phi20 \sim \phi30$ mm 的通气孔 2~4 个,相应地,在凹模下底面铣出通气槽,使空气从左、右两面排出。如有可能也可在凹模两侧铸出通气孔。

拉延以后,凸模首先行程向上,而压料圈在停留的一段时间内,从凸模上退下拉延件的时候,空气一定要流进拉延件内表面与凸模外表面之间的空间,否则,拉延件内表面就会紧贴凸模外表面。随着凸模行程向上,而压料圈停留一段时间压紧拉延件压料面的时候,拉延件就有可能沿其轮廓向上鼓起,因此必须在凸模上钻通气孔。为了不在拉延件表面上留下明显的通气孔痕迹,应在以后要修掉的废料部位的凸模上钻直径为 $\phi20 \sim \phi30$ mm 的通气孔2~6个,或铸出直径为 $\phi60 \sim \phi70$ mm 的通气孔 2~4 个;如果在凸面工作表面上钻通气孔,其直径应不大于 $\phi6$ mm,按圆周直径为 $\phi50 \sim \phi60$ mm 均布 4~7 个成一组,同时相应地在固定座上钻直径为 $\phi20 \sim \phi30$ mm 的通气孔,或者在凸模侧壁毛坯面上铸出直径为 $\phi100 \sim \phi200$ mm

的通气孔 2~6 个。这样的孔同时还能减轻凸模的重量。

8.5 修边模设计

8.5.1 修边模的分类

覆盖件修边模是将经过拉深、成形、弯曲之后工件的边缘及中部实现分离所用的冲裁模。修边模与平面制件的落料、冲孔模的主要区别是：经过加工变形后的冲压件形状复杂；分离刃口所在的位置可能是任意的空间曲面；冲压件通常存在不同程度的弹性变形；分离过程通常存在较大的副向力等。

修边工序在覆盖件的冲压工序安排中多数情况是必须有的。在修边模具的设计中，对制件在模具中的摆放，即冲压方向的确定，制件定位，模具导正，凸、凹模刃口的设计，侧向力的平衡以及废料的处理，模具的使用、维修和制造方便，安全性及经济性等，均应全面地加以考虑。

一般所称的修边模包括修边冲孔模。冲孔合并在修边中对修边模的结构影响不大，仅增加冲孔凸模和凹模。根据修边镶块的运动方向，修边模可分成 3 类：

1. 垂直修边模

修边方向与压力机上滑块运动方向一致的修边模。它是覆盖件修边模的最常用形式，也是在修边工序中尽量采用的。

2. 带斜楔机构的修边模

修边方向与压力机上滑块运动方向成一定夹角（直角或锐角）的修边模。它要求模具应有一套将压力机垂直方向运动，转变成刃口镶块沿修边方向运动的斜楔机构，如图 8-41 所示。

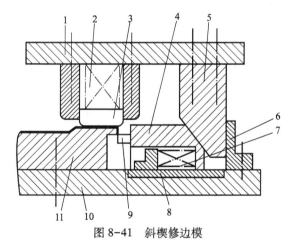

图 8-41 斜楔修边模
1—上模座；2，7—弹簧；3—压料板；4—从动斜楔；5—主动斜楔；
6—反侧块；8—滑板；9—凸模；10—下模板；11—凹模

3. 垂直斜楔修边模

一些修边镶块作垂直运动，而另一些修边镶块作水平或倾斜方向运动。这种修边模又有两种：

① 垂直方向运动和水平或倾斜方向运动的修边镶块成简单的合并。
② 垂直方向运动和水平或倾斜方向运动的修边镶块成相关的交接。

8.5.2 修边镶块

覆盖件的修边线长，而且多为立体的不规则的修边线。为了使修边模在加工、装配、刃磨修理时方便，修边凸模、修边凹模一般都做成镶块式结构，即修边刃口是由修边镶块组合而成的。因此修边镶块的稳定性是修边模的关键之一。图 8-42 所示为修边镶块的固定和定位。考虑到模座采用机动攻丝方便和紧固可靠，镶块的紧固用 M16 的螺钉 3~5 个，其布置应接近修边刃口和接合面，并作参差布置。为了定位可靠而相应地采用 $\phi 16 \text{ mm}$ 的圆柱销两个，其位置离刃口越远越好，相对距离尽量大一些。为便于维修和刃磨修边镶块的刃口，其刃口宽度一般取 12~15 mm，斜度取 30°，肩台厚度取 30 mm。图 8-43 所示为修边镶块的断面。为了保证修边镶块的稳定性，修边镶块的高度 H 与宽度 B 应有一定的比例（见图 8-43），一般取 $H:B = 1:(1.25~1.75)$。修边镶块的长度 L（见图 8-42）一般取为 150~300 mm。L 太短，螺钉和圆柱销无法布置；太长，加工不方便。

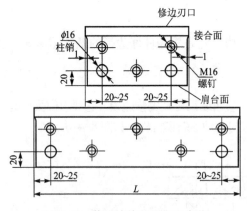

图 8-42 修边镶块的固定和定位

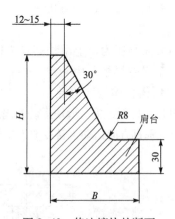

图 8-43 修边镶块的断面

由于覆盖件的修边表面形状复杂，高度差比较大，为了降低修边镶块的高度，保证修边镶块的稳定性，可以将修边镶块的底面做成阶梯状，相应地在上、下模座或修边镶块固定板上也做成阶梯状，如图 8-44 所示。

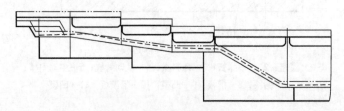

图 8-44 阶梯状修边镶块

冲孔合并在修边中时，冲孔距修边刃口远时，为了便于制造和维修，应将镶块做成两体，即冲孔凹模不在修边镶块上，如图 8-45（a）左边所示。冲孔距修边刃口比较近的，镶块也应做成两体，根据具体情况采用两种方法，一种是将修边凸模镶块局部开槽放置冲孔凹模，如图 8-45（a）右边所示。但是这样将影响凸模镶块的强度和产生热处理变形，因此可将槽开在两块凸模镶块的结合面上，如图 8-45（b）所示。另一种是在修边镶块的中间开孔放置冲孔模，如图 8-45（c）所示。若冲孔距修边刃口很近，则只能做成一体，如图 8-45（d）所示。

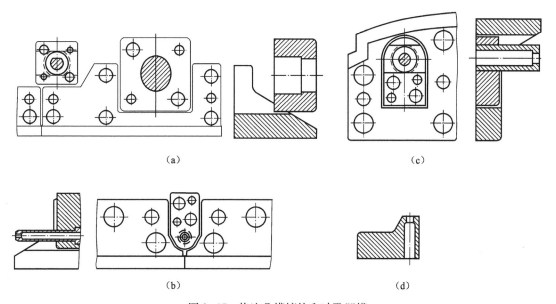

图 8-45　修边凸模镶块和冲孔凹模

由于覆盖件的修边是曲面修边，修边凸模镶块的修边刃口是修边件的修边线形状和修边表面形状，修边凹模镶块的修边刃口（内轮廓）也是修边线形状，而修边凹模镶块的修边表面形状（高低）则需要根据修边表面形状确定。对于冲孔而言，修边凸模镶块的形状则需要根据冲孔表面确定。一些覆盖件的修边表面形状比较复杂，有时不可能同时开始修边，考虑到切断废料边的需要，须将修边凹模镶块做成波浪状的高低刃口。但由于要使模具制造加工方便，所以修边凹模镶块的表面形状是根据修边表面形状用作图法画出的直折线状，如图 8-44 所示。

废料刀也是修边镶块的组成部分。修边废料是用图 8-46 所示的镶块式废料刀切断的，镶块式废料刀利用修边凹模镶块的接合面作为一个废料刀刃口，相应地，在修边凸模镶块外面装废料刀作为另一个废料刀刃口，组成镶块式废料刀。

修边凹模镶块上的废料刀是波浪刃口的最高点，与其接合面相邻的修边凹模镶块是波浪形刃口的最低点。废料刀高度必须低于修边凸模镶块高度。修边凹模镶块上的废料刀高度要与废料刀高度相适应，以保证刃口有切断作用。按图 8-46 计算：

$$H = a + b$$

式中　H——修边凹模镶块上的废料刀高度（mm）；

a——修边凹模镶块波浪形刃口最低点 D 的高度（mm）；

b——废料刀高度和修边凸模镶块高度差（mm），一般取 8～15 mm。

修边镶块材料为 T10A，9CrSi，Cr12MoV，淬火硬度 58～62 HRC。近年来广泛应用空冷钢

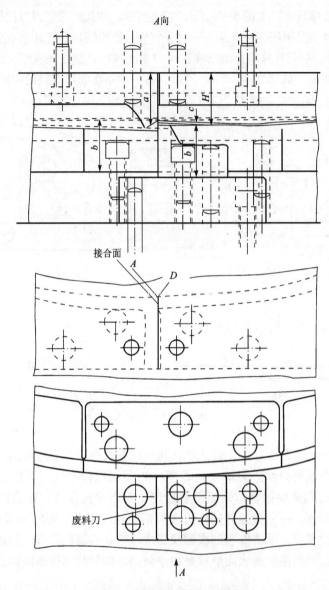

图 8-46 镶块式废料刀结构图

7CrSiMnMoV（CH-1）；修边凹模和修边凸模本体则大都采用灰铸铁 HT200，HT250。

8.5.3 斜楔滑块结构

斜楔修边模中修边凹模镶块作水平或倾斜方向运动是靠模具上的斜楔滑块实现的。斜楔安装在上模座上，是驱动件；滑块安装在下模座或安装件上，是从动件。

图 8-47 所示为斜楔滑块角度和行程的示意图。图 8-47（a）所示为滑块作水平运动，图 8-47（b）所示为滑块作倾斜运动。斜楔滑块角度与行程的关系如下：

水平运动 $\qquad \dfrac{s_1}{s}=\cot\alpha$ 或 $\dfrac{s}{s_1}=\tan\alpha$

倾斜运动 $$\frac{s_1}{s} = \frac{\cos(\alpha-\beta)}{\sin\alpha} = \csc\alpha\cos(\alpha-\beta)$$

或 $$\frac{s}{s_1} = \frac{\sin\alpha}{\cos(\alpha-\beta)} = \sin\alpha\sec(\alpha-\beta)$$

式中 s_1——斜楔行程（mm）；

s——滑块行程（mm）；

α——斜楔角（斜面与垂直面的夹角）；

β——倾斜角。

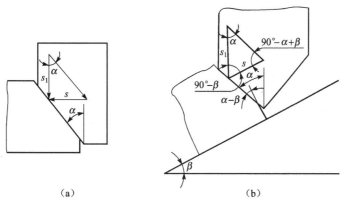

图 8-47 斜楔滑块角度和行程示意图

斜面楔角 α 不但影响到滑块行程的大小，同时对力的传递和效率也大有影响。为了平衡水平或倾斜运动斜楔的反侧力，一般在斜楔背面都装有反侧块。

图 8-48 所示为斜楔滑块结构尺寸示意图。图 8-48（a）所示为水平运动的斜楔滑块。滑块行程、是设计要求数据，斜楔角 α 一般确定为 40°，或根据具体情况确定。在闭合状态时，斜楔距底面的距离 a 应不小于 25 mm，这样可算出斜楔行程 s_1。斜楔开始与滑块的接触面 b 应保持一定的尺寸，不少于接触面的 1/5，这样也就可确定滑块的高度 H。斜楔高度 H_1 应根据结构需要的闭合高度确定。

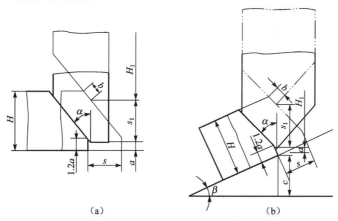

图 8-48 斜楔滑块结构尺寸示意图

(a) 水平运动；(b) 倾斜运动

图 8-48（b）所示为倾斜运动的斜楔滑块。滑块行程、是设计要求数据，倾斜角 β 是覆盖件表面所要求的修边方向。斜楔角 α 一般取 $40°+\beta/2$。或根据具体情况确定。在闭合状态时，斜楔距底面的距离 a 应不小于 15 mm，滑块距下模座平面的距离 c 根据滑块位置和倾斜角 β 计算得出，这样就可算出斜楔行程 s_1。斜楔开始与滑块的接触面 b 应保持一定的尺寸，这样就可确定滑块的高度 H。斜楔高度 H_1 应根据结构需要的闭合高度确定。

8.5.4 斜楔滑块中滑块的返回行程和返楔

根据斜楔滑块中滑块返回行程的方法分类，斜楔滑块有两种。

1. 单向斜楔滑块

图 8-49 所示为单向斜楔滑块示意图。在压力机滑块行程向下时，斜楔推动滑块作水平或倾斜方向运动；在压力机滑块行程向上时，滑块返回行程是用压缩弹簧。图 8-49（a）所示的弹簧装在单向斜楔滑块的外面，其优点是换弹簧方便，不必拆卸其他零件；缺点是不安全，如果弹簧因故折断，就可能发生危险，现一般很少采用。图 8-49（b）所示的弹簧是装在模座内，其优点是安全；缺点是更换弹簧困难，需要拆卸许多相关零件。

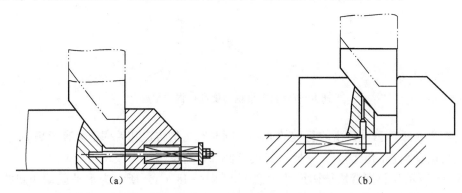

图 8-49 单向斜楔滑块示意图

2. 双向斜楔滑块

图 8-50 所示为双向斜楔滑块示意图。该斜楔滑块有两个斜面，压力机行程滑块向下时，斜楔的一个斜面推动滑块作水平或倾斜方向运动；在压力机滑块行程向上时，斜楔的另一个斜面又推动滑块返回原始位置。双向斜楔滑块用于小型模具。

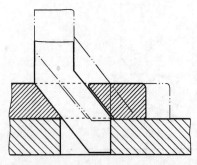

图 8-50 双向斜楔滑块示意图

为了增加滑块返回行程的可靠性，在滑块或斜楔上装返楔拉块，在压力机行程向上时，利用返楔拉块的斜面将滑块拉回初始位置。

返楔有两种，图 8-51 所示为返楔拉块装在滑块斜面上，而斜楔上的滑板伸出凸台，这种结构用于宽滑块。图 8-52 所示为返楔拉块装在斜楔斜面上，而滑块上的滑板伸出凸台，这种结构用于窄滑块。斜楔推动滑块的接触面根据滑块宽度决定，宽滑块不需要全部接触，只要在对称位置放两个窄斜楔推动滑块即可；窄滑块需要全部接触。

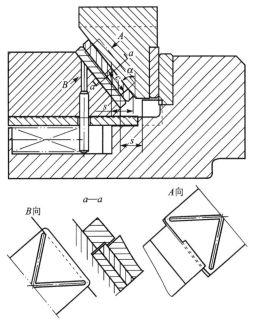
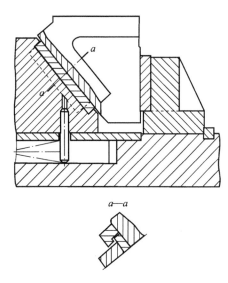

图 8-51 装在滑块斜面上的返楔拉块结构　　　图 8-52 装在斜楔斜面上的返楔拉块结构

返楔斜面接触行程和滑块行程是相等的，为了使用安全，返楔斜面接触行程最好比滑块行程小 1~2 mm。

8.5.5　修边凹模镶块的交接

当采用垂直方向运动和水平或倾斜方向运动相结合的修边方案时，就出现不同方向修边凹模镶块的交接问题。利用斜楔滑动的特点，使作水平或倾斜方向运动的凹模镶块先修边后就停止不动，垂直方向同时运动着的凹模镶块后修边。其修边凹模镶块之间必须有一定的间隙，由于该间隙的存在，修边完成以后，该处会产生较大的毛刺，必须尽量减小撕裂段的长度。一般交接间隙取 1 mm，水平或倾斜方向运动的修边凹模镶块先进入修边凸模的进距取 1~2 mm，这样撕裂段的投影长度仅有 2~3 mm。图 8-53 所示为某汽车散热器罩的修边凹模镶块交接图。

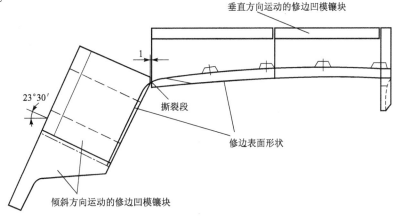

图 8-53　散热器罩修边凹模镶块交接图

图 8-54 所示为满足修边凹模镶块交接所采用的斜楔滑块结构。斜楔行程 s_1 推动滑块行程 s 先修边，到斜楔滑块的滑板直面，滑块停止不动，斜楔行程继续往下一段空行程 s_2。这时垂直方向运动的修边凹模镶块后修边。斜楔空行程 s_2 一般不大于 25 mm，a 不大于 15 mm，$b=2\sim3$ mm。

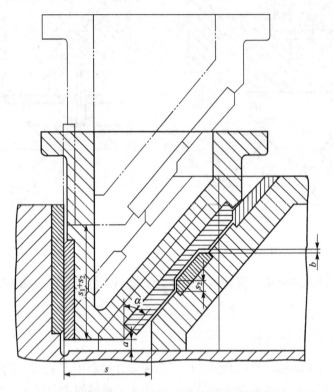

图 8-54 满足修边凹模镶块交接所采用的斜楔滑块交接图

8.5.6 修边模主要零件的设计

1. 凸模和凹模镶块的布置和固定

修边模刃口的结构形式有整体式和镶块式两种。如果是将刃口材料堆焊在凸模或凹模体上，则称为整体式。如果是以镶块结构形式安装在凸模或凹模体上，则称为镶块式。由于覆盖件的修边线多为不规则的空间曲线，且修边线很长，为便于制造、装配及修理，修边模的凸模和凹模常用镶块式结构。

（1）镶块的布置原则

① 镶块大小要适应加工条件，直线段要适当长，形状复杂或拐角处要取短些，尽量取标准值。

② 为了消除接合面制造的垂直度误差，两镶块之间的接合面宽度应尽量小些。

③ 镶块应便于加工，便于装配调整便于误差补偿，最好应为矩形块。

④ 曲线与直线连接时，接合面应在直线部分，距切点应有一定的距离（一般取 5~7 mm）。必须在曲线上镶块时，接合面应尽量与修边线垂直，以增大刃口强度。

⑤ 凸模的局部镶块用于转角、易磨损和易损坏的部位，凹模的局部镶块装在转角和修

边线带有突出的凹槽的地方。各镶块在模座组装好后再进行仿形加工，以保证修边形状和刃口间隙的配合要求。

（2）镶块的固定

对于镶块结构的修边凸、凹模，作用于刃口镶块上的剪切力和水平推力，将使镶块沿受力方向产生位移和颠覆力矩，所以镶块的固定必须稳固，以平衡侧向力。图8-55所示是两种常用的镶块固定形式的示意图，其中图（a）适用于覆盖件材料厚度小于1.2 mm或冲裁刃口高度差变化小的镶块。其中图（b）适用于覆盖件材料厚度大于1.2 mm或冲裁刃口高度差变化大的镶块，该结构能承受较大的侧向力，装配方便，因此被广泛采用。

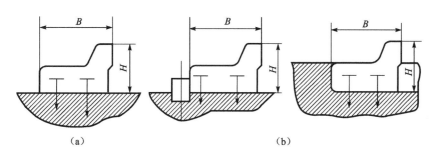

图8-55 镶块固定形式

2. 废料刀的设计

覆盖件的废料外形尺寸大，修边线形状复杂，不可能采用一般卸料圈卸料，需要先将废料切断后卸料才方便和安全。而有些不能用制件本身形状定位的零件，则可用废料刀定位。所以废料刀也是修边模设计的内容之一。

（1）废料刀的结构

废料刀也是修边镶块的组成部分。镶块式废料刀是利用修边凹模镶块的接合面作为一个废料刀刃口，相应地在修边凸模镶块外面装废料刀作为另一个废料刀刃口，如图8-56、图8-57所示。

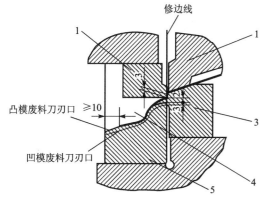

图8-56 弧形废料刀
1—上模凹模；2—卸料板；3—下模凸模；
4—凹模废料刀；5—凸模废料刀

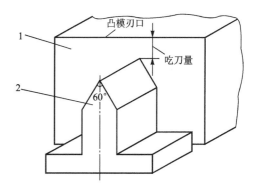

图8-57 丁字形废料刀
1—凸模；2—废料刀

(2) 废料刀的布置

① 为了使废料容易落料,废料刀的刃口开口角通常取为 10°,且应顺向布置,如图 8-58 所示。

② 为了使废料容易落下,废料刀的垂直壁应尽量避免相对配置。当不得不相对配置时,可改变刃口角度,如图 8-59 所示。

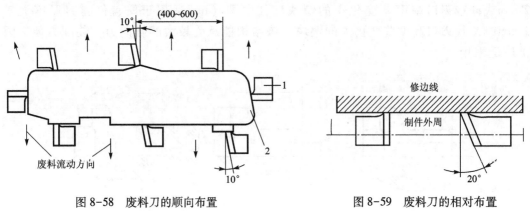

图 8-58 废料刀的顺向布置
1—废料刀;2—凸模

图 8-59 废料刀的相对布置

③ 修边线上有凸起部分时,为了防止废料卡住,要在凸起部位配置切刀,如图 8-58 所示。

④ 切角时刀座不要突出于修边线外,如图 8-60(a)所示。废料刀的刃口应靠近半径圆弧 R 与切线的交点处,如图 8-60(b)所示,以免影响废料的落下。

⑤ 当角部废料靠自重下落时,废料重心必须在图 8-60(b)所示 A 线的外侧。

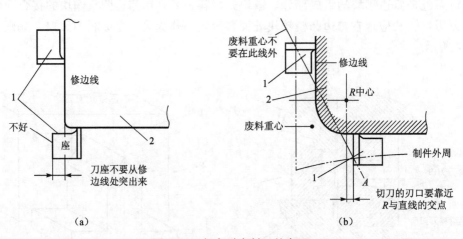

图 8-60 切角时废料刀的布置
1—废料刀;2—修边凸模

8.6 翻边模设计

8.6.1 翻边模分类

根据结构特点和复杂程度，翻边模可分为6种类型：

1. 垂直翻边模

翻边凸模或翻边凹模作垂直方向运动完成翻边工作。这类翻边模结构简单，翻边后翻边件包在凸模上。退件时，退件板要顶住翻边件的边缘，以防翻边件变形。

2. 斜楔翻边模

翻边凹模单面沿水平方向或倾斜方向向内运动完成翻边工作。由于是一单面翻边，翻边件能够从凸模上取出，因此凸模是整体式结构。

3. 斜楔两面开花翻边模

翻边凹模对称两面沿水平方向或倾斜方向向内运动完成翻边工作。这类翻边模翻边后翻边件包在凸模上，不易取出。因此凸模必须采取扩张式结构。翻边时凸模扩张成翻边形状，翻边后凸模缩回，便于取出翻边件。这类翻边模结构比较复杂。

4. 斜楔圆周开花翻边模

这类翻边模的翻边凹模三面或封闭向内作水平或倾斜方向运动完成翻边工作。翻边后翻边件包在凸模上，同样不易取出。必须将凸模做成活动的，扩张成翻边形状，转角处的一块凸模靠相邻的开花凸模块以斜面挤出。这类翻边模结构复杂。

5. 斜楔两面向外翻边模

翻边凹模对称两面向外作水平方向或倾斜方向运动完成翻边工作。翻边后翻边件能够取出。

6. 内外全开花翻边模

覆盖件窗口封闭式向外翻边采用这种形式。翻边后翻边件包在凸模上，不易取出。因此凸模必须做成活动的，缩小成翻边形状，扩张时取件。而翻边凹模向外，扩张时翻边成形，缩小时取出翻边件，角部的一块凹模靠相邻的开花凹模块的斜面挤出。这类翻边模结构非常复杂。

8.6.2 翻边凸模的扩张结构

覆盖件向内的翻边一般都是沿着覆盖件轮廓，翻边以后翻边件是包在翻边凸模上的，无法取出，因此必须将翻边凸模做成活动的。在压力机滑块行程向下翻边以前，利用斜楔滑块的作用将合拢的翻边凸模扩张成翻边形状后就停止不动。在压力机滑块行程连续向下时，翻边凹模进行翻边，翻边以后翻边凹模先靠弹簧的作用返回，然后翻边凸模靠弹簧的作用返回原始位置，取出翻边件。翻边凸模的扩张行程以能取出翻边件的翻边为准。这种结构称为翻边凸模的扩张结构，俗称翻边凸模的开花结构。

图8-61所示为某汽车顶盖翻边模的翻边凸模的扩张结构，该结构的特点是利用一个斜楔进行翻边凸模的扩张和翻边凹模的翻边工作。

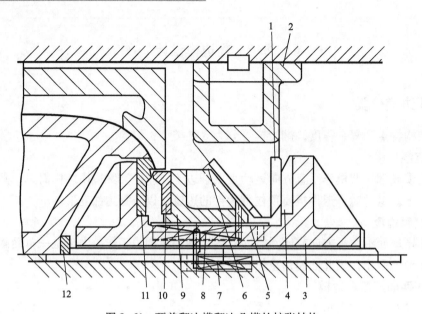

图 8-61　顶盖翻边模翻边凸模的扩张结构
1—斜楔；2—斜楔座；3，5，6，9—滑块；4—楔块；
7，8—弹簧；10—翻边凹模镶块；11—翻边凸模镶块；12—限位块

8.6.3　翻边凸模的缩小结构和翻边凹模的扩张结构

覆盖件上窗口的封闭向外翻边是沿着窗口成封闭状的，翻边以后，翻边件包在翻边凸模上，无法取出，因此必须将翻边凸模做成活动的，在压力机滑块行程向下时，翻边以前利用斜滑块将翻边凸模缩小成翻边轮廓，然后停止不动。在压力机滑块行程继续向下时，翻边凹模利用斜楔滑块扩张而进行翻边，翻边以后翻边凹模先靠弹簧的作用返回，然后翻边凸模靠弹簧的作用返回原始位置，扩张成送料和取件状态，最后取出翻边件。这种结构称为翻边凸模的缩小结构和翻边凹模的扩张结构，俗称翻边凸模和翻边凹模的内外全开花结构。图 8-62 所示为汽车外门板翻边凸模的缩小结构和翻边凹模的扩张结构。

8.6.4　翻边凹模镶块的交接

翻边凹模镶块的运动方向取决于翻边方向和翻边轮廓，因此翻边凹模镶块的运动方向必须和翻边方向平行，并与翻边凸模始终保持一个料厚间隙（翻边间隙），同时翻边凹模镶块的运动方向最好与翻边轮廓垂直，以减少侧压力和防止翻边位置窜动。由于翻边轮廓的要求，有时不可能只用一个方向运动的翻边凹模镶块进行翻边，必须用两个或两个以上不同方向运动的翻边凹模镶块进行翻边。因此就出现翻边凹模镶块的交接问题。交接的方法有以下两种：

1. 在翻边上成缺口

图 8-63 所示为某汽车水箱罩顶翻边模翻边凹模镶块的交接，翻边件水平放置。根据翻边方向确定水平方向翻边，而翻边轮廓决定要由两个水平方向和两个 45°方向运动的翻边凹模镶块进行翻边，因此翻边凹模镶块就有 3 个交接处。在交接处必须留有间隙，这样翻边凹模镶块最后将材料挤到空隙里就会形成积瘤，这种积瘤是不允许的。因此在修边工序中必须

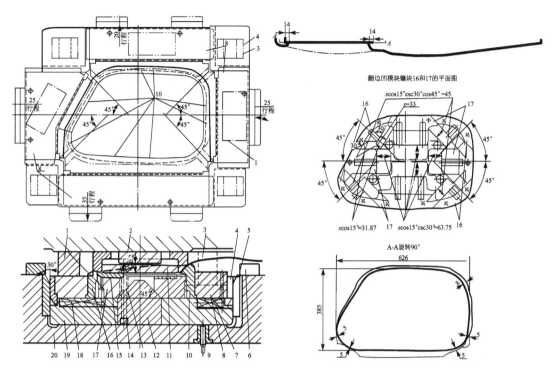

图 8-62 外门板翻边模翻边凸模的缩小结构和翻边凹模的扩张结构

1，2—限制压块；3—压块；4—导板；5—斜楔；6—限位块；7—弹簧；8—滑块；9—托杆；
10—翻边凸模镶块；11—压板；12—斜楔；13—套筒；14—螺栓；15—导键；
16—拐角翻边凹模；17—直面翻边凹模；18—弹簧；19—活动底板；20—下模座

将该交接处修成 3 个缺口，以避免翻边时交接处出现积瘤。缺口的存在对刚性、强度和美观是有影响的。

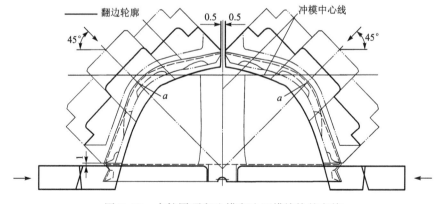

图 8-63 水箱罩顶翻边模翻边凹模镶块的交接

2. 翻边凹模镶块先后进行翻边

先翻边的凹模镶块在交接处成叉形，翻边以后空开；后翻边的凹模镶块在交接处成凸形，在交接处空开的一段翻边又重复一次翻边。

图 8-64 所示为某汽车水箱护罩翻边模翻边凹模镶块的交接。翻边件按汽车位置转 90°

角,水平放置,根据翻边的表面形状确定由左右两个水平方向和中间一个垂直方向运动的翻边凹模镶块进行翻边。因此翻边凹模镶块有两处交接。两个水平方向运动的翻边凹模镶块先进行翻边,先翻边的凹模镶块在交接处成叉形,翻边以后空开;垂直方向运动的翻边凹模镶块后进行翻边,后翻边的凹模镶块在交接处成凸形,在交接处空开一段的翻边又重复一次翻边。

翻边模中使用的斜楔滑块结构的设计同修边模。翻边模的翻边凸、凹模本体及镶块的材料选用与修边模相同。

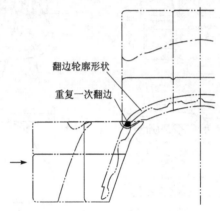

图 8-64 水箱护罩翻边模翻边凹模镶块的交接

 思考题与习题

8-1 汽车上哪些是覆盖件?
8-2 汽车覆盖件的拉深成形有哪些变形特点?覆盖件拉深时如何防止起皱和拉裂?
8-3 覆盖件的修边与一般的冲孔落料有何不同?
8-4 简述覆盖件成形特点和成形工艺设计原则。
8-5 工艺补充面的作用是什么?它可分为几种类型?
8-6 为减小翻边的变薄量,先压出凹窝再冲孔翻边,图 8-65 所示双点划线所示的两种预成形形状,哪一种形状对减小翻边变薄有利?

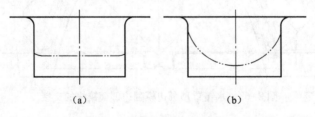

图 8-65

第9章 冲压工艺规程制订及模具设计步骤

冷冲压工艺规程包括准备原材料，安排工件所需的基本冲压工序和其他辅助工序（退火、表面处理等）。制订冷冲压工艺规程就是针对具体的冲压件恰当的选择各工序的性质，正确确定坯料尺寸、工序数目、工序件尺寸，合理安排冲压工序的先后顺序和工序的组合形式，确定最佳的冷冲压工艺方案。

9.1 制订冲压工艺规程的程序

9.1.1 制订冲压工艺规程的原始资料

冲压工艺规程的制订应在收集、调查研究并掌握有关设计的原始资料的基础上进行，冲压工艺的原始资料主要包括以下内容：

1. 冲压件的产品图及技术要求

产品图是制订冲压工艺规程的主要依据。产品图应表达完整，尺寸标注合理，符合国家制图标准。技术条件应明确、合理。由产品图可对冲压件的结构形状、尺寸大小、精度要求及装配关系、使用性能等有全面的了解，以便制订工艺方案，选择模具类型和确定模具精度。当产品只有样件而无图样时，一般应对样件测绘后绘制图样，作为分析与设计的依据。

2. 产品原材料的尺寸规格、性能及供应情况

原材料的尺寸规格是指坯料形式和下料方式。冲压材料的力学性能、工艺性能及供应状况对确定冲压件变形程度与工序数目、冲压力计算等有着重要的影响。

3. 产品的生产批量及定型程度

产品的生产批量及定型程度，是制订冲压工艺规程中必须考虑的重要内容。它直接影响到加工方法的确定和模具类型的选择。

4. 冲压设备条件

工厂现有冲压设备的状况，不但是模具设计时选择设备的依据，而且对工艺方案的制订有直接影响。冲压设备的类型、规格、先进与否是确定工序组合程度、选择各工序压力机型号、确定模具类型的主要依据。

5. 模具制造条件及技术水平

工厂现有的模具制造条件及技术水平，对模具工艺及模具设计都有直接的影响。它决定了工厂的制模能力，从而影响工序组合程度、模具结构及加工精度的确定。

6. 其他技术资料

主要包括与冲压有关的各种手册（冲压手册、冲模设计手册、机械设计手册、材料手册）图册、技术标准（国家标准、部颁标准及企业标准）等有关的技术参考资料。制订冲压工艺规程时利用这些资料，将有助于设计者分析计算和确定材料及精度等，简化设计过程，缩短设计周期，提高生产效率。

9.1.2　制订冲压工艺过程的程序及方法

在清楚了解上述原始资料的基础上，制订冲压工艺的程序及方法如下：

1. 冲压件的分析

它包括两方面：冲压件的经济性分析和冲压件的工艺性分析。

（1）冲压件的经济性分析

根据产品图或样件，了解冲压件的使用要求及功用，根据冲压件的结构形状特点、尺寸大小、精度要求、生产批量及原材料性能，分析材料的利用情况，是否简化模具设计与制造，产量与冲压加工特点是否适应，采用冲压加工是否经济。

（2）冲压件的工艺性分析

根据产品图或样件，对冲压件的形状、尺寸、精度要求、材料性能进行分析，判断是否符合冲压工艺要求，裁定该冲压件加工的难易程度，确定是否需要采取特殊的工艺措施。经过分析，发现冲压工艺性不好的（如产品图中零件形状过于复杂，尺寸精度和表面质量要求太高，尺寸标注及基准选择不合理以及材料选择不当等），可会同产品设计人员在保证使用性能的前提下，对冲压件的形状、尺寸、精度要求及原材料作必要的修改。如图 9-1 所示零件左端 $R3$ 在料厚为 4 mm 的条件下很难冲压出来，经修改后的零件就比较容易冲压出来。又如图 9-2 所示的汽车消音器后盖，在保证使用要求的前提下，经过修改后形状简单，工艺性好，冲压工序由 8 次减为 2 次，材料消耗也减少一半。图 9-3 所示的汽车大灯外壳，修改前需要 5 次拉深，酸洗，2 次退火，修改后的灯壳，1 次拉深成形，既保证使用要求，又节省材料，减少了工序，降低了成本。

2. 冲压工艺方案确定

工艺方案确定是在对冲压件的工艺性分析之后应进行的重要环节。确定工艺方案主要是确定各次冲压加工的工序性质、工序数量、工序顺序、工序的组合方布等。冲压工艺方案的确定要考虑多方面的因素，有时还要进行必要的工艺计算，通常提出几种可能的方案，进行分析比较后确定最佳方案。

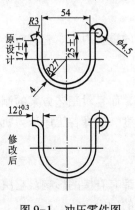

图 9-1　冲压零件图

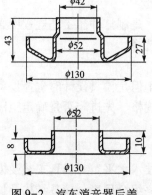

图 9-2　汽车消音器后盖

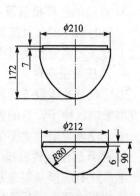

图 9-3　汽车大灯外壳

（1）冲压工序性质的确定

工序性质是指冲压件所需的工序种类。如剪裁、落料、冲孔、弯曲、拉深、局部成形等，它们各有其不同的变形性质、特点和用途。实际确定时，要综合考虑冲压件的形状、尺寸和精度要求、冲压变形规律及其他具体要求。

① 从零件图上直观地确定工序性质。平板件冲压加工时，常采用剪裁、落料、冲孔等冲裁工序；当零件的平面度要求较高时增加校平工序；当零件的断面质量和尺寸精度要求较高时，需增加修整工序，或直接用精密冲裁工序加工。

弯曲件冲压时，常采用剪裁、落料、弯曲工序。当弯曲件上有孔时，需增加冲孔工序；当弯曲半径小于允许值时，需增加整形工序。

拉深件冲压时，常采用剪裁、落料、拉深和切边工序，对于带孔的拉深件，需增加冲孔工序；拉深件径向尺寸精度要求较高或圆角半径小于允许值时，需增加整形工序。

胀形件、翻边件、缩口件若一次成形，常采用冲裁或拉深制成坯料后直接采用胀形、翻边（翻孔）、缩口工序成形。

② 对零件图进行工艺计算、分析，确定工序性质。如图9-4所示的两个形状相似的冲压件，材料均为08，料厚1.5 mm，翻孔高度分别为8.5 mm和13.5 mm。从表面看似乎都可采用落料、冲孔、翻孔三道工序或落料冲孔与翻孔两道工序完成，但经过分析计算，图9-4（a）的翻孔系数大于极限翻孔系数，可以通过落料、冲孔、翻孔三道工序冲压成形；图9-4（b）的翻孔系数接近极限翻孔系数，若采用三道工序，很难达到零件要求的尺寸，因而应改为落料、拉深、冲孔、翻孔四道工序冲压成形。

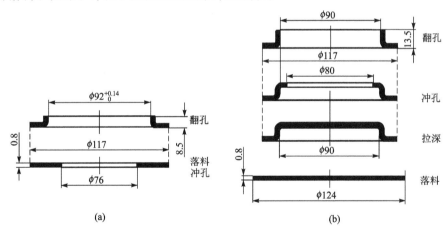

图9-4　内孔翻孔件的工艺过程

③ 为改善冲压变形条件，方便工序定位，需增加附加工序。所增加的附加工序使工序性质及工艺过程的安排也发生相应的变化。如图9-5所示的零件为增加其成形高度，在不影响零件使用要求的前提下，可预先在坯料上冲出4个孔，形成弱区。在成形凸包时孔径扩大，补偿了外部材料的不足，从而增加了成形高度。预冲孔工序是一个附加工序，这种预冲孔常称为变形减轻孔。在成形某些复杂形状零件时，变形减轻孔能使不易成形的部分或不可能成形的部分的变形成为可能。因此生产中常采用这类变形减轻孔或工艺切口，达到改善冲压变形条件、提高成形质量的目的。

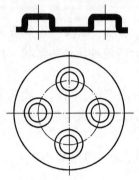

图 9-5 坯料预冲孔

另外，对于非对称零件，为便于冲压成形和定位，生产中常采用成对冲压的方法，成形后增加一道剖切或切断工序，对于多角弯曲件或复杂形状的拉深、成形件，有时为保证零件质量或方便定位，需在坯料上冲制工艺孔作为定位用，这种冲制工艺孔也是附加工序。

（2）工序数量的确定

工序数量是指同一性质的工序重复进行的次数。工序数量的确定主要取决于零件几何形状复杂程度、尺寸精度要求及材料性能、模具强度等，并与工序性质有关。

冲裁件的冲压次数主要与零件的几何复杂程度、间孔距、孔的位置和孔的数量有关。简单形状零件，采用一次落料和冲孔工序；形状复杂零件，常将内、外轮廓分成几个部分，用几副模具或用级进模分段冲裁，因而工序数量由孔间距、孔的位置和孔的数量多少来决定。

弯曲件的弯曲次数一般根据弯曲件结构形状的复杂程度、弯角的数量、弯角的相对弯曲半径及弯曲方向确定。

拉深件的拉深次数主要根据零件的形状、尺寸及极限变形程度经过拉深工艺计算确定。

其他成形件，主要根据具体形状和尺寸以及极限变形程度决定。

保证冲压稳定性也是确定工序数量不可忽视的问题。工艺稳定性较差时，冲压加工废品率增高，而且对原材料、设备性能、模具精度、操作水平的要求也会严格些。为此，在保证冲压工艺合理的前提下，应适当增加成形工序的次数（如增加修边工序、预冲工艺孔等），降低变形程度，提高冲压工艺稳定性。

确定冲压工序的数量还应考虑生产批量的大小、零件的精度要求、工厂现有的制模条件和冲压设备情况。综合考虑上述要求后，确定出既经济又合理的工序数量。

（3）工序顺序的安排

冲压件工序的顺序安排，主要根据其冲压变形性质、零件质量要求等确定。如果工序顺序的变更不影响零件质量，则应根据操作、定位及模具结构等因素确定。

工序顺序的安排可遵循下列原则：

① 对于带孔的或有缺口的冲裁件，如果选用单工序模冲裁，一般先落料，再冲孔或切口；使用级进模时，则应先冲孔或切口，再落料。若工件上同时存在直径不等的大小两孔，且相距又较近时，则应先冲大孔再冲小孔。

② 对于带孔的弯曲件，孔位于弯曲变形区以外，可以先冲孔再弯曲；孔位于弯曲变形区附近或以内，必须先弯曲再冲孔；孔间距受弯曲回弹的影响时，也应先弯曲再冲孔。

③ 对于带孔的拉深件，一般先拉深，再冲孔；但当孔的位置在工件的底部时，且其孔径尺寸精度要求不高时，也可先冲孔再拉深。

④ 对于多角弯曲件，主要从材料变形和材料运动两方面安排弯曲的顺序。一般先弯外角后弯内角，可同时弯曲的弯角数决定于零件的允许变薄量。

⑤ 对于形状复杂的拉深件，为便于材料的变形流动，应先成形内部形状，再拉深外部形状。

⑥ 所有的孔，只要其形状和尺寸不受后续工序的影响，都应该在平板坯料上冲出。图 9-6 所示的两个弯曲件，孔的位置离弯曲线较远，弯曲变形不会扩展到孔的边缘，因而零件上的孔弯曲前冲出。相反，零件上孔的形状和尺寸受后续工序的影响时，一般要在成形工序后冲出。

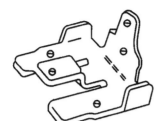

图 9-6 零件孔弯曲前冲出

⑦ 如果在同一个零件的不同位置冲压而变形区域相互不发生作用时，这时工序顺序的安排要根据模具结构、定位和操作的难易程度确定。如图 9-7 所示的消声器经过第三次拉深后要在底部冲孔、翻孔，凸缘部分切边和外缘翻边等。虽然在底部和凸缘部分成形时相互不发生作用，但是考虑到压料方便，所以先内孔翻孔后凸缘翻边，最后冲出四个槽。

⑧ 整形和校平工序，应安排在基本成形之后。

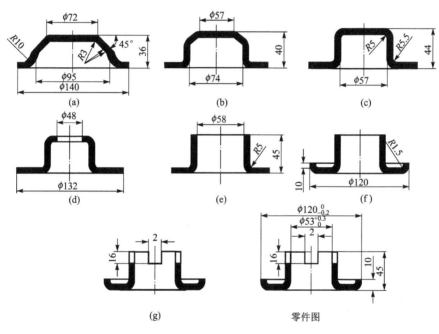

图 9-7 消声器盖工序过程

(a) 第一次拉深；(b) 第二次拉深；(c) 第三次拉深；(d) 冲孔；(e) 翻孔；(f) 切边和外缘翻边；(g) 侧边冲槽

(4) 工序的组合

对于多工序的冲压件，制订工艺方案时，必须考虑是否采取组合工序，工序组合的程度如何，怎样组合，这些问题的解决取决于冲压件的生产批量、尺寸大小、精度等级以及制模水平与设备能力等。一般而言，厚料、小批量、大尺寸、低精度的零件宜单工序生产，用单工序模；薄料、大批量、小尺寸、精度不高的零件宜工序组合，采用级进模；精度高的零件，采用复合模；另外，对于尺寸过大或过小的零件在小批量生产的情况下，也宜将工序组合，采用复合模。

工序组合时应注意几个问题：

① 工序组合后应保证冲出的形状尺寸及精度均符合产品要求。如图9-8所示的拉深件，当上部孔径较大、孔边距筒壁很近时，将落料、拉深、冲孔组合为复合工序冲压，不能保证冲孔尺寸。但当冲孔直径小、孔边距筒壁距离较大时，可将落料、拉深、冲孔组合为复合工序冲压。

② 工序组合后应保证模具有足够的强度。如孔边距较小的冲孔落料复合和浅拉深件的落料拉深复合，受到凸凹模壁厚限制；落料、冲孔、翻孔的复合，受到模具强度限制。

另外，工序组合应与冲压设备条件相适应，应不至于给模具制造和维修带来困难。

工序组合的数量不宜太多，对于复合模，一般为2~3道工序，最多4道工序。级进模工序数可多些。具体工序组合方式见表9-1和表9-2。

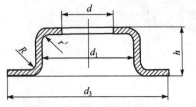

图9-8 底部孔径大的拉深件

表9-1 复合冲压工序组合方式

工序组合方式	模具结构简图	工序组合方式	模具结构简图
落料和冲孔		落料拉深和切边	
切断和弯曲		冲孔和切边	
切断弯曲和冲孔		落料拉深和冲孔	
落料和拉深		落料拉深和冲孔和翻边	
冲孔和翻孔		落料成形和冲孔	

表9-2 级进冲压工序组合方式

工序组合方式	模具结构简图	工序组合方式	模具结构简图
冲孔和落料	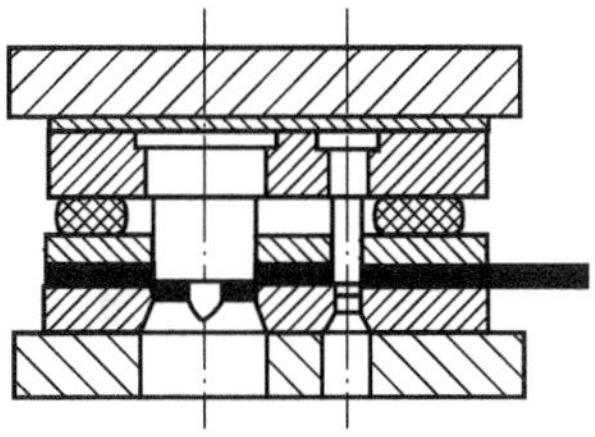	冲孔、切断和弯曲	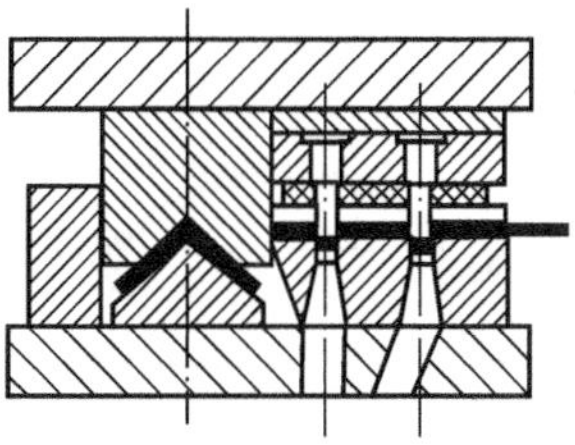
冲孔和切断	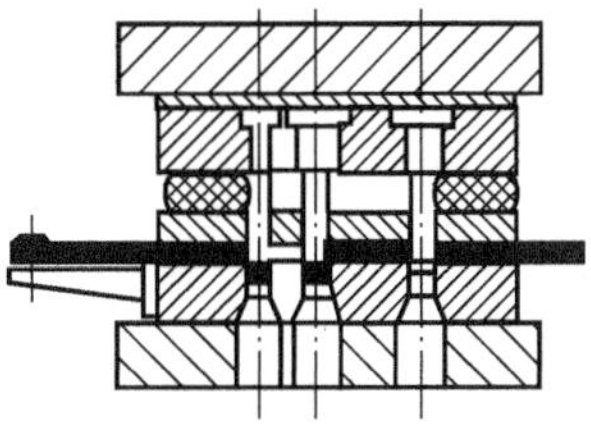	冲孔、翻孔和落料	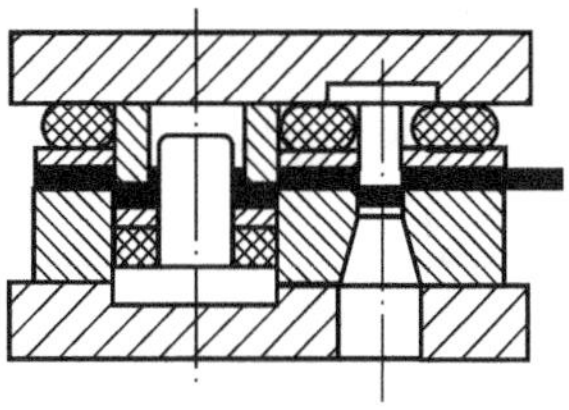
冲孔、弯曲和切断	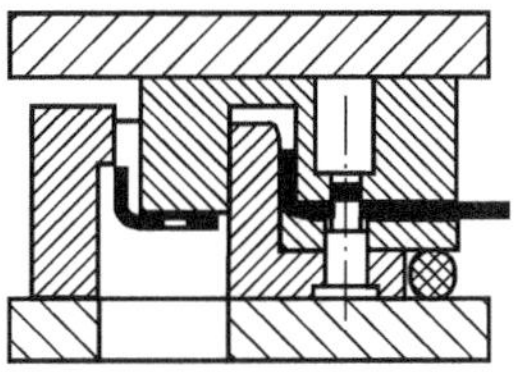	冲孔和切断	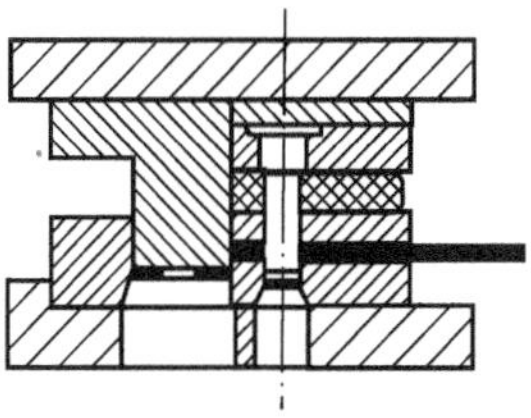
连续拉深和落料	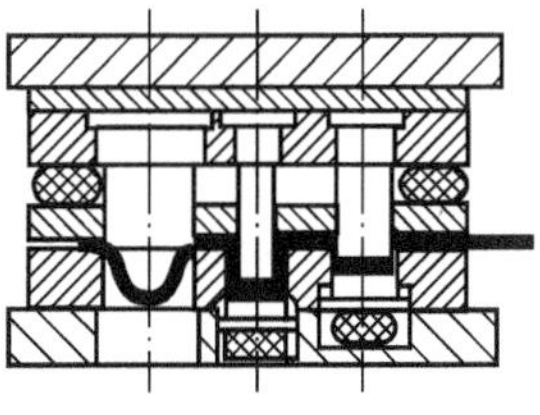	冲孔、压印和落料	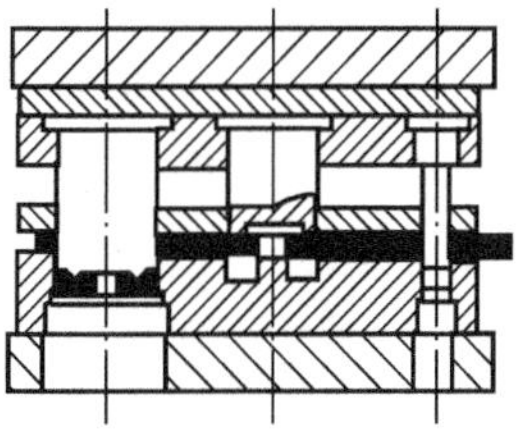
冲孔、翻孔和落料	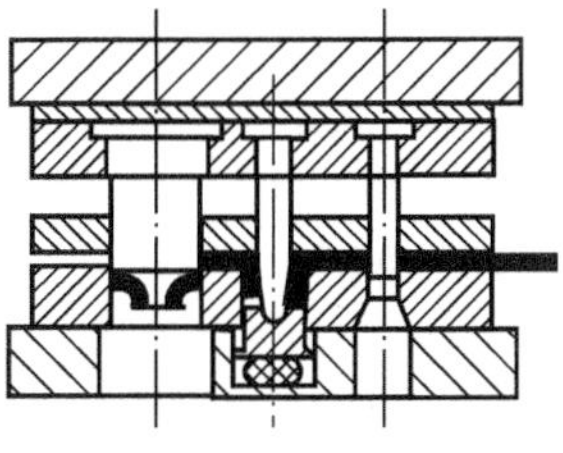	连续拉深、冲孔和落料	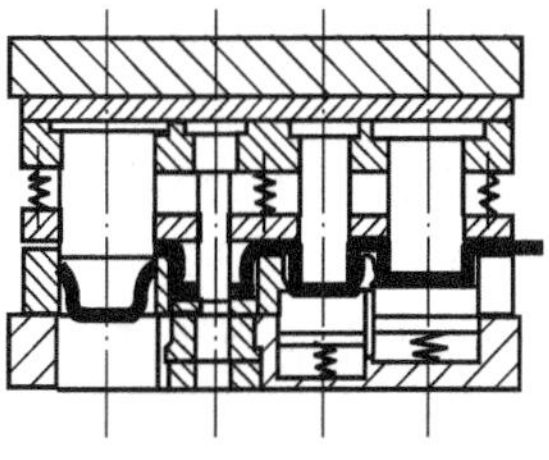

3. 工艺计算

（1）排样与裁板方案的确定

根据冲压工艺方案，确定冲压件或坯料的排样方案，确定条料宽度和步距，选择板料规格，确定裁板方式，计算材料利用率。

（2）冲压工序件的形状和工序尺寸计算

工序件形状与尺寸的确定应遵循下列基本原则：

① 根据极限变形系数确定工序尺寸。不同的冲压成形工序具有不同的变形性质，其极限变形系数也不同。生产中受极限变形系数限制的成形是很多的，如拉深、胀形、翻边、缩口等，它们的直径、高度、圆角半径等都受到极限变形系数的限制。如图 9-9 所示的出气阀罩盖，其第一道拉深工序的直径 $\phi 22$ mm 就是根据极限拉深系数计算得出的。

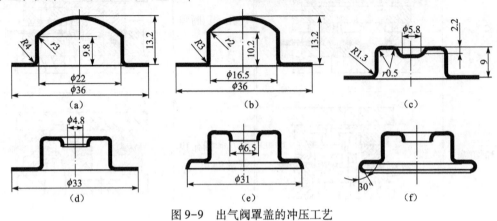

图 9-9　出气阀罩盖的冲压工艺

② 工序件的过渡形状应有利于下道工序的冲压成形。如图 9-9（c）所示的凹坑直径过小（$\phi 5.8$ mm），若将第二道拉深工序后的工序件做成平底形状，则凹坑的一次成形是不可能的。现将第二道拉深工序后的工序件做成球形状，凹坑就可一次成形。

③ 工序件的过渡形状与尺寸应有利于保证冲压件表面的质量。为保证质量应注意：

a. 工序件的某些过渡尺寸对冲压件表面质量的影响。例如多次拉深的工序件圆角半径太小，会在零件表面留有圆角处的弯曲与变薄的痕迹。

b. 工序件的过渡形状对冲压件表面质量的影响，例如拉深锥角大的深锥形零件，若采用阶梯形状过渡，所得锥件表面留有明显的印痕，尤其当阶梯处的圆角半径较小时，表面质量更差。如采用锥面逐步成形法或锥面一次成形，可获得较好的成形质量。

④ 工序件的形状和尺寸应能满足模具强度和定位方便的要求

a. 确定工序件尺寸时，应满足模具强度的要求。如图 9-10 所示的零件，用落料—冲孔、翻孔两道工序完成。若冲孔件直径过大时，落料—冲孔复合模的凸凹模壁厚减小，影响模具强度。

b. 确定工序件形状和尺寸时，应考虑定位的方便。冲压生产中，在满足冲压要求的前提下，确定工序件形状和尺寸时，优先考虑冲压定位的方便。

4. 冲压设备的选择

根据工厂现有设备情况、生产批量、冲压工序性质、冲压件尺寸与精度、冲压加工所需的冲压力、计算变形力以及模具的闭合高度和轮廓尺寸等因素，合理选定冲压设备的类型规格。

5. 编写冲压工艺文件

冲压工艺文件主要是冲压工艺卡（工艺规程卡）和冲压工序卡，它综合表达了冲压工艺设计的内容，是模具设计的重要依据。冲压工艺卡表示整个零件冲压工艺过程的相关内容；冲压工序卡表示具体每一道工序的有关内容。在大批量生产中，需要制

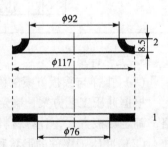

图 9-10　翻边件的冲压过程

订每个零件的冲压工艺卡和工序卡；成批和小批量生产中，一般只制订冲压工艺卡。

冲压工艺卡无统一的格式，其主要内容应包括：工序号、工序名称、工序内容、工序草图、工艺装备、设备型号、材料牌号与规格、工时定额等。具体见表9-5所示的冲压工艺卡。

9.2 冲压工艺规程制订实例

如图9-11所示的托架零件，材料为08，料厚3 mm，中批量生产，要求表面无划痕，孔不允许严重变形，试制订冲压工艺规程。

1. 零件的工艺性分析

该零件是一个简单的支撑托架。通过孔$\phi 46$ mm、$\phi 8$ mm分别与心轴和机身相连。零件工作时受力不大，对强度、刚度和精度要求不高，零件形状简单对称，中批量生产，由冲裁和弯曲即可成形。冲压难点在于四角弯曲回弹较大，制件变形较大，但通过模具措施可以控制。

该零件的具体冲压工艺性分析见表9-3。

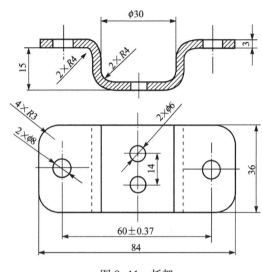

图9-11 托架

2. 冲压工艺方案的分析和确定

从零件的结构形状可知，零件所需的冲压基本工序为落料、冲孔、弯曲。根据零件特点和工艺要求，可能有的冲压工艺方案有：

表9-3 冲压工艺性分析表

工艺性质		冲压件工艺项目	工艺性允许值/mm	工艺性评价
冲裁工艺性	形状	落料外形 36×102 冲圆孔 $\phi 6$, $\phi 8$	≥0.75	符合工艺性
	落料圆角	R_3	≥4.5	符合工艺性
	孔径	2个，$\phi 8$	≥3	符合工艺性
	孔边距	最小孔边距		符合工艺性
弯曲工艺性	形状	U形件，四角弯曲，对称		符合工艺性
	弯曲半径	R_4	≥1.2	符合工艺性
	弯曲高度	弯曲外角 20 弯曲内角 8	≥6 ≥6	符合工艺性
	孔边距	距$\phi 6$的孔边 8 距$\phi 8$的孔边 4	≥6 ≥6	$\phi 8$的孔边距为4，距弯曲区较近，易使孔变形，故先弯曲后冲孔
	精度	其他 IT14 2×$\phi 8$ 孔距 60±0.37 为 IT9	允许尺寸公差 60±1.2	符合工艺性为保证孔距 60±0.37，应弯曲后冲 2×$\phi 8$
	材料	08钢	常用材料范围	冲压工艺性好

方案一：冲 2×φ6 mm 孔和落料复合+弯曲两外角+弯曲两内角+冲 2×φ8 mm 孔，如图 9-12 所示。

方案二：冲 2×φ6 mm 孔和落料复合+弯曲两外角预弯内角+弯曲两内角冲 2×φ8 mm 孔，如图 9-13 所示。

方案三：冲 2×φ6 mm 孔和落料复合+弯曲四角+冲 2×φ8 mm 孔，如图 9-14 所示。

方案四：冲 2×φ6 mm 孔和落料复合+两次弯曲四角（复合模）+冲 2×φ8 mm 孔。如图 9-15 所示。

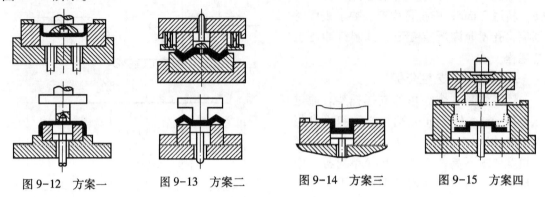

图 9-12　方案一　　图 9-13　方案二　　图 9-14　方案三　　图 9-15　方案四

方案五：冲 2×φ6 mm、2×φ8 mm 孔和落料复合+两次弯曲四角（复合模）。

方案六：工序合并，采用带料级进冲压。

方案性能比较见表 9-4。考虑零件精度不高，批量不大，回弹对其影响不大，可以采用校正弯曲控制回弹，故选定方案四。

表 9-4　冲压工艺方案比较表

项目	方案一	方案二	方案三	方案四	方案五	方案六
模具结构	简单	较复杂	较复杂	结构复杂	结构复杂	结构复杂
模具寿命	—	弯曲摩擦大，寿命低	寿命长	—	—	—
冲件质量	有弹性，可以控制，形状尺寸精度较差	四角同时弯曲，回弹不大容易控制，划痕严重	预压内角回弹小，形状尺寸精度较好；表面质量好	有回弹，可以控制	有回弹，可以控制	有回弹，可以控制，表面质量较好
模具数量	4套	3套	4套	3套	2套	1套
生产效率	低	较高	低	较高	高	最高

3. 工艺计算

（1）坯料尺寸计算

如图 9-16 所示，坯料展开尺寸计算如下：

坯料总尺寸 $L=2L_1+2L_2+L_3+4L_4=2\times20+2\times4+22+4\times8=102$（mm）

（2）排样和裁板方案

坯料形状为矩形，采用单排最适宜。取搭边 $a=2.8$ mm，$a_1=2.4$ mm，

条料宽度 $B=102+2\times2.8=107.6$（mm）

步距 $s=36+2.4=38.48$（mm）

板料选用规格为 3 mm×900 mm×2 000 mm。

① 采用纵裁法。

每板条料数 $n_1=900/107.6=8$（条），余 39.2（mm）

每条制件数 $n_2=(2\ 000-2.8)/38.4=52$（件）

39.2×2000 余料利用件数 $n_3=18$（件），余 63.2（mm）。

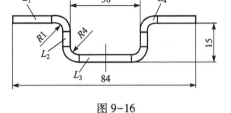

图 9-16

每板制件数 $n=n_1\times n_2+n_3=8\times52+18=434$（件）

材料利用率 $\eta=434\times(36\times102-2\pi\times6^2-2\pi\times8^2)/(900\times2\ 000)=88.54\%$

② 采用横裁法。

每板条料数 $n_1=2\ 000/107.6=18$（条），余 63.2（mm）

每条制件数 $n_2=(900-2.8)/38.4=23$（件），余 14（mm）

63.2×900 余料利用件数 $n_3=900/107.6=8$（件）

每板制件数 $n=n_1\times n_2+n_3=18\times23+8=422$（件）

材料利用率 $\eta=422\times(36\times102-2\pi\times6^2-2\pi\times8^2)/900\times200=86.09\%$

由此可见，纵排材料利用率高，但横排时弯曲线与纤维方向垂直，弯曲性能好。08 钢塑性好，为提高效率，降低成本，选用纵向单排。

（3）冲压力计算

① 工序 1（落料冲孔复合工序）：

冲裁力 $F=1.3Lt\tau=1.3(2\times36+2\times102+2\times6\pi)\times3\times260=318\ 071$（N）

卸料力 $F_卸=K_卸\times F=0.05\times318\ 071=15\ 903$（N）

推件力 $F_推=nk_推\times F=3\times0.055\times318\ 071=52\ 490$（N）

冲压总力 $F_总=(F+F_卸+F_推)=(300\ 995+12\ 039+40\ 634)=386\ 465$（N）

通过计算分析，选用 400 kN 的冲床。

② 弯曲工序：

由二次弯曲，按 U 形件弯曲计算。

自由弯曲力 $F_自=0.7\ kbt^2\times\sigma_b/(r+t)=0.7\times1.3\times36\times32\times338/(4+3)=14\ 236$（N）

校正弯曲力 $F_校=Ap=(84\times36)\times80=241\ 920$（N）

为安全可靠，将二次弯曲的自由弯曲力 $F_自$ 和 $F_校$ 合在一起，即冲压总力为：

$F_总=F_自+F_校=14\ 236+241\ 920=256\ 156$（N）

通过计算分析，选用 400 kN 的冲床。

③ 冲 2×ϕ8 孔工序：

冲裁力 $F=1.3L\tau=1.3\times2\times8\pi\times3\times260=50\ 943$（N）

推件力 $F_推=nk_推\times F=3\times0.05\times50\ 943=7\ 641$（N）

冲压总力 $F_总 = F + F_推 = 50\ 969 + 7\ 641 = 58\ 584$（N）

通过计算分析，选用 100 kN 的冲床。

4. 填写冲压工艺卡

该冲件冲压工艺卡片见表 9-5。

表 9-5 托架冲压工艺卡

（厂名）		冲压工艺卡		产品型号		零部件名称		托架	共 页
				产品名称		零部件型号			第 页
材料牌号及规格			材料技术要求		坯料尺寸	每个坯料可制零件数		毛坯重量	辅助材料
08 钢 (3±0.11)×900×2 000					条料 3×107.6×2 000	52 件			
工序号	工序名称		工序内容		加工简图		设备	工艺装备	工时
0	下料		剪板 108×2 000						
1	冲孔 落料		冲 2×φ6 孔 和落料复合				400 kN	落料冲孔 复合模	
2	弯曲 校正		先弯外后弯 内并校正				400 kN	二次弯曲模	
3	冲孔		冲 2×φ8 孔				100 kN	冲孔模	
4	检验		按零件图样检验						
						绘制 （日期）	审核 （日期）	会签 （日期）	
标记	处数	更改文件号	签字	日期	标记	处数	更改文件号	签字	日期

9.3 冷冲压模具设计步骤

9.3.1 模具设计前应注意的工艺问题

1. 分析冲压件的工艺性

根据设计题目的要求，分析冲压件成形的结构工艺性，分析冲压件的形状特点、尺寸大小、精度要求及所用材料是否符合冲压工艺要求。如果发现冲压件工艺性差，则需要对冲压件产品提出修改意见，经产品设计者同意后方可修改。

2. 制订冲压件工艺方案

在分析了冲压件的工艺性之后，通常可以列出几种不同的冲压工艺方案，包括工序性质、工序数目、工序顺序及组合方式，从产品质量、生产效率、设备占用情况、模具制造的难易程度和模具寿命高低、工艺成本、操作方便和安全程度等方面，进行综合分析、比较，然后确定适合于工厂具体生产条件的最经济合理的工艺方案。

3. 确定毛坯形状、尺寸和下料方式

在最经济的原则下，决定毛坯的形状、尺寸和下料方式，并确定材料的消耗量。

4. 确定冲模类型及结构形式

根据所确定的工艺方案和冲压件的形状特点、精度要求、生产批量、模具制造条件、操作方便及安全的要求，以及利用现有通用机械化、自动化装置的可能，选定冲模类型及结构形式，绘制模具结构草图。

5. 进行必要的工艺计算

① 计算毛坯尺寸，以便在最经济的原则下进行排样和合理使用材料。

② 计算冲压力（包括冲裁力、弯曲力、拉深力、卸料力、推件力、压边力等），以便选择压力机。

③ 计算模具压力中心，防止模具因受偏心负荷作用影响模具精度和寿命。

④ 计算或估算模具各主要零件（凹模、凸模固定板、垫板、凸模）的外形尺寸，以及卸料橡胶或弹簧的自由高度等。

⑤ 确定凸、凹模的间隙，计算凸、凹模工作部分尺寸。

⑥ 对于拉深模，需要计算是否采用压边圈，计算拉深次数、半成品的尺寸和各中间工序模具的尺寸分配等。

6. 选择压力机

压力机的选择是模具设计的一项重要内容，设计模具时，必须把所选用的压力机的类型、型号、规格确定下来。

压力机型号的确定主要取决于冲压工艺的要求和冲模结构情况。选用曲柄压力机时，必须满足以下要求：

① 压力机的公称压力 F_g 必须大于冲压计算的总压力 F，即 $F_g > F$。

② 压力机的装模高度必须符合模具闭合高度的要求即

$$H_{max} - 5 \text{ mm} \geq H_m \geq H_{min} + 10 \text{ mm} \tag{9-1}$$

式中　H_{max}/H_{min}——分别为压力机的最大、最小装模高度（mm）；
　　　　H_m——模具闭合高度（mm）。

当多副模具联合安装到一台压力机上时，多副模具应有同一个闭合高度。

③ 压力机的滑块行程必须满足冲压件的成形要求。对于拉深工艺，为了便于放料和取料，其行程必须大于拉深件高度的 2~2.5 倍。

④ 为了便于安装模具，压力机的工作台面尺寸应大于模具尺寸，一般应该大 50~70 mm。台面上的孔应保证冲压件或废料能漏下。

7. 绘制模具总图和非标准零件图

根据上述分析、计算及方案论证后，绘制模具总装配图及零件图。

9.3.2　模具设计应注意的问题

冷冲压模具设计的整个过程是从分析总体方案开始到完成全部技术设计，这期间要经过计算、绘图、修改等步骤。在设计过程中应注意以下问题。

1. 合理选择模具结构

根据零件图样及技术要求，结合生产实际情况，提出模具结构方案，分析、比较，选择最佳结构。

2. 采用标准零部件

应尽量选用国家标准件及工厂冲模标准件，使模具设计典型化及制造简单化，缩短设计制造周期，降低成本。

3. 其他

（1）定位销的用法

冲模中的定位销常选用圆柱销，其直径与螺钉直径相近，不能太细，每个模具上只需两个销钉，其长度勿太长，其进入模体长度是直径的 2~2.5 倍。

（2）螺钉用法

固定螺钉拧入模体的深度勿太深。如拧入铸铁件，深度是螺钉直径的 2~2.5 倍，拧入一般钢件深度是螺钉直径的 1.5~2 倍。

（3）打标记

铸件模板要设计出加工、定位及打印编号的凸台。

（4）对导柱、导套的要求

模具完全对称时两导柱的导向直径不易设计得相等，避免合模时误装方向而损坏模具刃口。导套长度的选取应保证开始工作时导柱进入导套 10~15 mm。

（5）取放制件方便

设计拉深模时，所选设备的行程应是拉深深度（即拉深件高度）的 2~2.5 倍。

9.3.3　模具装配图设计

1. 图纸幅面要求

图纸幅面尺寸按国家标准的有关规定选用，并按规定画出图框。最小图幅为 A4。

2. 总图

模具视图主要用来表达模具的主要结构形状、工作原理及零件的装配关系。视图的数量一般为主视图和俯视图两个，必要时可以加绘辅助视图；视图的表达方法以剖视为主，以表达清楚模具的内部组成和装配关系。主视图应画模具闭合时的工作状态，而不能将上模与下模分开来画。主视图的布置一般情况下应与模具的工作状态一致。

图 9-17 右下角是标题栏，标题栏上方绘出明细表。图 9-17 右上角画出用该套模具生产出来的制件形状尺寸图，其下面画出制件排样方案图。

（1）标题栏

装配图的标题栏和明细表的格式按有关标准绘制。目前无统一规定，可采用图 9-17 所示格式。其中图（a）为装配图的标题栏，图（b）为零件图的标题栏。

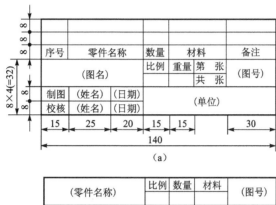

图 9-17 标题栏格式

（2）明细表

明细表中的件号自下往上编，从 1 开始为下模板，接着按冲压标准件、非标准件的顺序编写序号。同类零件应排在一起。在备注栏中，标出材料热处理要求及其他要求。

（3）制件图及排样图

① 制件图严格按比例画出，其方向应与冲压方向一致，复杂制件图不能按冲压方向画出时须用箭头注明。

② 制件图右下方注明制件名称、材料及料厚；若制件图比例与总图比例不一致时，应标出比例。

③ 排样图的布置应与送料方向一致，否则须用箭头注明；排样图中应标明料宽、搭边值和进距；简单工序可不画排样图。

④ 制件图或排样图上应注明制件在冲模中的位置（冲模和制件中心线一致时不注）。

（4）尺寸标注

主视图上标注如下尺寸：

① 注明轮廓尺寸、安装尺寸及配合尺寸。

② 注明封闭高度尺寸。

③ 带导柱的模具最好剖出导柱，固定螺钉、销钉等同类型零件至少剖出一个。
④ 带斜楔的模具应标出滑块行程尺寸。

俯视图上应标注的尺寸：
① 在图上用双点划线画出条料宽度及用箭头表示出送料方向。
② 与本模具有相配的附件时（如打料杆、推件器等），应标出装配位置尺寸。

附 录

附录 A 冲压常用材料的性能和规格

附录 A1 黑色金属的力学性能

材料名称	牌号	材料状态	抗剪强度 τ/MPa	抗拉强度 σ_b/MPa	伸长率 δ_{10}/%	屈服强度 σ_s/MPa
电工用钝铁 $w_C \leq 0.025$	DT1、DT2、DT3	已退火	180	230	26	
电工硅钢	D11、D12、D21 D31、D32、D41~D48 D310~D340	已退火	190	230	26	
		未退火	560	650		
普通碳素结构钢	Q195	未退火	260~320	320~400	28~33	
	Q215		270~340	340~420	26~31	220
	Q235		310~380	380~470	21~25	240
	Q255		340~420	420~520	19~23	260
	Q275		400~500	500~620	15~19	280
优质碳素钢	05	已退火	200	230	28	
	05F		210~300	260~380	32	
	08F		220~310	280~390	32	180
	08		260~360	300~450	32	200
	10F		220~340	280~420	30	190
	10		250~370	300~440	29	210
	15F		270~380	320~460	28	
	15		280~390	340~480	26	230
	20F		280~400	340~480	26	230
	20		320~440	360~510	25	250
	25		360~480	400~550	24	280
	30		400~520	450~600	22	300
	35		420~540	500~650	20	320
	40		440~560	520~670	18	340
	45		440~580	550~700	16	360
	50		550	550~730	14	380
	55	已正火	550	≥670	14	390
	60		600	≥700	13	410
	65		600	≥730	12	420
	70			≥760	11	430

附录A2 非金属材料的抗剪强度

材料名称	抗剪强度τ/MPa		材料名称	抗剪强度τ/MPa	
	用尖刃凸模冲裁	用平刃凸模冲裁		用尖刃凸模冲裁	用平刃凸模冲裁
纸胶板	100~130	140~200	橡皮	1~6	20~80
布胶板	90~100	120~180	人造橡胶、硬橡胶	40~70	
玻璃布胶板	120~140	160~190	柔软的皮革	6~8	30~50
金属箔的玻璃布胶板	130~150	160~220	硝过的及铬化的皮革		50~60
金属箔的纸胶板	110~130	140~200	未硝过的皮革		80~100
玻璃纤维丝胶板	100~110	140~160	云母	50~80	60~100
石棉纤维塑料	80~90	120~180	人造云母	120~150	140~180
有机玻璃	70~80	90~100	桦木胶合板	20	
聚氯乙烯塑料,透明橡胶	60~80	100~130	硬马粪纸	70	60~100
赛璐珞	40~60	80~100	绝缘纸板	40~70	60~100
氯乙烯	40		漆布、绝缘漆布	30~60	
石棉板	40~50		绝缘板	150~160	180~240

附录A3 加热时非金属材料的抗剪强度

材料	温度/℃	孔的直径/mm			
		1~3	>3~5	>5~10	>10
		抗剪强度τ/MPa			
纸胶板	22 70~100 105~130	150~180 120~140 110~130	120~150 100~120 100~110	110~120 90~100 90~100	100~110 95 90
布胶板	22 80~100	130~150 100~120	120~130 80~110	105~120 90100	90~100 70~80
玻璃布胶板	22 80~100	160~185 121~140	150~155 115 120	150 110	40~130 90~100
玻璃纤维丝胶板	22 80~100	140~160 100~120	130~140 90~110	120~130 90	70~40
有机玻璃	22 70~80	90~100 60~80	80~90 70	70~80 50	70 40
赛璐珞	22 70	80~100 50	70~80 40	60~65 35	60 30

附录 B 钢板厚度公差（GB708—1988）

mm

钢板厚度	A 高级精度 冷轧优质钢板	B 较高精度 普通和优质钢板 冷轧和热轧	C 普通精度 普通和优质钢板 热轧		钢板厚度	A 高级精度 冷轧优质钢板	B 较高精度 普通和优质钢板 冷轧和热轧	C 普通精度 普通和优质钢板 热轧	
	宽度 全部	全部	<1 000	≥1 000		全部	全部	<1 000	≥1 000
0.20~0.40	±0.03	±0.04	±0.06	±0.06	1.60~1.80	±0.12	±0.14	±0.16	±0.16
0.45~0.50	±0.04	±0.05	±0.07	±0.07	2.00	±0.13	±0.15	±0.15~0.18	±0.18
0.55~0.60	±0.05	±0.06	±0.08	±0.08	2.20	±0.14	±0.16	±0.15~0.19	±0.19
0.70~0.75	±0.06	±0.07	±0.09	±0.09	2.50	±0.15	±0.17	±0.16~0.20	±0.20
1.00~1.10	±0.07	±0.09	±0.12	±0.12	2.80~3.00	±0.16	±0.18	±0.17~0.22	±0.22
1.20~1.25	±0.08	±0.11	±0.13	±0.13	3.20~3.50	±0.18	±0.20	±0.18~0.25	±0.25
1.40	±0.10	±0.12	±0.15	±0.15	3.80~4.00	±0.20	±0.22	±0.20~0.30	±0.30
1.50	±0.11	±0.12	±0.15	±0.15					

附录 C 普通碳素钢冷轧带钢分类

按制造精度分类		按力学性能分类		按边缘状态分类		按表面质量分类	
名称	符号	名称	符号	名称	符号	名称	符号
普通精度钢带	P	软钢带	R	切边钢带	Q	Ⅰ组钢带	Ⅰ
宽度精度较高钢带	K	半软钢带	BR				
厚度精度较高钢带	H	冷硬钢带	Y	不切边钢带	BQ	Ⅱ组钢带	Ⅱ
宽度和厚度精度较高钢带	KH						

附录 D 普通碳素冷轧钢带尺寸

mm

厚 度	宽度
0.05、0.06、0.08	5~100
0.10	5~150
0.15、0.20、0.30、0.35、0.40、0.45、0.50、0.55、0.60、0.65、0.70、0.75、0.80、0.85、0.90	10~200
1.60、1.70、1.80、1.90、2.00、2.10、2.20、2.30、2.40、2.50、2.60、2.70、2.80、2.90、3.00	50~200

附录 E 轧制薄钢板的尺寸（GB708—1988）

mm

钢板厚度	钢板宽度												
	500	600	710	750	800	850	900	950	1 000	1 100	1 250	1 400	1 500
	冷轧钢板的长度												
0.2、0.25 0.3、0.4	1 200	1 420	1 500	1 500									
	1 000	1 800	1 800	1 800	1 800	1 800	1 500	1 500					
	1 500	2 000	2 000	2 000	2 000	2 000	1 800	2 000					
0.5、0.55 0.6		1 200	1 420	1 500	1 500	1 500							
	1 000	1 800	1 800	1 800	1 800	1 800	1 500	1 500					
	1 500	2 000	2 000	2 000	2 000	2 000	1 800	2 000					
0.7、0.75		1 200	1 420	1 500	1 500	1 500							
		1 000	1 800	1 800	1 800	1 800	1 800	1 500	1 500				
	1 500	2 000	2 000	2 000	2 000	2 000	1 800	2 000					
0.8、0.9		1 200	1 420	1 500	1 500	1 500	1 500						
	1 000	1 800	1 800	1 800	1 800	1 800	1 800	1 500	2 000	2 000			
	1 500	2 000	2 000	2 000	2 000	2 000	2 000	2 000	2 200	2 500			
1.0、1.1 1.2、1.4 1.5、1.6 1.8、2.0	1 000	1 200	1 420	1 500	1 500	1 500					2 800	2 800	
	1 500	1 800	1 800	1 800	1 800	1 800	1 800			2 000	2 000	3 000	3 000
	2 000	2 000	2 000	2 000	2 000	2 000	2 000	2 000	2 000	2 200	2 500	3 500	3 500
2.2、2.5 2.8、3.0 3.2、3.5 3.8、4.0	500	600											
	1 000	1 200	1 420	1 500	1 500	1 500							
	1 500	1 800	1 800	1 800	1 800	1 800	2 000						
	2 000	2 000	2 000	2 000	2 000	2 000							

附录 F 中外主要模具用材料对照表

附录 F1 中外主要模具钢号对照表

序号	类别	中国（GB）	日本（JIS）	美国（AISI）	德国（DIN）	法国（NF）	英国（BS）	前苏联（ГОСТ）
1	优质碳素钢	40	S40C	C1040	CK40	XC42	080M40	40
2		45	S45C	C1045	CK45	XC45	080M46	45
3		50	S50C	C1050	CK50	XC48	080M50	50
4		55	S55C	C1055	CK55	XC55	080M55	55
5	合金结构钢	38CrA	SCr435	5135	37Cr4	38C4	530A36	35X
6		40CrA	SCr440	5140	41Cr4	42C4	530M10	40X
7		35CrMo	SCrM435	4137(P21)	34CrMo4	35CD4	708A37	35XM
8		42CrMo	SCM440	4140(P20)	42CrMo4	42CD4	708M40	
9	弹簧钢	50CrVA	SUP10	6150	50CrV4	50CV4	735A50	50ХГФА
10		62Si2MnA	SUP6	9260	65Si7		250A58	60С2
11		63Si2MnA	SUP7		66Si7	61C7	250A61	60С2Г
12	优质碳素工具钢	T8A	SK6	W1-7	C80W1	Y170		Y8A
13		T9A	SK5	W1-8	C80W1	Y180	BW1A	Y9A
14		T10A	SK4	W1-9		Y190	BW1A	Y10A
15		T11A	SK3	W1-10	C105W1	Y1105	BW1B	Y11A
16		T12A	SK2	W1-11$\frac{1}{2}$		Y2102	BW1C	Y12A
17	低合金工具钢（冷作）							
18		9Mn2V		02	90MnCrV8	90MV8	B02	9Г2Х
19		9CrWMn	SK53	01	100MnCrW4	90MCW5	B01	9ХВГ
20		CrWMn	SKS31		100WCr6	100WC13		ХВГ
21		CrW	SKS2	07	105WCrV7	105WC13	B07	XB
22		Gr2(GCr15)	SUJ2	03	105Cr6	Y100C6	BL3	ЩХ15
23		GCr9(轴承钢)	SUJ1	E51100	105Cr4	100C5	535A99	ЩХ9
24		7CrSiMnMoV	SX105V		X3NiCoMoTi			
25		6CrNiMnSiMoV	G04	L6	1895			ДИ56
26		6Cr3VSi			75CrMoNiW6			
27	中合金钢（冷作）							
28		Cr2Mn2SiWMoV	HPM31	A6				7ХГ2ВФМ
29		Cr4W2MoV		A4				
30		Cr6WV	SKD12	A2	X100CrMoV51	Z100CDV5	BA2	9Х5ВФ

续表

序号	类别	中国 (GB)	日本 (JIS)	美国 (AISI)	德国 (DIN)	法国 (NF)	英国 (BS)	前苏联 (ГOCT)
31	高合金工具钢							
32		Cr12	SKD1	D3	X210CrX12	Z200C12	BD3	X12
33		Cr12W	SKD2	D6	X210CrW12			
34		Cr12MoV	SKD11	D2	X165CrMoV12	Z160CDV12	BD2	X12MФ
35	高强度基体钢	5Cr4Mo3SiMnVA1						
36		6Cr4Mo3Ni2WV						
37		65Cr4W3Mo2VNb						
38		7Cr7Mo3V2Si	AUD11	Die				X4B2M01Ф
39	钨系与钨钼系高速工具钢	W18Cr4V	SKH2	T1	S18-0-1	Z80NCV	BT1	P18
40		W12Cr4V4Mo			S12-1-4	Z125WV15-W		P14Ф4
41		W9Cr4V2	SKH6	T7	S9-1-2	Z70WD12	BT7	P9
42		W12Mo3Cr4V3N						
43		W10Mo3Cr4V3	SKH57	T42	S10-4-3-10	Z130WKCDV		
44		W6Mo5Cr4V3	SKH53	M3-2	S6-5-3	Z120WDCV	BM3-2	
45		W6Mo5Cr4V2	SKH51	M2	S6-5-2	Z85WDCV	BM2	P6M5
46		6W6Mo5Cr4V	SKH55		S6-5-2-5	Z90WDKCV		P6M5K5
47		W6Mo5Cr4V5-SiNbA1	(B201)					
48								

附录 F2　中外常用硬质合金牌号对照

类别	中国(GB)	日本(JIS)	美国(JIC)	德国(DIN)	前苏联(ГOCT)
钨钴钛类硬质合金	YT5		C5	S4	T5K10
	YT5-7	S3	C5-7	S3	T5K7
	YT14	S2	C6	S2	T14K8
	YT15	S1	C7	S1	T15K8
	YT30		C8	F1	T30K4
钨钴类硬质合金	YG6	G2	C2	GT15	BK6
	YG8	G3			BK8
	YG8C	G4	K95		BK10KC
	YG11		K94	GT20	BK11
	YG11C	G5	K93		BK11KC
	YG15	G6	K92	GT30	BK15
	YG20	G7	K91	GT40	BK20
	YG20C				BK20K
	YG25	G8	K90	GT50	BK25

参 考 文 献

[1] 钟毓斌. 冲压工艺与模具设计 [M]. 北京：机械工业出版社，2003.
[2] 李双义. 冷冲模具设计 [M]. 北京：清华大学出版社，2002.
[3] 成虹. 冲压工艺与模具设计 [M]. 北京：高等教育出版社，2002.
[4] 许发樾. 模具材料与使用寿命 [M]. 北京：机械工业出版社，2004.
[5] 陈剑鹤. 模具设计基础 [M]. 北京：机械工业出版社，2003.
[6] 徐政坤. 冲压模具设计与制造 [M]. 北京：化学工业出版社，2003.
[7] 李云程. 模具制造工艺学 [M]. 北京：机械工业出版社，2003.
[8] 牟林，魏峥. 冷冲压工艺及模具设计教程 [M]. 北京：清华大学出版社，2005.
[9] 徐政坤. 冲压模具设计与制造 [M]. 北京：化学工业出版社，2003.
[10] 李卫民. 冷冲压工艺与模具设计 [M]. 北京：机械工业出版社，2010.
[11] 陈永滨，陈炳明. 冲压模具设计基础 [M]. 北京：电子工业出版社，2005.